地球物理数据处理与反演

冯德山　王　珣　许德如　张　彬　编著

科学出版社

北　京

内 容 简 介

本书系统地介绍了地球物理常用的数值计算方法及其原理、地球物理反演算法理论，内容繁多，涉及范畴较宽，包括："数值代数"中的解线性方程组的分解法及迭代法、插值法、数值积分与微分、最小二乘拟合，地球物理正演模拟中的两大类方法——有限差分法与有限单元法，地球物理常用反演算法如最速下降法、牛顿法、拟牛顿法、共轭梯度法等内容。书中有大量的形式复杂的数学公式及数学描述，并在最后一部分介绍了反演的最新进展及目前成像精度最高的全波形反演算法，并且给出了近年来作者及其课题组的雷达全波形一维反演程序实践成果。

在内容安排上注重理论的系统性和自包容性，同时也兼顾实际应用中的各类技术问题。希望通过本书的学习拓宽学生的专业知识面，学生能更系统地掌握应用地球物理专业数据处理的基础知识，具有一定的综合解决实际问题的能力。本书可作为地球物理专业本科生的教学用书，也可作为研究生、科研和工程技术人员的参考用书。

图书在版编目（CIP）数据

地球物理数据处理与反演 / 冯德山等编著. --北京：科学出版社，2024.8

ISBN 978-7-03-078405-6

Ⅰ. ①地… Ⅱ. ①冯… Ⅲ. ①地球物理学-数据处理 ②地球物理学-反演 Ⅳ. ①P3

中国国家版本馆 CIP 数据核字（2024）第 077817 号

责任编辑：王 运 赵 颖 / 责任校对：郝璐璐

责任印制：吴兆东 / 封面设计：图阅盛世

科学出版社 出版

北京东黄城根北街 16 号

邮政编码：100717

http://www.sciencep.com

北京中石油彩色印刷有限责任公司印刷

科学出版社发行 各地新华书店经销

*

2024 年 8 月第 一 版 开本：787 × 1092 1/16

2025 年 6 月第 二 次印刷 印张：15

字数：356 000

定价：148.00 元

（如有印装质量问题，我社负责调换）

前　言

地球物理数据处理与反演是地球物理学的重要分支，求解各种地球物理方法反问题，最终都归结于数值方法的求解。而各种工程技术专业在解决比较复杂的理论和技术问题时，常要进行微积分和微分方程求解。这些运算在计算机上无法用经典微积分和普通代数的方法解决，只能用数值方法实现，它正是“地球物理数据处理与反演”课程的研究内容。因此，本课程是数学基础课和地球物理专业技术课程的桥梁，是一门十分重要的地球物理专业基础课。本课程注重地球物理专业理论和计算机编程能力，它将数值算法与计算机程序设计巧妙结合，解决一些复杂的地球物理问题，指导地球物理工程勘察与资料解译。

本课程既有经典数学那种理论上的高度抽象性和严密的科学性，又有应用上的广泛性、强实践性的特点，注重算法的基本原理和设计思想，但更重视方法的技巧性及适应计算机的安排，计算过程中重视误差分析、收敛性、稳定性、计算效率的讨论，与经典数学的特点差异较大，它包含了大量的数学描述、抽象化的数学方法、理论及公式，计算公式中会大量出现带有上下标的变量及大小写的字母，符号与公式繁多，初学时常感不易适应，应了解各种算法的应用条件、适应性和误差状态，注意认清和辨别它们的含义，不可混淆。否则稍有不慎，可能会得到极为荒谬的计算结果。

本书常见的算法程序已可在其他书本及网络资源中找到，可能这些程序存在其他不同程序语言的版本，在教学过程中，教师可以针对地球物理正反演模型采用已有的数值计算方法，应用计算机及程序设计软件，例如 Matlab、C++、Mathematica 等，在计算机上给出该特定问题的数值解，并以曲线、图形等更为直观的方式，将求解过程较生动、形象地展现出来，在这些已有程序的基础上，开展更深入的研究，既可以锻炼程序编写能力，又可以巩固已学知识，充分调动学习兴趣。

作者在“地球物理数据处理与反演”课程多年教学的基础上，编写了本书。本书可给地球物理学专业本科生、研究生和地球物理数据处理人员提供有益的参考，本书注重理论推导，力求概念清楚、论述详尽，且配有大量的实例。在本书的撰写过程中，许多工作都有博士研究生、硕士研究生的合作参与，其中丁思元、刘雨鑫、李冰超、余天啸、方正扬、刘硕、陈承申、闫文秀等在理论推导、程序编写、文字录入方面做了大量工作，对本书的完成起了重要作用。还有许多过去毕业的和在读的研究生参与，在此不一一列举了，本书的完成和他们的工作密不可分。

本书是在国家自然科学基金项目（项目编号：41774132、42474191、42474196、41930428、U2344205）、江西省“井冈学者”特聘教授项目、湖南省“芙蓉学者奖励计划”项目、湖南省自然科学基金项目（项目编号：2021JJ30806）、中南大学教材立项项目的资助下完成的。科学出版社的编辑在本书的出版过程中做了大量细致的编辑、校核工作，在此一并表示诚挚的谢意。

由于作者水平有限，书中难免存在疏漏、不足之处，敬请广大读者批评指正。

冯德山

2023 年 8 月于长沙中南大学

目　　录

第1章 绪　　论

1.1 数值计算中的误差、收敛性与数值稳定性

1.1.1 截断误差与算法的收敛性

应用计算机求解地球物理运算问题时，最常用的方法就是数值方法。数值方法，只能进行有限次数和有限位数的四则运算，属于把连续变量的问题化为离散变量的近似计算问题，并根据计算机的特点，使算法的计算量尽可能地少，从而节省计算时间（刘小华，2014）。与经典数学只研究数学本身的理论不同，数值方法近似计算不可避免地存在误差，关键是如何把它控制在允许的范围内，因此还要研究与解法有关的理论——算法的收敛性、稳定性及误差估计（黄云清，2009）。尽管各类数值方法已经很丰富，但是它们都不是“万能”的，不是在任何情况下都为最优的，因此选用解决具体问题的算法时应通过实验。

许多数学运算，如微分、积分、无穷级数求和等，理论上都要进行无穷次运算方能求得精确解，实际使用的数值方法只能进行有限次运算，求得的是近似解（韩国强，2005）。例如计算

$$\mathrm{e}^{x}=1+x+\frac{x^{2}}{2!}+\cdots+\frac{x^{n}}{n!}+\cdots=S_{n}(x)+R_{n}(x) \tag{1-1}$$

其中

$$S_{n}(x)=1+x+\frac{x^{2}}{2!}+\cdots+\frac{x^{n}}{n!} \tag{1-2}$$

$$R_{n}(x)=\frac{x^{n+1}}{(n+1)!}\mathrm{e}^{\theta x}\quad(0<\theta<1) \tag{1-3}$$

实际只能计算 $\mathrm{e}^{x}\approx S_{n}(x)$，这相当于把无穷过程截断了，这种用多项式 $S_{n}(x)$ 代替无穷级数 e^{x} 产生的误差称为截断误差。因其仅取决于所用的算法，故又称为算法误差或方法误差。

用 $S_{n}(x)$ 代替 e^{x} 计算时要确定 n，若上式 n 越大误差越小，则这种算法是收敛的；反之，若随着计算次数的增加，截断误差越来越大，则称算法是发散的。

截断误差的大小常用泰勒（Taylor）级数余项估计。

1.1.2　舍入误差与数值稳定性

计算过程中数据位数很长或为无穷小数，如1/3、1/7、$\sqrt{2}$、π、…，而计算机字长（位数）是有限的，只能将数据舍入到一定位数，由此产生的误差叫舍入误差（林成森，1998）。

应该强调，每步运算舍入误差可能很小，但计算机往往要进行千万次运算，这个过程中可能由于算法优劣的不同或问题状况好坏的不同，舍入误差或许积累微小，或许积累很严重，以致淹没真值，因此这种误差是不可忽视的（Stepanets，2011）。

例 1-1　用式(1-2)计算 $\mathrm{e}^{-0.2}$，且要求：

（1）$\left|R_n(x)\right| < 0.00005$；

（2）系数舍入到小数点后 5 位；

（3）判断精度。

解　（1）$\left|R_n(x)\right| = \dfrac{|-0.2|^{n+1}}{(n+1)!}\mathrm{e}^{-0.2\theta} = \dfrac{2^{n+1}\times 10^{-(n+1)}}{(n+1)!}\mathrm{e}^{-0.2\theta} < \dfrac{2^{n+1}}{(n+1)!}\times 10^{-n-1} \underset{(当n>2时)}{<} 10^{-n-1}$，取 $n=5$ 满足

$$\left|R_5(x)\right| < 10^{-6} < 0.00005$$

（2）$\mathrm{e}^x \approx 1 + x + \dfrac{x^2}{2!} + \dfrac{x^3}{6} + \dfrac{x^4}{24} + \dfrac{x^5}{120} = 1 + x + 0.5x^2 + 0.16667x^3 + 0.04167x^4 + 0.00833x^5$

$$\begin{aligned}\mathrm{e}^{0.2} &\approx 1 + (-0.2) + 0.5(-0.2)^2 + 0.16667(-0.2)^3 + 0.04167(-0.2)^4 + 0.00833(-0.2)^5 \\ &\approx 0.81873\end{aligned}$$

（3）截断误差由式(1-3)计算，并注意到 $\dfrac{1}{3} < \mathrm{e}^{-0.2\theta} < 1$，

$$\left|R_5(x)\right| = \left|R_5(-0.2)\right| = \left|\frac{(-0.2)^6}{6!}\mathrm{e}^{-0.2\theta}\right| < \frac{2^6\times 10^{-6}}{6!} = \frac{4}{45}\times 10^{-6} < 0.1\times 10^{-6}$$

舍入误差：因为舍入到小数点后 5 位，故每个数的舍入误差为 0.5×10^{-5}，x_1、x_2、x_3 的系数则为 $(-0.2)^3$、$(-0.2)^4$、$(-0.2)^5$。

$$\left|x - x^*\right| < 0.5\times 10^{-5}\left[|-0.2|^3 + |-0.2|^4 + |-0.2|^5\right] = 0.0496\times 10^{-6} < 0.05\times 10^{-6}$$

即总误差小于 0.15×10^{-6}，不超过近似值 0.81873 末位的半个单位。0.81873 每一位都是有效数字。

在大型计算中运算次数很大，舍入误差一般很难具体估计，那么如何分析呢？为

此引入算法稳定性概念：在运算过程中，仅由于算法因素使舍入误差随着运算次数而增加的算法为数值不稳定的算法，反之排除其他非算法因素后，舍入误差不增加的算法是稳定的（韩旭里，2011）。显然，对于数值稳定的计算过程可以不去具体地估计舍入误差，因此各种算法对舍入误差的估计实际是分析计算过程的数值稳定性。

可见，算法的收敛性和数值稳定性是衡量算法是否可行的重要指标。不过要指出这不是全部标准，算法的优劣还要考虑运算次数的多少，即运算速度的快慢、算法的逻辑结构是否简洁、使用的工作单元是否尽可能少等。

1.1.3 数值计算中控制误差的若干原则

1. 要选用数值稳定的计算公式

例 1-2 求$I_n = e^{-1}\int_0^1 x^n e^x dx$（$n=1,2,\cdots,9$），并估计误差。

解 这个积分不便于计算，可用分部积分降幂，从而得到递推公式

$$I_n = e^{-1}\int_0^1 x^n de^x = e^{-1}x^n e^x\Big|_0^1 - e^{-1}\int_0^1 e^x dx^n = 1 - n\left(e^{-1}\int_0^1 x^{n-1}e^x dx\right) = 1 - nI_{n-1} \quad (1\text{-}4)$$

算法 A $I_0 = e^{-1}\int_0^1 e^x dx = 1 - e^{-1}$在前面正文式（1-1）中取$x=-1$，得

$$e^{-1} \approx \frac{1}{2!} - \frac{1}{3!} + \frac{1}{4!} - \frac{1}{5!} + \frac{1}{6!} - \frac{1}{7!} \approx 0.3679$$

由式（1-3）得

$$\left|R_7(-1)\right| = \frac{(-1)^8}{8!}e^{-\theta} < \frac{1}{8!} = \frac{1}{40320} < \frac{1}{4}\times 10^{-4}$$

对此舍入误差暂不讨论。将e^{-1}结果代入上式，得

$$I_0 \approx \tilde{I}_0 = 0.6321,\quad \tilde{I}_n \approx 1 - n\tilde{I}_{n-1} \quad (n=1,2,\cdots,9)$$

因为$x\in[0,1]$，所以

$$0 < \frac{e^{-1}}{n+1} = e^{-1}\int_0^1 x^n dx < I_n < e^{-1}\int_0^1 e x^n dx = \frac{1}{n+1} < 1$$

表 1-1 中$\tilde{I}_8 < 0$，$\tilde{I}_9 > 1$显然是错误的，那么为什么递推公式正确，每步运算也正确，初始误差也较小，而递推次数较大时计算结果不正确呢？下面分析其原因。

表 1-1　n 与算法 A 结果 $\tilde{I}_n$ 对应表

$\tilde{n}$	0	1	2	3	4	5	6	7	8	9
$\tilde{I}_n$	0.6321	0.3679	0.2642	0.2074	0.1704	0.1460	0.1120	0.2160	−0.728	6.824

记初值$\tilde{I}_0$的误差为$\varepsilon_0=\tilde{I}_0-I_0$，导致各步运算的舍入误差为$\varepsilon_n$，则有

$$\left|\varepsilon_n\right|=\left|\tilde{I}_n-I_n\right|=\left|\left(1-n\tilde{I}_{n-1}\right)-\left|1-nI_{n-1}\right|\right|=n\left|I_{n-1}-\tilde{I}_{n-1}\right|=n\left|\varepsilon_{n-1}\right|=\cdots=n!\left|\varepsilon_0\right|$$

上式表明随n的增大，递推算法 A 的舍入误差超线性增大。

算法 B　现在我们逆序由I_9计算到I_0，并记近似值为$\bar{I}_n$，此时$\bar{I}_9$为递推计算的初值。因为

$$\frac{\mathrm{e}^{-1}}{n+1}<I_n<\frac{1}{n+1}$$

所以

$$0.03679<I_9<0.1$$

粗略取$\bar{I}_9=\dfrac{0.03679+0.1}{2}\approx 0.0684$，再利用$\bar{I}_{n-1}=\dfrac{1-\bar{I}_n}{n}(n=9,8,\cdots,1,0)$，递推计算$\bar{I}_n$，结果如表 1-2 所示。

表 1-2　n 与算法 B 结果 $\bar{I}_n$ 对应表

n	9	8	7	6	5	4	3	2	1	0
$\bar{I}_n$	0.0684	0.1035	0.1121	0.1268	0.1455	0.1708	0.2073	0.2643	0.3679	0.6321

可见表 1-2 计算结果符合$0<I_n<1$的特征，而且尽管初值很粗糙却得到了与$\tilde{I}_0$精度相同的终值$\bar{I}_0$，可见算法 B 是数值稳定的，应尽量选用这样的算法。

2. 要避免相近数相减

532.65 和 532.52 都具有 5 位有效数字，它们相差 0.13，只有两位有效数字，所以两相近数相减会导致损失有效数字，降低计算精度，避免的办法是适当改变算法，如

$$x\to 0\qquad \frac{1-\cos x}{\sin x}\Rightarrow\frac{\sin x}{1+\cos x}$$

$$x\text{充分大}\qquad \sqrt{x+1}-\sqrt{x}\Rightarrow\frac{1}{\sqrt{x+1}+\sqrt{x}}$$

$$\arctan(x+1)-\arctan x\Rightarrow\arctan\frac{1}{1+x(x+1)}$$

$$x_1 \approx x_2, \quad \ln x_1 - \ln x_2 \Rightarrow \ln \frac{x_1}{x_2}$$

如果无法改变算法，则可考虑在计算上采用双倍字长运算，不过这种情况会多占用内存和增加计算时间。

3. 要避免用两个相差很大的数运算时因计算机的对阶而“大数吃掉小数”

例 1-3 求解 $x^2-\left(10^{12}+1\right)x+10^{12}=0$

解 由因式分解易知准确解为 $x_1=10^{12}$，$x_2=1$。若用 10 位有效数字的计算机按根式 $x_{1,2}=\dfrac{-b\pm\sqrt{b^2-4ac}}{2a}$ 计算，得 $x_1=10^{12}$，$x_2=0$。错误原因反映在下式中

$$-b=10^{12}+1\overline{\overline{_{对阶}}}0.1\times10^{13}+0.0000000000001\times10^{13}\triangleq0.1\times10^{13}=10^{12}$$

式中 $\triangleq$ 表示机器中相等。同理 $b^2-4ac\triangleq b^2$，$\sqrt{b^2-4ac}\triangleq|b|$，故

$$x_1\triangleq\frac{10^{12}+10^{12}}{2}=10^{12}, \quad x_2\triangleq\frac{10^{12}-10^{12}}{2}=0$$

4. 注意简化运算步骤，减少运算次数

例 1-4 在没有对数表和计算器的情况下计算 x^{255}。

解 若逐个相乘，需用 254 次乘法。若按如下算法，作 $x\cdot x=x^2$，$x^2\cdot x^2=x^4$，$x^4\cdot x^4=x^8$，$x^8\cdot x^8=x^{16}$，$x^{16}\cdot x^{16}=x^{32}$，$x^{32}\cdot x^{32}=x^{64}$，$x^{64}\cdot x^{64}=x^{128}$，$x^{128}\cdot x^{128}=x^{256}$，再作 $x^{255}=x^{256}/x$，则只需作 9 次乘法。

同一个计算问题若能减少运算次数，不但可以节省时间，还能减小舍入误差。

1.2 向量与矩阵范数

对许多初学线性代数的人来说可能会感到“范数”这个名称甚为抽象，其实应该说它并不是陌生的。我们经常碰到的绝对值就是最简单的范数——数值变量的范数。再看我们早已熟知的如下几个定义。

复数 $z=x+y\mathrm{i}$ 的模为 $|z|=\sqrt{x^2+y^2}$，用以表示复平面上 z 点到原点的距离。空间直角坐标系中向量 $\boldsymbol{u}=x\boldsymbol{i}+y\boldsymbol{j}+z\boldsymbol{k}$ 的模为 $|\boldsymbol{u}|=\sqrt{x^2+y^2+z^2}$，用以表示 $\boldsymbol{u}$ 的长度。线性代数中定义 n 维向量 $\boldsymbol{x}=\left(x_1,x_2,\cdots,x_n\right)^{\mathrm{T}}$ 的模 $\|\boldsymbol{x}\|=\left(\sum\limits_{i=1}^{n}x_i^2\right)^{1/2}$ 表示 x 的欧氏长度（黄明游等，2005）。

上述定义的“模”其实都是范数的特定形式而已，“模数”也好“范数”也罢，其词义是一样的，顾名思义，它们都是由“模式”“规范”转意为某种“标准”或者“指标”。例如，绝对值的概念是为了从数量的角度比较两个数值变量 a 与 b 的相差大小 $|a-b|$。在科学实践中也经常需要对 n 维向量或者结构复杂的矩阵从数量角度进行衡量和比较。于是定义了类似的概念——向量范数（向量模）和矩阵范数（矩阵模）（Trefethen，2019）。

前述 $\|\boldsymbol{x}\|=\left(\sum_{i=1}^{n}x_i^2\right)^{1/2}$ 就是 n 维向量 $\boldsymbol{x}$ 的欧氏范数；$|\boldsymbol{u}|=\sqrt{x^2+y^2+z^2}$ 是三维向量 $\boldsymbol{u}$ 的欧氏范数；$|z|=\sqrt{x^2+y^2}$ 可以看作是二维向量 z 的欧氏范数；而 $|\boldsymbol{a}|$ 则可以看作一维向量 $\boldsymbol{a}$（只有一个分量的向量，因而就是一个数值变量）的欧氏范数（李庆扬等，2020）。

在实数域中，数的大小和两个数之间的距离是通过绝对值来度量的。在解析几何中，向量的大小和两个向量之差的大小是用“长度”和“距离”的概念来度量的（杨大地和王开荣，2006）。为了对矩阵运算进行数值分析，我们需要对向量和矩阵的“大小”引进某种度量。范数是绝对值概念的自然推广。

范数：是对向量和矩阵的一种度量，实际上是二维和三维向量长度概念的一种推广。

1.2.1 向量范数

定义 1-1 如果向量 $\boldsymbol{x}\in R^n$ 的某个实值函数 $f(x)=\|\boldsymbol{x}\|$ 满足：

（1）正定性：$\|\boldsymbol{x}\|\geqslant 0$，且 $\|\boldsymbol{x}\|=0$ 当且仅当 $\boldsymbol{x}=0$；

（2）齐次性：对任意实数 α，都有 $\|\alpha\boldsymbol{x}\|=|\alpha|\|\boldsymbol{x}\|$；

（3）三角不等式：对任意 $\boldsymbol{x},\boldsymbol{y}\in R^n$，都有 $\|\boldsymbol{x}+\boldsymbol{y}\|\leqslant\|\boldsymbol{x}\|+\|\boldsymbol{y}\|$，

则称 $\|\boldsymbol{x}\|$ 为 R^n 上的一个向量范数。

在向量空间 $R^n\left(C^n\right)$ 中，设 $\boldsymbol{x}=(x_1,x_2,\cdots,x_n)^{\mathrm{T}}$，常用的向量 $\boldsymbol{x}$ 的范数有：

$\boldsymbol{x}$ 的 2-范数或欧氏范数：$\|\boldsymbol{x}\|_2=\left(|x_1|^2+|x_2|^2+\cdots+|x_n|^2\right)^{1/2}$。

$\boldsymbol{x}$ 的 1-范数：$\|\boldsymbol{x}\|_1=|x_1|+|x_2|+\cdots+|x_n|$。

$\boldsymbol{x}$ 的∞-范数或最大范数：$\|\boldsymbol{x}\|_\infty=\max\limits_{1\leqslant i\leqslant n}|x_i|$。

$\boldsymbol{x}$ 的 p-范数：$\|\boldsymbol{x}\|_p=(|x_1|^p+|x_2|^p+\cdots+|x_n|^p)^{1/p}$。

以上几种范数容易验证，向量的∞-范数和 1-范数满足定义 1-1 中的条件。对于 2-范数，满足定义 1-1 中的条件（1）和（2），对于条件（3），可利用向量内积的柯西-施瓦茨（Cauchy-Schwarz）不等式验证。其中，$\|\boldsymbol{x}\|_1$ 和 $\|\boldsymbol{x}\|_2$ 是 $\|\boldsymbol{x}\|_p$ 在 p=1 和 p=2 时的特例，并且由于

$$\max_{1\leqslant i\leqslant n}|x_i| \leqslant \left(|x_1|^p+|x_2|^p+\cdots+|x_n|^p\right)^{1/p} \leqslant (n\max_{1\leqslant i\leqslant n}|x_i|^p)^{1/p}=n^{1/p}\max_{1\leqslant i\leqslant n}|x_i| \to \max_{1\leqslant i\leqslant n}|x_i|(p\to\infty)$$

$\|\boldsymbol{x}\|_p \to \|\boldsymbol{x}\|_\infty (p\to\infty$时)，$\|\boldsymbol{x}\|_\infty$是$\|\boldsymbol{x}\|_p$的特例，且$\|\boldsymbol{x}\|_\infty \leqslant \|\boldsymbol{x}\|_2 \leqslant \|\boldsymbol{x}\|_1$。

定理 1-1 $\lim\limits_{p\to\infty}\|\boldsymbol{x}\|_p=\|\boldsymbol{x}\|_\infty$

注意：一般有向量的等价关系$c_1\|\boldsymbol{x}\|_p \leqslant \|\boldsymbol{x}\|_q \leqslant c_2\|\boldsymbol{x}\|_p\,(p\neq q;\,p,q=1,2,\infty;\,c_1,c_2\in R^+)$

例 1-5 求解下列向量的常用范数

$$\boldsymbol{x}=(1,4,3,-1)^{\mathrm{T}}$$

解

$$\|\boldsymbol{x}\|_1=|x_1|+|x_2|+|x_3|+|x_4|=9$$

$$\|\boldsymbol{x}\|_2=(|x_1|^2+|x_2|^2+|x_3|^2+|x_4|^2)^{1/2}=\sqrt{27}=3\sqrt{3}$$

$$\|\boldsymbol{x}\|_\infty=\max_{1\leqslant i\leqslant 4}|x_i|=4$$

显然，在本例中，$c_1\|\boldsymbol{x}\|_\infty \leqslant \|\boldsymbol{x}\|_1 \leqslant c_2\|\boldsymbol{x}\|_\infty$，即$1\times4\leqslant9\leqslant9/4\times4=9$。

1.2.2 矩阵范数

定义 1-2 如果矩阵的某个实值函数$f(\boldsymbol{A})=\|\boldsymbol{A}\|$满足：

（1）正定性：$\|\boldsymbol{A}\|\geqslant0$，且$\|\boldsymbol{A}\|=0$当且仅当$\boldsymbol{A}=0$；

（2）齐次性：对任意实数α，都有$\|\alpha\boldsymbol{A}\|=|\alpha|\|\boldsymbol{A}\|$；

（3）三角不等式：对任意$\boldsymbol{A},\boldsymbol{B}\in R^{n\times n}$，都有$\|\boldsymbol{A}+\boldsymbol{B}\|\leqslant\|\boldsymbol{A}\|+\|\boldsymbol{B}\|$；

（4）相容性：对任意$\boldsymbol{A},\boldsymbol{B}\in R^{n\times n}$，都有$\|\boldsymbol{AB}\|\leqslant\|\boldsymbol{A}\|\|\boldsymbol{B}\|$，

则称$\|\boldsymbol{A}\|$为$R^{n\times n}$上的一个矩阵范数。

常用的矩阵范数有：

$\boldsymbol{A}$的列范数：$\boldsymbol{A}$的每列绝对值之和的最大值$\|\boldsymbol{A}\|_1=\max\limits_{1\leqslant j\leqslant n}\sum\limits_{i=1}^{n}|a_{ij}|$。

$\boldsymbol{A}$的行范数：$\boldsymbol{A}$的每行绝对值之和的最大值$\|\boldsymbol{A}\|_\infty=\max\limits_{1\leqslant i\leqslant n}\sum\limits_{j=1}^{n}|a_{ij}|$。

$\boldsymbol{A}$ 的 2-范数：$\|\boldsymbol{A}\|_2=\sqrt{\lambda_{\max}(\boldsymbol{A}^{\mathrm{T}}\boldsymbol{A})}$，其中$\lambda_{\max}(\boldsymbol{A}^{\mathrm{T}}\boldsymbol{A})$为$\boldsymbol{A}^{\mathrm{T}}\boldsymbol{A}$的特征值的绝对值的最大值。

$\boldsymbol{A}$ 的 F-范数：$\|\boldsymbol{A}\|_F=\left(\sum\limits_{i=1}^{n}\sum\limits_{j=1}^{n}a_{ij}^2\right)^{1/2}$。设 n 阶方阵$\boldsymbol{A}=(a_{ij})_{n\times n}$，则$\|\boldsymbol{A}\|_F=\left(\sum\limits_{i=1}^{n}\sum\limits_{j=1}^{n}a_{ij}^2\right)^{1/2}$

满足定义 1-2 中的 4 个条件，所以$\|\boldsymbol{A}\|_F$是一种矩阵范数。

定义 1-3　对于给定的向量范数$\|\cdot\|_\upsilon$和矩阵范数$\|\cdot\|_\mu$，若$\forall \boldsymbol{x} \in R^n, \boldsymbol{A} \in R^{n\times n}$，都有$\|\boldsymbol{Ax}\|_\upsilon \leqslant \|\boldsymbol{A}\|_\mu \|\boldsymbol{x}\|_\upsilon$，则称所给的向量范数$\|\cdot\|_\upsilon$和矩阵范数$\|\cdot\|_\mu$相容。例如$\|\boldsymbol{A}\|_F = \left(\sum_{i=1}^{n}\sum_{j=1}^{n} a_{ij}^2\right)^{\frac{1}{2}}$，$\|\boldsymbol{A}\|_2 = \sqrt{\lambda_{\max}(\boldsymbol{A}^{\mathrm{T}}\boldsymbol{A})} \leqslant \|\boldsymbol{A}\|_F$，$\|\boldsymbol{Ax}\|_2 \leqslant \|\boldsymbol{A}\|_2 \|\boldsymbol{x}\|_2 \leqslant \|\boldsymbol{A}\|_F \|\boldsymbol{x}\|_2$，则$\|\boldsymbol{A}\|_F$与$\|\boldsymbol{x}\|_2$相容。

例 1-6　求矩阵$\boldsymbol{A}$的各种常用范数。

$$\boldsymbol{A} = \begin{pmatrix} 1 & 2 & 0 \\ -1 & 2 & -1 \\ 0 & 1 & 1 \end{pmatrix}$$

解

$$\|\boldsymbol{A}\|_1 = \max_{1\leqslant j\leqslant n} \sum_{i=1}^{n} |a_{ij}| = \max_{1\leqslant j\leqslant n}\{2,5,2\} = 5$$

$$\|\boldsymbol{A}\|_\infty = \max_{1\leqslant i\leqslant n} \sum_{j=1}^{n} |a_{ij}| = \max_{1\leqslant i\leqslant n}\{3,4,2\} = 4$$

由于$\|\boldsymbol{A}\|_2 = \sqrt{\lambda_{\max}(\boldsymbol{A}^{\mathrm{T}}\boldsymbol{A})}$，因此先求$\boldsymbol{A}^{\mathrm{T}}\boldsymbol{A}$的特征值

$$\boldsymbol{A}^{\mathrm{T}}\boldsymbol{A} = \begin{pmatrix} 1 & -1 & 0 \\ 2 & 2 & 1 \\ 0 & -1 & 1 \end{pmatrix} \cdot \begin{pmatrix} 1 & 2 & 0 \\ -1 & 2 & -1 \\ 0 & 1 & 1 \end{pmatrix} = \begin{pmatrix} 2 & 0 & 1 \\ 0 & 9 & -1 \\ 1 & -1 & 2 \end{pmatrix}$$

特征方程为

$$\det\left(\lambda \boldsymbol{I} - \boldsymbol{A}^{\mathrm{T}}\boldsymbol{A}\right) = \begin{vmatrix} \lambda-2 & 0 & -1 \\ 0 & \lambda-9 & 1 \\ -1 & 1 & \lambda-2 \end{vmatrix} = 0$$

可得$\boldsymbol{A}^{\mathrm{T}}\boldsymbol{A}$的特征值为

$$\lambda_1 = 9.1428, \quad \lambda_2 = 2.9211, \quad \lambda_3 = 0.9361, \quad \lambda_{\max}(\boldsymbol{A}^{\mathrm{T}}\boldsymbol{A}) = 9.1428$$

即

$$\|\boldsymbol{A}\|_1 = 5, \quad \|\boldsymbol{A}\|_\infty = 4$$

$$\|\boldsymbol{A}\|_2 = \sqrt{\lambda_{\max}(\boldsymbol{A}^{\mathrm{T}}\boldsymbol{A})} = 3.0237, \quad \|\boldsymbol{A}\|_F = \sqrt{2+9+2} = 3.6056$$

通过上例，可发现$\|\boldsymbol{A}\|_1$、$\|\boldsymbol{A}\|_\infty$容易计算，使用广泛；$\|\boldsymbol{A}\|_2$计算较复杂，对矩阵元素的变化比较敏感，性质较好，使用最广泛；$\|\boldsymbol{A}\|_F$使用较少。

定义 1-4 设$\boldsymbol{A}\in R^{n\times n}$的特征值为$\lambda_1,\lambda_2,\cdots,\lambda_n$，则称$\rho(\boldsymbol{A})=\max\{|\lambda_1|,|\lambda_2|,\cdots,|\lambda_n|\}$为矩阵$\boldsymbol{A}$的谱半径。显然$\|\boldsymbol{A}\|_2=\sqrt{\lambda_{\max}(\boldsymbol{A}^{\mathrm{T}}\boldsymbol{A})}=\sqrt{\rho(\boldsymbol{A}^{\mathrm{T}}\boldsymbol{A})}$，对于某种向量范数$\|\boldsymbol{x}\|_\upsilon$和矩阵范数$\|\boldsymbol{A}\|_\upsilon$，$\|\boldsymbol{Ax}\|_\upsilon\leqslant\|\boldsymbol{A}\|_\upsilon\|\boldsymbol{x}\|_\upsilon$，而$\|\boldsymbol{Ax}\|_\upsilon=\|\lambda\boldsymbol{x}\|_\upsilon=|\lambda|\cdot\|\boldsymbol{x}\|_\upsilon$，因此$|\lambda|\cdot\|\boldsymbol{x}\|_\upsilon\leqslant\|\boldsymbol{A}\|_\upsilon\|\boldsymbol{x}\|_\upsilon$，即$|\lambda|\leqslant\|\boldsymbol{A}\|_\upsilon$，所以，$\rho(\boldsymbol{A})\leqslant\|\boldsymbol{A}\|_\upsilon$，即矩阵$\boldsymbol{A}$的谱半径不超过矩阵的任何一种矩阵范数，其中$\|\boldsymbol{A}\|_2$为谱范数。

1.3 函数分析的几个重要概念

1.3.1 梯度

设$f(x_1, x_2, x_3)$是空间位置点P的标量函数，点P由坐标x_1、x_2、x_3描述。可以将标量的三个偏导数

$$u_1=\frac{\partial f}{\partial x_1}=f_{x_1}(x_1,x_2,x_3)$$

$$u_2=\frac{\partial f}{\partial x_2}=f_{x_2}(x_1,x_2,x_3)$$

$$u_3=\frac{\partial f}{\partial x_3}=f_{x_3}(x_1,x_2,x_3)$$

看作是向量$\boldsymbol{U}=(u_1, u_2, u_3)$在坐标系$(x_1, x_2, x_3)$中的分量。向量$\boldsymbol{U}$称为标量函数$f$的梯度，并且记为

$$\boldsymbol{U}=\operatorname{grad} f=\nabla f(x_1,x_2,x_3)=\left(\frac{\partial f}{\partial x_1},\frac{\partial f}{\partial x_2},\frac{\partial f}{\partial x_3}\right)$$

标量函数f的梯度向量长度等于f在各个方向上的最大变化率，即梯度方向是变量函数增加最快的方向，而它在反方向上函数f减小得最快。

1.3.2 散度和旋度

对于每一向量场$\boldsymbol{U}$都可以定义一个确定的数量场，称其为$\boldsymbol{U}$的散度。散度描述的是向量场中一点是汇聚点还是发散点。对于坐标系(x_1, x_2, x_3)，若向量场为$\boldsymbol{U}=(u_1, u_2,$

u_3)，则散度的定义如下：

$$\operatorname{div}\boldsymbol{U}=\frac{\partial u_1}{\partial x_1}+\frac{\partial u_2}{\partial x_2}+\frac{\partial u_3}{\partial x_3}$$

旋度是向量分析中的一个向量算子，表示向量场在某一点附近所产生的旋转程度。向量场每一点的旋度是一个向量，称为旋度向量。对于笛卡儿坐标系(x_1, x_2, x_3)，若向量场为 $\boldsymbol{U}=(u_1, u_2, u_3)$，则旋度向量 $\boldsymbol{B}$ 定义为

$$\operatorname{curl}\boldsymbol{U}=\boldsymbol{B}(b_1,b_2,b_3) \tag{1-5}$$

向量 $\boldsymbol{B}$ 的三个分量为

$$b_1=\frac{\partial u_3}{\partial x_2}-\frac{\partial u_2}{\partial x_3},\quad b_2=\frac{\partial u_1}{\partial x_3}-\frac{\partial u_3}{\partial x_1},\quad b_3=\frac{\partial u_2}{\partial x_1}-\frac{\partial u_1}{\partial x_2}$$

关于散度和旋度，常用的关系如下：

梯度的旋度等于零，即

$$\operatorname{curl}(\operatorname{grad} f)=\nabla\times(\nabla f)=0$$

旋度的散度等于零，即

$$\operatorname{div}(\operatorname{curl}\boldsymbol{U})=\nabla\cdot(\nabla\times\boldsymbol{U})=0$$

1.3.3 雅可比矩阵

在函数偏导数连续的前提下，雅可比（Jacobi）矩阵是函数组微分形式的系数矩阵。设有 n 个变元的 m 个函数

$$\xi_i=\phi_i(x_1,x_2,\cdots,x_n),\quad i=1,2,\cdots,m$$

则其雅可比矩阵为

$$\frac{\partial(\xi_1,\xi_2,\cdots,\xi_m)}{\partial(x_1,x_2,\cdots,x_n)}=\begin{pmatrix}\dfrac{\partial\phi_1}{\partial x_1} & \dfrac{\partial\phi_1}{\partial x_2} & \cdots & \dfrac{\partial\phi_1}{\partial x_n}\\ \dfrac{\partial\phi_2}{\partial x_1} & \dfrac{\partial\phi_2}{\partial x_2} & \cdots & \dfrac{\partial\phi_2}{\partial x_n}\\ \vdots & \vdots & & \vdots\\ \dfrac{\partial\phi_m}{\partial x_1} & \dfrac{\partial\phi_m}{\partial x_2} & \cdots & \dfrac{\partial\phi_m}{\partial x_n}\end{pmatrix} \tag{1-6}$$

1.3.4 黑塞矩阵

黑塞矩阵（Hessian matrix）是由自变量为向量的实值函数的二阶偏导数组成的方阵。设函数为 $f(x_1,x_2,\cdots,x_n)$，如果 f 所有的二阶偏导数都存在，那么 f 的黑塞矩阵为

$$\boldsymbol{H}(f)=\begin{pmatrix} \dfrac{\partial^2 f}{\partial x_1^2} & \dfrac{\partial^2 f}{\partial x_1 \partial x_2} & \cdots & \dfrac{\partial^2 f}{\partial x_1 \partial x_n} \\ \dfrac{\partial^2 f}{\partial x_2 \partial x_1} & \dfrac{\partial^2 f}{\partial x_2^2} & \cdots & \dfrac{\partial^2 f}{\partial x_2 \partial x_n} \\ \vdots & \vdots & & \vdots \\ \dfrac{\partial^2 f}{\partial x_n \partial x_1} & \dfrac{\partial^2 f}{\partial x_n \partial x_2} & \cdots & \dfrac{\partial^2 f}{\partial x_n^2} \end{pmatrix} \tag{1-7}$$

黑塞矩阵中非主对角线上的元素是混合偏导数，假如它们是连续的，则可以更换导顺序。此外，黑塞矩阵常被应用于牛顿（Newton）法以解决大规模优化问题。

第 2 章　解线性方程组的分解法

在自然科学和工程技术中，很多问题的求解最终归结于线性代数方程组 $\boldsymbol{Ax}=\boldsymbol{b}$ 的求解。利用 Cramer 法则（克拉默法则）可以求解有唯一解的线性代数方程组。当 $\det \boldsymbol{A}=D\neq 0$ 时，方程组的解存在且唯一：

$$x_i=\frac{D_i}{D}\quad (i=1,2,\cdots,n)$$

式中，D_i 为用 $\boldsymbol{b}$ 代替系数矩阵 $\boldsymbol{A}$ 的第 i 列的矩阵的行列式的值。但这种方法的计算量是巨大的，解 n 阶方程组要计算 n+1 个行列式的 D 和 $D_i(i=1,2,\cdots,n)$，行列式展开后有 $n!$ 项，每项都有 n 个因子相乘，共有 $S_n=(n+1)\times n!\ \times(n-1)=(n+1)!\ \times(n-1)$ 次乘法，对于较小的 20 阶方程组，乘法次数也有 10^{21}，并且计算行列式要做 $n-1$ 次连乘，会放大误差。因此 Cramer 法则因计算量太大，不适用于自然科学和工程技术中的线性方程组求解，只能用数值方法求解方程组（陆亮，2019）。

2.1　*LU* 分解

2.1.1　*LU* 算法基本原理

LU 分解法又称为 Doolittle（杜利特尔）分解。该算法思路清晰易于理解，结构简单，只需作一次 ***LU*** 分解可解多个方程组，节约计算量，特别适用于计算机计算，缺点是存在算法数值不稳定（陆建芳，2013）。

由于直接解方程组 $\boldsymbol{Ax}=\boldsymbol{b}$ 是不方便的。若设法将 $\boldsymbol{A}$ 分解为单位下三角阵 $\boldsymbol{L}$ 与上三角阵 $\boldsymbol{U}$ 的乘积，即可进行直接求解。但将矩阵 $\boldsymbol{A}$ 分解为矩阵 $\boldsymbol{L}$ 与矩阵 $\boldsymbol{U}$ 的乘积时，需要找到上三角阵 $\boldsymbol{U}$ 的元素 u_{ij} 与矩阵 $\boldsymbol{A}$ 的元素 a_{ij} 的关系式及下三角阵 $\boldsymbol{L}$ 的元素 l_{ij} 与矩阵 $\boldsymbol{A}$ 的元素 a_{ij} 的关系式。

$$\boldsymbol{A}=\boldsymbol{LU} \tag{2-1}$$

$$
\boldsymbol{A}=\begin{pmatrix} a_{11} & a_{12} & \cdots & \cdots & a_{1n} \\ a_{21} & a_{22} & \cdots & \cdots & a_{2n} \\ \vdots & \vdots & \ddots & & \vdots \\ \vdots & \vdots & & \ddots & \vdots \\ a_{n1} & a_{n2} & \cdots & \cdots & a_{nn} \end{pmatrix},\quad \boldsymbol{L}=\begin{pmatrix} 1 & & & & \\ l_{21} & 1 & & & \\ \vdots & \vdots & \ddots & & \\ \vdots & \vdots & & \ddots & \\ l_{n1} & l_{n2} & \cdots & l_{n,n-1} & 1 \end{pmatrix}
$$

$$
\boldsymbol{U}=\begin{pmatrix} u_{11} & u_{12} & \cdots & \cdots & u_{1n} \\ & u_{22} & \cdots & \cdots & u_{2n} \\ & & \ddots & & \vdots \\ & & & \ddots & \vdots \\ & & & & u_{nn} \end{pmatrix}
$$

则原方程变为

$$
\boldsymbol{LUx}=\boldsymbol{b} \tag{2-2}
$$

令

$$
\boldsymbol{Ux}=\boldsymbol{y} \tag{2-3}
$$

即

$$
\begin{pmatrix} u_{11} & u_{12} & \cdots & \cdots & u_{1n} \\ & u_{22} & \cdots & \cdots & u_{2n} \\ & & \ddots & & \vdots \\ & & & \ddots & \vdots \\ & & & & u_{nn} \end{pmatrix}\cdot\begin{pmatrix} x_1 \\ x_2 \\ \vdots \\ \vdots \\ x_n \end{pmatrix}=\begin{pmatrix} y_1 \\ y_2 \\ \vdots \\ \vdots \\ y_n \end{pmatrix} \tag{2-4}
$$

则

$$
\boldsymbol{Ly}=\boldsymbol{b} \tag{2-5}
$$

$$
\begin{pmatrix} 1 & & & & \\ l_{21} & 1 & & & \\ \vdots & \vdots & \ddots & & \\ \vdots & \vdots & & \ddots & \\ l_{n1} & l_{n2} & \cdots & l_{n,n-1} & 1 \end{pmatrix}\cdot\begin{pmatrix} y_1 \\ y_2 \\ \vdots \\ \vdots \\ y_n \end{pmatrix}=\begin{pmatrix} b_1 \\ b_2 \\ \vdots \\ \vdots \\ b_n \end{pmatrix} \tag{2-6}
$$

这时由式（2-6），将第一个方程 $y_1=b_1$ 代入第二个方程 $l_{21}y_1+y_2=b_2$，得 $y_2=b_2-l_{21}y_1$；再将 y_1、y_2 代入第三个方程可解出 $y_1=b_3-l_{31}y_1-l_{32}y_2$；如此顺代，可求出中间向量 $\boldsymbol{y}$ 的元素 y_i，不难看出顺代公式为

$$
y_i=b_i-\sum_{k=1}^{i-1}l_{ik}y_k \quad (i=1,2,\cdots,n) \tag{2-7}
$$

然后用类似的方法由式（2-4）回代，即可求出原方程的解 $\boldsymbol{x}$。经观察，回代公式应为

$$x_i = \left(y_i - \sum_{k=i+1}^{n} u_{ik} x_k \right) \Big/ u_{ii} \quad (i = n, n-1, \cdots, 2, 1) \tag{2-8}$$

约定

$$\sum_{i=n+1}^{n} = 0, \quad \sum_{i=n}^{n} = 1$$

以上就是 $\boldsymbol{LU}$ 分解的基本思想，下面我们讨论将 $\boldsymbol{A}$ 直接分解为 $\boldsymbol{LU}$ 的方法。根据式（2-1）有

$$\begin{pmatrix} a_{11} & a_{12} & \cdots & a_{1,n-1} & a_{1n} \\ a_{21} & a_{22} & & & \vdots \\ \vdots & & \ddots & & \vdots \\ a_{n-1,1} & & & \ddots & \vdots \\ a_{n1} & a_{n2} & \cdots & \cdots & a_{nn} \end{pmatrix} = \begin{pmatrix} 1 & & & & \\ l_{21} & \ddots & & & \\ \vdots & & \ddots & & \\ \vdots & & & \ddots & \\ l_{n1} & l_{n2} & \cdots & l_{n,n-1} & 1 \end{pmatrix} \begin{pmatrix} u_{11} & u_{12} & \cdots & \cdots & u_{1n} \\ & u_{22} & & & \vdots \\ & & \ddots & & \vdots \\ & & & \ddots & \vdots \\ & & & & u_{nn} \end{pmatrix}$$

根据矩阵的乘法原理，$\boldsymbol{A}$ 的第一行元素 a_{1j} 为

$$a_{1j} = u_{1j} \quad (j = 1, 2, \cdots, n) \tag{2-9}$$

$\boldsymbol{A}$ 的第 r 行元素主对角线“以右”的元素 $a_{rj}(j = r, r+1, \cdots, n)$ 为

$$a_{rj} = \sum_{k=1}^{r} l_{rk} u_{kj} \quad (j = r, r+1, \cdots, n; r = 1, 2, \cdots, n) \tag{2-10}$$

$\boldsymbol{A}$ 的第 r 行元素主对角线“以下”的元素 $a_{ir}(i = r+1, r+2, \cdots, n)$ 为

$$a_{ir} = \sum_{k=1}^{r} l_{ik} u_{kr} \quad (i = r+1, r+2, \cdots, n; r = 1, 2, \cdots, n-1) \tag{2-11}$$

显然，当 r=1 时，有

$$a_{i1} = l_{i1} u_{11} \quad (i = 2, 3, \cdots, n) \tag{2-12}$$

式（2-10）和式（2-11）可分别写成

$$a_{rj} = \sum_{k=1}^{r-1} l_{rk} \cdot u_{kj} + 1 \cdot \underline{u_{rj}} \tag{2-13}$$

$$a_{ir} = \sum_{k=1}^{r-1} l_{ik} \cdot u_{kr} + \underline{l_{ir}} \cdot u_{rr} \tag{2-14}$$

式（2-13）、式（2-14）中画横线的部分分别为上三角阵 $\boldsymbol{U}$ 和下三角阵 $\boldsymbol{L}$ 中的元素。

由式（2-9）、式（2-12）~式（2-14）可导出：

$$u_{1j}=a_{1j}\quad (j=1,2,\cdots,n) \tag{2-15}$$

$$l_{i1}=\frac{a_{i1}}{u_{11}}\quad (i=2,3,\cdots,n) \tag{2-16}$$

$$u_{rj}=a_{rj}-\sum_{k=1}^{r-1}l_{rk}u_{kj}\quad (r=1,2,\cdots,n;j=r,\cdots,n) \tag{2-17}$$

$$l_{ir}=\frac{a_{ir}-\sum_{k=1}^{r-1}l_{ik}u_{kr}}{u_{rr}}\quad (r=1,2,\cdots,n-1;i=r+1,\cdots,n) \tag{2-18}$$

由式（2-15）可得到上三角阵 $\boldsymbol{U}$ 第一行元素的值，由式（2-16）可得到下三角阵 $\boldsymbol{L}$ 第一列元素的值，依次使用式（2-17）和式（2-18）可以逐行算出 $\boldsymbol{U}$ 的第 r 行和逐列算出 $\boldsymbol{L}$ 的第 r 列。这个过程就是 $\boldsymbol{LU}$ 分解。

由方程组（2-3）与（2-5）可知，对线性方程组 $\boldsymbol{Ax}=\boldsymbol{b}$ 进行 $\boldsymbol{LU}$ 分解后，求解过程化为对方程组（2-3）与（2-5）的求解，第一个方程组为消去过程，第二个方程组为回代过程，其中 $\boldsymbol{y}$ 为中间未知向量。

方程组（2-3）与（2-5）写为向量形式：

$$\begin{pmatrix} u_{11} & u_{12} & u_{13} & \cdots & u_{1n} \\ & u_{22} & u_{23} & \cdots & u_{2n} \\ & & \ddots & & \vdots \\ & & & u_{n-1,n-1} & u_{n-1,n} \\ & & & & u_{nn} \end{pmatrix}\begin{pmatrix} x_1 \\ x_2 \\ x_3 \\ \vdots \\ x_n \end{pmatrix}=\begin{pmatrix} y_1 \\ y_2 \\ y_3 \\ \vdots \\ y_n \end{pmatrix} \tag{2-19}$$

$$\begin{pmatrix} 1 & & & & \\ l_{21} & 1 & & & \\ l_{31} & l_{32} & 1 & & \\ \vdots & \vdots & \vdots & \ddots & \\ l_{n1} & l_{n2} & l_{n3} & \cdots & 1 \end{pmatrix}\begin{pmatrix} y_1 \\ y_2 \\ y_3 \\ \vdots \\ y_n \end{pmatrix}=\begin{pmatrix} b_1 \\ b_2 \\ b_3 \\ \vdots \\ b_n \end{pmatrix} \tag{2-20}$$

由式（2-20）可得到 $\boldsymbol{y}$ 的解：

$$\begin{cases} y_1=b_1 \\ y_i=b_i-\sum_{j=1}^{i-1}l_{ij}y_j \quad (i=2,3,\cdots,n) \end{cases} \tag{2-21}$$

由式（2-19）和式（2-21）可得到 $\boldsymbol{x}$ 的解：

$$
\begin{cases}
x_n = \dfrac{y_n}{u_{nn}} \\
x_i = \dfrac{y_i - \sum\limits_{j=i+1}^{n} u_{ij} x_j}{u_{ii}} \quad (i = n-1, n-2, \cdots, 1)
\end{cases}
\tag{2-22}
$$

上述解线性方程组的方法称为 ***LU*** 分解法。

例 2-1　用直接 ***LU*** 分解法解方程组

$$
\begin{pmatrix} 6 & 3 & -8 \\ 15 & 5 & 2 \\ 2 & 0 & 7 \end{pmatrix} \begin{pmatrix} x_1 \\ x_2 \\ x_3 \end{pmatrix} = \begin{pmatrix} 1 \\ 1 \\ 1 \end{pmatrix}
$$

解　由式（2-15）~式（2-18）可得

$i=1$ 行，$u_{1j} = a_{1j} (j=1,2,3)$，即 $u_{11}=6$，$u_{12}=3$，$u_{13}=-8$。

$j=1$ 列，$l_{i1} = \dfrac{a_{i1}}{u_{11}} (i=2,3)$，即 $l_{21} = \dfrac{15}{6} = 2.5$，$l_{31} = \dfrac{2}{6} = 0.3333$。

$i=2$ 行，$u_{2j} = a_{2j} - l_{21} u_{1j} (j=2,3)$，即 $u_{22} = 5 - \dfrac{5}{2} \cdot 3 = -2.5$，$u_{23} = 2 - \dfrac{5}{2} \cdot (-8) = 22$。

$j=2$ 列，$l_{32} = \dfrac{a_{32} - l_{31} u_{12}}{u_{22}} = \dfrac{0 - \dfrac{1}{3} \cdot 3}{-\dfrac{5}{2}} = 0.4$。

$i=3$ 行，$u_{33} = a_{33} - l_{31} u_{13} - l_{32} u_{23} = 7 - \dfrac{1}{3} \cdot (-8) - \dfrac{2}{5} \cdot 22 = 0.8667$。

对于 $\boldsymbol{Ly} = \boldsymbol{b}$：

$$
\begin{pmatrix} 1 & & \\ 2.5 & 1 & \\ 0.3333 & 0.4 & 1 \end{pmatrix} \begin{pmatrix} y_1 \\ y_2 \\ y_3 \end{pmatrix} = \begin{pmatrix} 1 \\ 1 \\ 1 \end{pmatrix}
$$

用式（2-21）顺代可得

$$
\begin{cases}
y_1 = 1 \\
y_2 = b_2 - l_{21} y_1 = 1 - 2.5 \cdot 1 = -1.5 \\
y_3 = b_3 - l_{31} y_1 - l_{32} y_2 = 1 - 0.3333 \cdot 1 - 0.4 \cdot (-1.5) = 1.2667
\end{cases}
$$

对于 $\boldsymbol{Ux} = \boldsymbol{y}$：

$$
\begin{pmatrix} 6 & 3 & -8 \\ & -2.5 & 22 \\ & & 0.8667 \end{pmatrix} \begin{pmatrix} x_1 \\ x_2 \\ x_3 \end{pmatrix} = \begin{pmatrix} 1 \\ -1.5 \\ 1.2667 \end{pmatrix}
$$

用式（2-22）回代可得

$$\begin{cases} x_3 = \dfrac{y_3}{u_{33}} = 1.4615 \\ x_2 = \dfrac{y_2 - u_{23}x_3}{u_{22}} = 13.4612 \\ x_1 = \dfrac{y_1 - u_{12}x_2 - u_{13}x_3}{u_{11}} = -4.6152 \end{cases}$$

2.1.2 动态算法

从例 2-1 的计算过程我们看到，**LU** 分解法在计算机上容易实现，但若按上述流程运算需要较大的存储空间。***A*, *b*, *x*, *L*, *U*, *y*** 都需要单独存储，而从 l_{ij}, u_{ij} 的计算过程知，求出 ***U*** 的第一行 $u_{1j}(j=1,2,\cdots,n)$ 后，$a_{1j}(j\geqslant 1)$ 的存储位置不再需要；求出 ***L*** 的第一列 $l_{i1}(i\geqslant 2)$ 后，$a_{i1}(i=2,3,\cdots,n)$ 的存储位置不再需要；求出 ***U*** 的第 r 行 u_{rj} 后，$a_{rj}(j\geqslant r)$ 的存储位置不再需要；求出 ***L*** 的第 r 列 l_{ir} 后，$a_{ir}(i\geqslant r+1)$ 的存储位置不再需要。因此，我们可以不另设存放 ***L*** 阵和 ***U*** 阵元素的数组，直接将 u_{rj} 和 l_{ir} 在算出的同时存入 ***A*** 阵对应元素 a_{rj} 和 a_{ir} 的存储单元中（代替掉原值），即

$$\begin{cases} a_{rj} \Leftarrow u_{rj} & (j=r,r+1,\cdots,n; r=1,2,\cdots,n) \\ a_{ir} \Leftarrow l_{ir} & (i=r+1,r+2,\cdots,n; r=1,2,\cdots,n-1) \end{cases}$$

其过程为

$$\begin{pmatrix} a_{11} & a_{12} & a_{13} \\ a_{21} & a_{22} & a_{23} \\ a_{31} & a_{32} & a_{33} \end{pmatrix} \to \begin{pmatrix} u_{11} & u_{12} & u_{13} \\ l_{21} & a_{22} & a_{23} \\ l_{31} & a_{32} & a_{33} \end{pmatrix} \to \begin{pmatrix} u_{11} & u_{12} & u_{13} \\ l_{21} & u_{22} & u_{23} \\ l_{31} & l_{32} & a_{33} \end{pmatrix} \to \begin{pmatrix} u_{11} & u_{12} & u_{13} \\ l_{21} & u_{22} & u_{23} \\ l_{31} & l_{32} & u_{33} \end{pmatrix}$$

动态算式为

$$\begin{cases} a_{rj} \Leftarrow a_{rj} - \sum\limits_{k=1}^{r-1} a_{rk}a_{kj} & (j=r,r+1,\cdots,n; r=1,2,\cdots,n) \\ a_{ir} \Leftarrow a_{ir} - \sum\limits_{k=1}^{r-1} a_{ik}a_{kr} & (i=r+1,r+2,\cdots,n; r=1,2,\cdots,n-1) \end{cases} \tag{2-23}$$

同样，在例 2-1 中，对于向量 ***y*** 和 ***b***，求出 $y_i(i=2,3,\cdots,n)$ 后不需要用到 $b_i(i=2,3,\cdots,n)$，因此算出 y_i 的同时存入向量 ***b*** 对应元素 b_i 的存储单元中，即

$$b_i \Leftarrow y_i \quad (i=1,2,\cdots,n)$$

其过程为

$$\begin{pmatrix} b_1 \\ b_2 \\ b_3 \end{pmatrix} \to \begin{pmatrix} y_1 \\ \overline{b_2} \\ b_3 \end{pmatrix} \to \begin{pmatrix} y_1 \\ y_2 \\ \overline{b_3} \end{pmatrix} \to \begin{pmatrix} y_1 \\ y_2 \\ y_3 \end{pmatrix}$$

动态算式为

$$b_i \Leftarrow b_i - \sum_{k=1}^{i-1} a_{ik} b_k \quad (i = 1, 2, \cdots, n) \tag{2-24}$$

同理，将回代解向量的各分量 x_i 的值按式（2-22）计算出后，存入 b_i 单元中，即

$$b_i \Leftarrow x_i \quad (i = n, n-1, \cdots, 1)$$

其过程为

$$\begin{pmatrix} b_1 \\ b_2 \\ b_3 \end{pmatrix} \to \begin{pmatrix} b_1 \\ b_2 \\ \overline{x_3} \end{pmatrix} \to \begin{pmatrix} b_1 \\ \overline{x_2} \\ x_3 \end{pmatrix} \to \begin{pmatrix} x_1 \\ x_2 \\ x_3 \end{pmatrix}$$

动态算式为

$$b_i \Leftarrow \left(b_i - \sum_{k=i+1}^{n} a_{ik} b_k \right) \Big/ a_{ii} \quad (i = n, n-1, \cdots, 1) \tag{2-25}$$

***LU* 分解的紧凑格式（Doolittle 分解）：**

输入：$\boldsymbol{A}_{n\times n}, \boldsymbol{b}_n$

（1）$\begin{cases} a_{rj} \leftarrow a_{rj} - \sum\limits_{k=1}^{r-1} a_{rk} a_{kj} \quad (j = r, r+1, \cdots, n; r = 1, 2, \cdots, n) \\ a_{ir} \leftarrow \left(a_{ir} - \sum\limits_{k=1}^{r-1} a_{ik} a_{kr} \right) \Big/ a_{rr} \quad (i = r+1, r+2, \cdots, n; r = 1, 2, \cdots, n-1) \end{cases}$

（2）$b_i \leftarrow b_i - \sum\limits_{k=1}^{i-1} a_{ik} b_k \quad (i = 1, 2, \cdots, n)$

（3）$b_i \leftarrow \left(b_i - \sum\limits_{k=i+1}^{n} a_{ik} b_k \right) \Big/ a_{ii} \quad (i = n, n-1, \cdots, 1)$

输出：$\boldsymbol{b}_n$

该算法节约了原算法存放 ***LU*** 阵元素的 $2n \times n$ 个数据单元，存放向量 $\boldsymbol{y}$ 和 $\boldsymbol{x}$ 的 $2n$ 个数据单元，一共减少 $2n$（n+1）个数据单元。当方程组阶数高时，比如 100 阶的方程组，紧凑格式的 ***LU*** 分解可以节约 2 万多个数据存储单元。

例 2-2　用紧凑格式的 $\boldsymbol{LU}$ 分解法解方程组

$$\begin{pmatrix} 2 & 10 & 0 & -3 \\ -3 & -4 & -12 & 13 \\ 1 & 2 & 3 & -4 \\ 4 & 14 & 9 & -13 \end{pmatrix}\begin{pmatrix} x_1 \\ x_2 \\ x_3 \\ x_4 \end{pmatrix}=\begin{pmatrix} 10 \\ 5 \\ -2 \\ 7 \end{pmatrix}$$

解

$$(\boldsymbol{A}|\boldsymbol{b})=\left(\begin{array}{cccc|c} 2 & 10 & 0 & -3 & 10 \\ -3 & -4 & -12 & 13 & 5 \\ 1 & 2 & 3 & -4 & -2 \\ 4 & 14 & 9 & -13 & 7 \end{array}\right)\xrightarrow{r=1}\left(\begin{array}{cccc|c} 2 & 10 & 0 & -3 & 10 \\ -\frac{3}{2} & -4 & -12 & 13 & 5 \\ \frac{1}{2} & 2 & 3 & -4 & -2 \\ 2 & 4 & 9 & -13 & 7 \end{array}\right)$$

$$\xrightarrow{r=2}\left(\begin{array}{cccc|c} 2 & 10 & 0 & -3 & 10 \\ -\frac{3}{2} & 11 & -12 & \frac{17}{2} & 20 \\ \frac{1}{2} & -\frac{3}{11} & 3 & -4 & -2 \\ 2 & -\frac{6}{11} & 9 & -13 & 7 \end{array}\right)\xrightarrow{r=3}\left(\begin{array}{cccc|c} 2 & 10 & 0 & -3 & 10 \\ -\frac{3}{2} & 11 & -12 & \frac{17}{2} & 20 \\ \frac{1}{2} & -\frac{3}{11} & -\frac{3}{11} & -\frac{2}{11} & -\frac{17}{11} \\ 2 & -\frac{6}{11} & -9 & -13 & 7 \end{array}\right)$$

$$\xrightarrow{r=4}\left(\begin{array}{cccc|c} 2 & 10 & 0 & -3 & 10 \\ -\frac{3}{2} & 11 & -12 & \frac{17}{2} & 20 \\ \frac{1}{2} & -\frac{3}{11} & -\frac{3}{11} & -\frac{2}{11} & -\frac{17}{11} \\ 2 & -\frac{6}{11} & -9 & -4 & -16 \end{array}\right)\xrightarrow{\text{解}\boldsymbol{U}\boldsymbol{x}=\boldsymbol{y}}\left(\begin{array}{cccc|c} 2 & 10 & 0 & -3 & 1 \\ -\frac{3}{2} & 11 & -12 & \frac{17}{2} & 2 \\ \frac{1}{2} & -\frac{3}{11} & -\frac{3}{11} & -\frac{2}{11} & 3 \\ 2 & -\frac{6}{11} & -9 & -4 & 4 \end{array}\right)$$

最终结果为

$$\boldsymbol{x}=\begin{pmatrix} x_1 \\ x_2 \\ x_3 \\ x_4 \end{pmatrix}=\begin{pmatrix} 1 \\ 2 \\ 3 \\ 4 \end{pmatrix}$$

2.1.3　数值稳定性

由式（2-18）可知，当 $|u_{ii}|\ll 1\ (i=1,2,\cdots,n-1)$ 时，会使 l_{ij} 扩大到 $1/|u_{ii}|$ 倍，同时舍

入误差也随之扩大相同的倍数，可能导致舍入误差恶性积累和增长，因此这种方法是数值不稳定的解法（Atkinson and Han，2005）。

例 2-3　求解

$$\begin{cases} 0.0001x_1 + x_2 = 0.6667 \\ x_1 + x_2 = 1 \end{cases} \quad \left(\text{真解为} x_1 = \frac{1}{3}，\ x_2 = \frac{2}{3} \right)$$

解　按自然顺序分解：

$$u_{11} = a_{11} = 0.0001\ ,\quad u_{12} = a_{12} = 1$$

$$l_{21} = a_{21}/u_{11} = 1/0.0001 = 10000$$

$$u_{22} = a_{22} - l_{21}u_{12} = 1 - 10000 = -9999$$

得

$$\begin{cases} y_1 = b_1 = 0.6667 \\ y_2 = b_2 - l_{21}b_1 = 1 - 6667 = -6666 \end{cases}$$

$$\begin{cases} x_2 = y_2/u_{22} = -6666/-9999 \approx 0.6667 \\ x_1 = (y_1 - u_{12}x_2)/u_{11} = (0.6667 - 0.6667)/0.0001 = 0 \end{cases}$$

这是一个很坏的结果（而且是比溢出停机更严重的问题，因为这种错误不一定被发现），其原因是出现了小的$|u_{11}|$。

2.2　列主元 *LU* 分解法

2.2.1　基本思想

例 2-4　调换 2.1.3 节中例 2-3 方程次序再求解

$$\begin{pmatrix} 1 & 1 \\ 0.0001 & 1 \end{pmatrix} \begin{pmatrix} x_1 \\ x_2 \end{pmatrix} = \begin{pmatrix} 1 \\ 0.6667 \end{pmatrix}$$

解　为了简明，利用求解方式示意图得

$$\boldsymbol{A} \to \begin{pmatrix} u_{11} & u_{12} \\ l_{21} & \boxed{a_{22}} \end{pmatrix} = \begin{pmatrix} 1 & 1 \\ 0.0001 & 1 \end{pmatrix} \to \begin{pmatrix} u_{11} & u_{12} \\ l_{21} & \boxed{u_{22}} \end{pmatrix} = \begin{pmatrix} 1 & 1 \\ \boxed{0.0001} & 0.9999 \end{pmatrix}$$

$$\boldsymbol{b} \to \begin{pmatrix} 1 \\ 0.6666 \end{pmatrix} \to \begin{pmatrix} 0.3333 \\ 0.6667 \end{pmatrix}$$

$\boldsymbol{x}=(0.3333,0.6667)^{\mathrm{T}}$ 是方程的一个好的近似解，仅仅由于调换方程的次序得到了较大的 $u_{ii}(i=1,2,\cdots,n-1)$ 就避免了 2.1.3 节中舍入误差数量级的增长。这种在 ***LU*** 分解之前通过行变换选大的 $u_{ii}(i<n)$ 的解法，称为列主元 ***LU*** 分解法，称 $u_{ii}(i=1,2,\cdots,n-1)$ 为主元（郑继明等，2016）。

2.2.2　动态算法

为了节约内存和便于分析，仍用动态算法，设第 $r-1$ 步分解已完成，这时有

$$\begin{pmatrix} u_{11} & u_{12} & \cdots & \cdots & \cdots & \cdots & u_{1n} \\ l_{21} & u_{22} & \cdots & \cdots & \cdots & \cdots & u_{2n} \\ \vdots & \vdots & \ddots & \vdots & \vdots & & \vdots \\ & & & u_{r-1,r-1} & u_{r-1,r} & \cdots & u_{r-1,n} \\ & & & l_{r,r-1} & a_{rr} & \cdots & a_{rn} \\ \vdots & \vdots & & \vdots & \vdots & \ddots & \vdots \\ l_{n1} & l_{n2} & \cdots & l_{n,r-1} & a_{nr} & \cdots & a_{nn} \end{pmatrix}$$

注意到，u_{rr} 与 l_{ir} 计算式的分子形式是相似的，故主元就在它们中选取，为方便记为

$$s_i=a_{ir}-\sum_{k=1}^{r-1}l_{ik}u_{kr}\quad(i=r,r+1,\cdots,n)\tag{2-26}$$

式中 $l_{ir}=s_i/s_r\ (i=r+1,r+2,\cdots,n)$。

显然从各 $|s_i|\ (i\geqslant r)$ 中选出最大者主元，可使 $|l_{ir}|\leqslant 1$ 而确保算法数值稳定性，为此做如下工作：

（1）计算各 s_i，由于求出 s_i 后，计算 l_{ir} 时可利用 $l_{ir}=s_i/s_r$，故 a_{ir} 已无保留价值，于是可将 s_i 存入 a_{ir} 的位置，不需另设工作单元；

（2）设 $\max\limits_{r\leqslant i\leqslant n}|s_i|$ 的行号为 i_r，选 $|s_{i_r}|=\max\limits_{r\leqslant i\leqslant n}|s_i|$ 归结为找出行号 i_r；

（3）将 s_{i_r} 作为新主元可以通过行变换实现，即交换动态存储情况下 $\boldsymbol{A}$ 的增广矩阵的第 r 行元素，$l_{r1},\cdots,l_{r,r-1},a_{rr},\cdots,a_{rn},b_r$ 与第 i_r 行元素 $l_{i_r1},\cdots,l_{i_r,r-1},a_{i_rr},\cdots,a_{i_rn},b_{i_r}$，行变换后仍然同解（例如 $r=1$ 时，就是交换第 1 个与第 i_r 个方程顺序），由于 $a_{rr}\sim a_{nr}$ 位置已存入 $s_r\sim s_n$ 的值，故变换后的 a_{rr} 位置的新值是 s_{i_r}，于是就以该值作为第 r 次分解的新主元 u_{rr}，接着即可进行该步分解计算。

算法如下：对于 $r=1,2,\cdots,n$ 做到第（5）步，即

（1）按式（2-26）计算 s_i 并送入 a_{ir} 单元

$$a_{ir}\leftarrow s_i=a_{ir}-\sum_{k=1}^{r-1}l_{ik}u_{kr}\quad(i=r,r+1,\cdots,n)$$

（2）选主元

$$\left|s_{i_r}\right| = \max_{r \leqslant i \leqslant n}\left|s_i\right|$$

（3）交换 $\boldsymbol{A}$ 的第 r 行与第 i_r 行的元素，以及交换 $\boldsymbol{b}$ 的第 r 行与 i_r 行的分量，即

$$a_{rj} \leftrightarrow a_{i_r j} \quad (j = 1,2,\cdots,n)$$
$$b_r \leftrightarrow b_{i_r}$$

（4）计算 $\boldsymbol{U}$ 的第 r 行元素，$\boldsymbol{L}$ 的第 r 列元素：

$$a_{rr} \leftarrow u_{rr} = s_r$$

$$a_{rj} \leftarrow u_{rj} = a_{rj} - \sum_{k=1}^{r-1} l_{rk} u_{kj} \quad (j = r+1, r+2, \cdots, n) \tag{2-27}$$

$$a_{ir} \leftarrow l_{ir} = s_i / u_{rr} = a_{ir} / a_{rr} \quad (i = r+1, r+2, \cdots, n) \tag{2-28}$$

这时有 $\left|l_{ir}\right| \leqslant 1$。

（5）计算

$$b_r \leftarrow b_r - \sum_{k=1}^{r-1} l_{rk} b_k \tag{2-29}$$

经过 $r = 1,2,\cdots,n$ 做第（1）～（4）步，已完成了选列主元的 $\boldsymbol{LU}$ 分解及右端项的相应变换。选主元的过程相当于对原方程进行一系列行变换，其总效应是对原方程两端左乘一个排列矩阵 $\boldsymbol{P}$，即

$$\boldsymbol{PAx} = \boldsymbol{Pb}$$

而因 $\boldsymbol{PA} = \boldsymbol{LU}$，故 $\boldsymbol{LUx} = \boldsymbol{Pb}$。其中 $\boldsymbol{U}$ 的元素存放在原 $\boldsymbol{A}$ 阵对角线及其上面的对应位置，$\boldsymbol{L}$ 的元素存于剩下的对应位置，$\boldsymbol{Pb}$ 是经过第（3）步交换分量顺序的右端列向量，仍存放在 $\boldsymbol{b}$ 的单元，其分量仍记为 $b_r\ (r = 1,2,\cdots,n)$，即

$$\boldsymbol{Ux} = \boldsymbol{y}$$

则

$$\boldsymbol{Ly} = \boldsymbol{Pb}$$

有

$$y_r = b_r - \sum_{k=1}^{r-1} l_{rk} b_k \tag{2-30}$$

因此第（5）步实际已完成顺代求解 $\boldsymbol{Ly} = \boldsymbol{Pb}$ 中间向量 $\boldsymbol{y}$。由式（2-30）可见，计算 y_r 只

用到b_r和第 r 行的 $\boldsymbol{L}$ 阵元素，这些量对于$r=1,2,\cdots,n$的每一次取值，均在第（1）~（4）步求出，故求y_r可合并到r循环内进行，这样作可以简化程序结构，所以$\boldsymbol{LU}$分解完全完成的同时，$\boldsymbol{Ly}=\boldsymbol{Pb}$的求解也完成了，解$\boldsymbol{y}$存放在$\boldsymbol{b}$。

（6）求解$\boldsymbol{Ux}=\boldsymbol{y}$，即作

$$b_i \leftarrow x_i = \left(y_i - \sum_{k=i+1}^{n} u_{ik}x_k\right)\Big/u_{ii} = \left(b_i - \sum_{k=i+1}^{n} a_{ik}b_k\right)\Big/a_{ii} \quad (i=n,n-1,\cdots,1)$$

最后从$\boldsymbol{b}$数组输出$\boldsymbol{Ax}=\boldsymbol{b}$的解$\boldsymbol{x}$。

列主元 *LU* 分解算法：

输入：$\boldsymbol{A}_{n\times n},\boldsymbol{b}_n$

（1）$a_{ir} \leftarrow a_{ir} - \sum_{k=1}^{r-1} a_{ik}a_{kr} \quad (r=1,2,\cdots,n;i=r,r+1,\cdots,n)$　　（计算s_i）

（2）选$\left|a_{i_r r}\right| = \max\limits_{r\leqslant i\leqslant n}\left|a_{ir}\right| \quad (r=1,2,\cdots,n)$　　（确定i_r）

（3）$a_{rj} \leftrightarrow a_{i_r j} \quad (r=1,2,\cdots,n;j=1,2,\cdots,n)$，$b_r \leftrightarrow b_{i_r}$

（4）$a_{rj} \leftarrow a_{rj} - \sum_{k=1}^{r-1} a_{rk}a_{kj}$，$a_{ir} \leftarrow a_{ir}/a_{rr} \quad (r=1,2,\cdots,n;i,j=r+1,r+2,\cdots,n)$

（5）$b_r \leftarrow b_r - \sum_{k=1}^{r-1} a_{rk}b_k \quad (r=1,2,\cdots,n)$　　（求y_r）

（6）$b_i \leftarrow \left(b_i - \sum_{k=i+1}^{n} a_{ik}b_k\right)\Big/a_{ii} \quad (i=n,n-1,\cdots,1)$　　（求x_i）

输出：$\boldsymbol{b}_n$

例 2-5　用列主元分解法解方程组

$$\begin{pmatrix} 0 & 3 & 4 \\ 1 & -1 & 1 \\ 2 & 1 & 2 \end{pmatrix}\begin{pmatrix} x_1 \\ x_2 \\ x_3 \end{pmatrix} = \begin{pmatrix} 1 \\ 2 \\ 3 \end{pmatrix}$$

简记为$\boldsymbol{Ax}=\boldsymbol{b}$。

解　对于$r=1$，计算

$$s_i = a_{i1} \quad (i=1,2,3)$$

即$s_1=0$，$s_2=1$，$s_3=2$，所以

$$s_3 = \max_{1\leqslant i\leqslant 3}\left|s_i\right|$$

于是选s_3作为u_{11}，交换$\boldsymbol{A}$、$\boldsymbol{b}$的第 1、3 行元素及$s_1 \leftrightarrow s_3$，且分解计算

$$u_{11} = s_1 = 2，\ u_{1j} = a_{1j}\ (j=2,3)，\ l_{i1} = s_i/u_{11} \quad (i=2,3)$$

此时数组 $\boldsymbol{A}$、$\boldsymbol{b}$ 的形式为

$$\begin{pmatrix} u_{11} & u_{12} & u_{13} \\ l_{21} & a_{22} & a_{23} \\ l_{31} & a_{32} & a_{33} \end{pmatrix} = \begin{pmatrix} 2 & 1 & 2 \\ \frac{1}{2} & -1 & 1 \\ 0 & 3 & 4 \end{pmatrix}, \quad \boldsymbol{b} = \begin{pmatrix} 3 \\ 2 \\ 1 \end{pmatrix} \quad (b_1 \leftrightarrow b_3)$$

对于 $r=2$ 计算

$$s_i = a_{i2} - l_{i1}u_{12} \quad (i=2,3)$$

即 $s_2 = a_{22} - l_{21} \cdot u_{12} = -1 - \frac{1}{2} \cdot 1 = -\frac{3}{2}$，$s_3 = a_{32} - l_{31} \cdot u_{12} = 3 - 0 \cdot 1 = 3$，所以

$$s_3 = \max_{2<i<3} |s_i|$$

选 s_3 作为 u_{22}，变换 $\boldsymbol{A}$ 的第 2 行与第 3 行元素及 $s_2 \leftrightarrow s_3$ 且分解计算

$$u_{22} = s_2 = 3, \quad u_{2j} = a_{2j} - l_{21}u_{1j} \quad (j=3), \quad l_{i2} = s_i / u_{22} \quad (i=3)$$

后二者即

$$u_{23} = a_{23} - l_{21}u_{13} = 4 - 0 = 4, \quad l_{32} = s_3 / u_{22} = -\frac{3}{2} \Big/ 3 = -\frac{1}{2}$$

于是数组 $\boldsymbol{A}, \boldsymbol{b}$ 有形式

$$\begin{pmatrix} u_{11} & u_{12} & u_{13} \\ l_{21} & u_{22} & u_{23} \\ l_{31} & l_{32} & a_{33} \end{pmatrix} = \begin{pmatrix} 2 & 1 & 2 \\ 0 & 3 & 4 \\ \frac{1}{2} & -\frac{1}{2} & 1 \end{pmatrix}$$

交换 $b_2 \leftrightarrow b_3$，得

$$\boldsymbol{b} = \begin{pmatrix} 3 \\ 1 \\ 2 \end{pmatrix}$$

再用式（2-29）作 $b_2 \leftarrow b_2 - l_{21}b_1 = 1 - 0 = 1$，这时

$$\boldsymbol{b} = \begin{pmatrix} 3 \\ 1 \\ 2 \end{pmatrix}$$

对于 $r=3$ 计算

$$s_3 = a_{33} - \sum_{k=1}^{2} l_{3k}u_{k3} = 1 - \frac{1}{2}\cdot 2 - \left(-\frac{1}{2}\right)\cdot 4 = 2\,, \qquad u_{33} = s_3 = 2$$

数组 $\boldsymbol{A}$ 的最后形式为

$$\begin{pmatrix} u_{11} & u_{12} & u_{13} \\ l_{21} & u_{22} & u_{23} \\ l_{31} & l_{32} & u_{33} \end{pmatrix} = \begin{pmatrix} 2 & 1 & 2 \\ 0 & 3 & 4 \\ \dfrac{1}{2} & -\dfrac{1}{2} & 2 \end{pmatrix}$$

用式（2-29）作 $b_3 \leftarrow b_3 - l_{31}b_1 - l_{32}b_2 = 2 - \frac{1}{2}\cdot 3 - \left(-\frac{1}{2}\right)\cdot 1 = 1$，这时

$$\boldsymbol{b} = \begin{pmatrix} 3 \\ 1 \\ 1 \end{pmatrix}$$

此时有

$$\boldsymbol{PA} = \begin{pmatrix} 1 & 0 & 0 \\ 0 & 1 & 0 \\ \dfrac{1}{2} & -\dfrac{1}{2} & 1 \end{pmatrix}\cdot\begin{pmatrix} 2 & 1 & 2 \\ 0 & 3 & 4 \\ 0 & 0 & 2 \end{pmatrix} = \boldsymbol{LU}\,, \quad \boldsymbol{PAx} = \boldsymbol{Pb} = \begin{pmatrix} 3 \\ 1 \\ 2 \end{pmatrix} = \boldsymbol{Ly}$$

求解

$$\boldsymbol{Ux} = \boldsymbol{y} \to \boldsymbol{x} = \left(\frac{7}{6}, -\frac{1}{3}, \frac{1}{2}\right)^{\mathrm{T}}$$

注：选主元过程就是一系列行变换，事实上整个列主元 $\boldsymbol{LU}$ 分解及求解 $\boldsymbol{y}$ 的过程就是对系数 $\boldsymbol{A}$ 的增广矩阵施行行变换，仍以上题为例，变换过程如下：

$$(\boldsymbol{A},\boldsymbol{b}) \xrightarrow[s_i]{} \underset{\quad s_i\qquad\quad (\boldsymbol{A})\qquad\quad (\boldsymbol{b})}{\left(\begin{array}{c|cc|c} 0 & 3 & 4 & 1 \\ 1 & -1 & 1 & 2 \\ 2 & 1 & 2 & 3 \end{array}\right)} \xrightarrow{\text{选主元}s_{i_r}} \left(\begin{array}{c|cc|c} 2 & 1 & 2 & 3 \\ 1 & -1 & 1 & 2 \\ 0 & 3 & 4 & 1 \end{array}\right) \xrightarrow[s_i]{\boldsymbol{LU}} \left(\begin{array}{c|c|cc} 2 & 1 & 2 & 3 \\ \hline \dfrac{1}{2} & -\dfrac{3}{2} & 1 & 2 \\ 0 & 3 & 4 & 1 \end{array}\right)$$

$$\xrightarrow{\text{选主元}s_{i_r}} \left(\begin{array}{c|c|cc} 2 & 1 & 2 & 3 \\ \hline 0 & 3 & 4 & 1 \\ \dfrac{1}{2} & -\dfrac{3}{2} & 1 & 2 \end{array}\right) \xrightarrow[s_i]{\boldsymbol{LU}} \underset{\boldsymbol{L}\qquad\qquad \boldsymbol{U}\quad \boldsymbol{y}}{\left(\begin{array}{ccc|c} 2 & 1 & 2 & 3 \\ 0 & 3 & 4 & 1 \\ \dfrac{1}{2} & -\dfrac{1}{2} & 2 & 1 \end{array}\right)} \xrightarrow{\text{回代}} \begin{pmatrix} \dfrac{7}{6} \\ -\dfrac{1}{3} \\ \dfrac{1}{2} \end{pmatrix} = \boldsymbol{x}$$

2.3　对称正定矩阵分解法

在应用数学中，线性方程组大多数的系数矩阵有对称正定这一性质，因此利用对称正定矩阵的三角分解式求解对称正定方程组是一种有效方法，且分解过程无需选主元，有良好的数值稳定性（叶兴德等，2008）。

2.3.1　对称正定矩阵的 Cholesky 分解

定理 2-1　设 $\boldsymbol{A}$ 为对称正定矩阵，则存在唯一分解 $\boldsymbol{A}=\boldsymbol{LDL}^{\mathrm{T}}$，其中 $\boldsymbol{L}$ 为单位下三角阵，$\boldsymbol{D}=\mathrm{diag}(d_1,d_2,\cdots,d_n)$ 且 $d_i>0$（$i=1,\cdots,n$）。

证明　因为 $\boldsymbol{A}$ 是对称正定矩阵，由 Doolittle 分解可唯一分解为 $\boldsymbol{A}=\boldsymbol{LU}_1$，其中 $\boldsymbol{L}$ 为单位下三角阵，$\boldsymbol{U}_1$ 为非奇异的上三角阵。令

$$\boldsymbol{U}_1=\begin{pmatrix} d_1 & \cdots & \cdots & \cdots \\ & d_2 & \cdots & \cdots \\ & & \ddots & \cdots \\ & & & d_n \end{pmatrix} \tag{2-31}$$

又因为 $\boldsymbol{A}$ 是正定的，则 $\boldsymbol{A}$ 的顺序主子式均大于零，故有 $\Delta_1=d_1>0$，得 $d_1>0$；由 $\Delta_2=d_1d_2>0$，得 $d_2>0$；…；由 $\Delta_n=d_1d_2\cdots d_n>0$，得 $d_n>0$，即 $d_1,d_2,\cdots,d_n$ 均大于零，故

$$\boldsymbol{U}_1=\begin{pmatrix} d_1 & & & & \\ & d_2 & & & \\ & & \ddots & & \\ & & & \ddots & \\ & & & & d_n \end{pmatrix}\begin{pmatrix} 1 & \frac{*}{d_1} & \cdots & \cdots & \frac{*}{d_1} \\ & 1 & \frac{*}{d_2} & \cdots & \frac{*}{d_2} \\ & & 1 & & \cdots \\ & & & \ddots & \cdots \\ & & & & 1 \end{pmatrix}=\boldsymbol{DU} \tag{2-32}$$

其中 $\boldsymbol{D}$ 为对角阵，$\boldsymbol{U}$ 为单位上三角阵。所以 $\boldsymbol{A}=\boldsymbol{LDU}$。又因为 $\boldsymbol{A}$ 对称，即 $\boldsymbol{A}^{\mathrm{T}}=(\boldsymbol{LDU})^{\mathrm{T}}=\boldsymbol{U}^{\mathrm{T}}\boldsymbol{DL}^{\mathrm{T}}=\boldsymbol{A}$，故有 $\boldsymbol{L}^{\mathrm{T}}=\boldsymbol{U}$，所以 $\boldsymbol{A}=\boldsymbol{LDL}^{\mathrm{T}}$。

推论　设 $\boldsymbol{A}$ 为对称正定矩阵，则存在唯一分解 $\boldsymbol{A}=\boldsymbol{LL}^{\mathrm{T}}$，其中 $\boldsymbol{L}$ 为具有主对角元素为正数的下三角矩阵。

证明　令 $\boldsymbol{D}^{\frac{1}{2}}=\mathrm{diag}(\sqrt{d_1},\sqrt{d_2},\cdots,\sqrt{d_n})$，则 $\boldsymbol{A}=\boldsymbol{LDL}^{\mathrm{T}}=(\boldsymbol{LD}^{\frac{1}{2}})(\boldsymbol{LD}^{\frac{1}{2}})^{\mathrm{T}}=\overline{\boldsymbol{L}}\overline{\boldsymbol{L}}^{\mathrm{T}}$，其中 $\overline{\boldsymbol{L}}$ 的主对角元素为 $\sqrt{d_1}>0,\sqrt{d_2}>0,\cdots,\sqrt{d_n}>0$。

2.3.2　方程解法

设 $\boldsymbol{A}$ 为对称正定矩阵，则 $\boldsymbol{A}=\boldsymbol{L}\boldsymbol{L}^{\mathrm{T}}$，令

$$\boldsymbol{L}=\begin{pmatrix} l_{11} & & & \\ l_{21} & l_{22} & & \\ \vdots & \vdots & \ddots & \\ l_{n1} & l_{n2} & \cdots & l_{nn} \end{pmatrix} \tag{2-33}$$

以 $n=3$ 为例求 l_{ij}

$$\begin{pmatrix} a_{11} & a_{12} & a_{13} \\ a_{21} & a_{22} & a_{23} \\ a_{31} & a_{32} & a_{33} \end{pmatrix}=\begin{pmatrix} l_{11} & & \\ l_{21} & l_{22} & \\ l_{31} & l_{32} & l_{33} \end{pmatrix}\begin{pmatrix} l_{11} & l_{12} & l_{13} \\ & l_{22} & l_{23} \\ & & l_{33} \end{pmatrix} \tag{2-34}$$

当 $j=1$ 时，由 $a_{11}=l_{11}^2$，得 $l_{11}=\sqrt{a_{11}}$；由 $a_{21}=l_{21}l_{11}$，得 $l_{21}=\dfrac{a_{21}}{l_{11}}$；同理得 $l_{31}=\dfrac{a_{31}}{l_{11}}$。

当 $j=2$ 时，由 $a_{22}=l_{21}^2+l_{22}^2$，得 $l_{22}=\sqrt{a_{22}-l_{21}^2}$；由 $a_{32}=l_{31}l_{21}+l_{32}l_{22}$，得 $l_{32}=\dfrac{a_{32}-l_{31}l_{21}}{l_{22}}$。

当 $j=3$ 时，由 $a_{33}=l_{31}^2+l_{32}^2+l_{33}^2$，得 $l_{33}=\sqrt{a_{33}-\sum\limits_{i=1}^{2}l_{3i}^2}$。

推广到 n 阶行列式，有

$$\begin{cases} l_{jj}=\left(a_{jj}-\sum\limits_{k=1}^{j-1}l_{jk}^2\right)^{\frac{1}{2}} \\ l_{ij}=\left(a_{ij}-\sum\limits_{k=1}^{j-1}l_{ik}l_{jk}\right)/\,l_{jj} \end{cases} \quad (i=j+1,\cdots,n;\ j=1,2,\cdots,n)$$

用 Cholesky（楚列斯基）分解法解线性方程组：

$$\boldsymbol{A}\boldsymbol{x}=\boldsymbol{b}\Leftrightarrow\begin{cases}\boldsymbol{L}\boldsymbol{y}=\boldsymbol{b}\\ \boldsymbol{L}^{\mathrm{T}}\boldsymbol{x}=\boldsymbol{y}\end{cases}$$

其中 $\boldsymbol{A}=\boldsymbol{L}\boldsymbol{L}^{\mathrm{T}}$。其优点为可以减少存储单元，缺点为需要进行开方运算，比较耗时，因此提出改进 Cholesky 分解法。改进的 Cholesky 分解令 $\boldsymbol{A}=\boldsymbol{L}\boldsymbol{D}\boldsymbol{L}^{\mathrm{T}}$。

由对称性，$\boldsymbol{L}\boldsymbol{D}\boldsymbol{L}^{\mathrm{T}}$ 的分解计算只需求出 $\boldsymbol{L}$ 和 $\boldsymbol{D}$ 的元素：

$$
\boldsymbol{L}=\begin{pmatrix}1 & & & & \\ l_{21} & 1 & & & \\ l_{31} & l_{32} & 1 & & \\ \vdots & \vdots & \vdots & \ddots & \\ l_{n1} & l_{n2} & \cdots & l_{n,n-1} & 1\end{pmatrix},\quad \boldsymbol{D}=\begin{pmatrix}d_1 & & & \\ & d_2 & & \\ & & \ddots & \\ & & & \ddots \\ & & & & d_{nn}\end{pmatrix}
$$

由 $\boldsymbol{A}=\boldsymbol{L}(\boldsymbol{D}\boldsymbol{L}^{\mathrm{T}})$ 得

$$
\boldsymbol{A}=\begin{pmatrix}1 & & & & \\ l_{21} & 1 & & & \\ l_{31} & l_{32} & 1 & & \\ \vdots & \vdots & \ddots & \ddots & \\ l_{n1} & l_{n2} & \cdots & l_{n,n-1} & 1\end{pmatrix}\begin{pmatrix}d_1 & d_1 l_{21} & d_1 l_{31} & \cdots & d_1 l_{n1} \\ & d_2 & d_2 l_{32} & \cdots & d_2 l_{n2} \\ & & d_3 & \cdots & d_3 l_{n3} \\ & & & \ddots & \vdots \\ & & & & d_n\end{pmatrix}
$$

逐行相乘，并注意到 $i>j$ 有

$$
a_{ij}=\sum_{k=1}^{j-1} l_{ik} d_k l_{jk}+l_{ij} d_j \quad (j=1,2,\cdots,i-1)
$$

$$
a_{ii}=\sum_{k=1}^{j-1} l_{ik}^2 d_k+d_i \quad (i=1,2,\cdots,n)
$$

由此可得

$$
\begin{cases} l_{ij}=\left(a_{ij}-\sum\limits_{k=1}^{j-1} l_{ik} d_k l_{jk}\right)\Big/ d_j & (j=1,2,\cdots,i-1) \\ d_i=a_{ii}-\sum\limits_{k=1}^{j-1} l_{ik}^2 d_k & (i=1,2,\cdots,n)\end{cases}
$$

为减少计算量，可令 $c_{ij}=l_{ij} d_j$，则 $l_{ij}=\dfrac{c_{ij}}{d_j}$，所以可将上述公式改为

$$
\begin{cases} c_{ij}=a_{ij}-\sum\limits_{k=1}^{j-1} c_{ik} l_{jk} \\ l_{ij}=\dfrac{c_{ij}}{d_j} & (i=2,3,\cdots,n;\ j=1,2,\cdots,i-1) \\ d_i=a_{ii}-\sum\limits_{k=1}^{i-1} c_{ik} l_{ik}\end{cases}
$$

综上所述，用改进 Cholesky 分解法解线性方程组 $\boldsymbol{A}\boldsymbol{x}=\boldsymbol{b}$ 等价于求

$$
\begin{cases} \boldsymbol{L}\boldsymbol{y}=\boldsymbol{b} \\ \boldsymbol{L}^{\mathrm{T}}\boldsymbol{x}=\boldsymbol{D}^{-1}\boldsymbol{y}\end{cases}
$$

其中

$$D^{-1}=\begin{pmatrix}\frac{1}{d_1} & & & \\ & \frac{1}{d_2} & & \\ & & \ddots & \\ & & & \frac{1}{d_n}\end{pmatrix}$$

所以 $D^{-1}y=\left(\frac{y_1}{d_1},\frac{y_2}{d_2},\cdots,\frac{y_n}{d_n}\right)^{\mathrm{T}}$。

归纳解方程改进 Cholesky 分解法如下：

（1）$d_1=a_{11}$，对 $i=2,3,\cdots,n$ 按行执行到第（4）步；

（2）$c_{ij}=a_{ij}-\sum_{k=1}^{j-1}c_{ik}l_{ik}\ (j=1,2,\cdots,i-1)$；

（3）$l_{ij}=c_{ij}/d_j\ (j=1,2,\cdots,i-1)$；

（4）$d_i=a_{ii}-\sum_{k=1}^{i-1}c_{ik}l_{ik}$；

（5）$y_i=b_i-\sum_{k=1}^{i-1}l_{ik}y_k$；

（6）$x_i=y_i/d_i-\sum_{k=i+1}^{n}l_{ki}x_k\ (i=n,n-1,\cdots,1)$。

例 2-6　用改进 Cholesky 分解法解正定矩阵方程组

$$\begin{pmatrix}4 & -1 & 1\\ -1 & 2 & -2\\ 1 & -2 & 3\end{pmatrix}\begin{pmatrix}x_1\\ x_2\\ x_3\end{pmatrix}=\begin{pmatrix}5\\ -3\\ 6\end{pmatrix}$$

解　$i=1$：$d_1=a_{11}=4$

$i=2$：$c_{21}=a_{21}=-1$

$$\begin{cases}l_{21}=c_{21}/d_1=-\frac{1}{4}\\ d_2=a_{22}-c_{21}l_{21}=2-(-1)\left(-\frac{1}{4}\right)=\frac{7}{4}\end{cases}$$

$i=3$：$c_{3j}=a_{3j}-\sum_{k=1}^{j-1}c_{3k}l_{jk}\quad (j=1,2)$

$c_{31}=a_{31}=1$，$c_{32}=a_{32}-c_{31}l_{21}=-2-\left(-\frac{1}{4}\right)=-\frac{7}{4}$

$$\begin{cases} l_{31} = c_{31}/d_1 = \dfrac{1}{4}, \quad l_{32} = c_{32}/d_2 = -1 \\ d_3 = a_{33} - c_{31}l_{31} - c_{32}l_{32} = 3 - \dfrac{1}{4} - \left(-\dfrac{7}{4}\right)(-1) = 1 \end{cases}$$

此时

$$\boldsymbol{L} = \begin{pmatrix} 1 & & \\ -\dfrac{1}{4} & 1 & \\ \dfrac{1}{4} & -1 & 1 \end{pmatrix}, \quad \boldsymbol{D} = \begin{pmatrix} 4 & & \\ & \dfrac{7}{4} & \\ & & 1 \end{pmatrix}$$

解下三角方程组 $\boldsymbol{Ly} = \boldsymbol{b}$ 得

$$\begin{cases} y_1 = b_1 = 5 \\ y_2 = b_2 - l_{21}y_1 = -\dfrac{7}{4} \\ y_3 = b_3 - l_{31}y_1 - l_{32}y_2 = 3 \end{cases}$$

因此

$$\begin{cases} x_3 = y_3/d_3 = 3 \\ x_2 = y_2/d_2 - l_{32}x_3 = 2 \\ x_1 = y_1/d_1 - l_{21}x_2 - l_{31}x_3 = 1 \end{cases}$$

2.4　追　赶　法

"追赶法"专用于解某种特殊的方程组，数值计算中构造三次样条插值函数和解一维椭圆方程（其实就是常微分方程）边值问题的有限单元或差分法中，均会遇到三对角方程组的求解。下面形式的方程称为三对角方程组

$$\begin{cases} b_1x_1 + c_1x_2 = g_1 \\ a_2x_1 + b_2x_2 + c_2x_3 = g_2 \\ \qquad\vdots \\ a_kx_{k-1} + b_kx_k + c_kx_{k+1} = g_k \\ \qquad\vdots \\ a_{n-1}x_{n-2} + b_{n-1}x_{n-1} + c_{n-1}x_n = g_{n-1} \\ a_nx_{n-1} + b_nx_n = g_n \end{cases} \tag{2-35}$$

其系数矩阵为

$$\begin{pmatrix} b_1 & c_1 & & & \\ a_2 & b_2 & c_2 & & \\ & \ddots & \ddots & \ddots & \\ & & a_{n-1} & b_{n-1} & c_{n-1} \\ & & & a_n & b_n \end{pmatrix}$$

有如下特征：

（1）对角线及上、下对角线元素非零，其余皆零；

（2）按行对角占优，即

$$|b_1|>|c_1|>0,\quad |b_n|>|a_n|>0,\quad |b_k|\geqslant|a_k|+|c_k|\quad (k=2,3,\cdots,n-1)$$

“追赶法”专用于解上面方程组，数值计算中构造三次样条插值函数和解一维椭圆方程边值问题的有限单元或差分法中，均会遇到三对角方程组的求解。

2.4.1　基本思想

由于原方程组首尾两个方程各有两个“未知元”，其余方程均为三个“未知元”，且后一方程包含前一方程的两个未知元，因而顺序逐方程代入一个“元”，可将原方程组约化为二对角方程组，则第 2 ~ n 个方程各减少一个“元”，即所谓消元过程。由于是一个方程接一个方程地减元，故又称为“追”过程，这时末一个方程已解出第 n 个“元”的值，然后逐一回代，解出全部未知元，该过程称为“赶”，因而称此解法为“追赶法”（徐士良，2003）。

2.4.2　算法的导出

改写式（2-35）中的第 1 个式子为

$$x_1+\frac{c_1}{b_1}x_2=\frac{g_1}{b_1}$$

记

$$u_1=\frac{c_1}{b_1},\quad v_1=\frac{g_1}{b_1} \tag{2-36}$$

则

$$x_1+u_1x_2=v_1 \tag{2-37}$$

或

$$x_1 = v_1 - u_1 x_2 \tag{2-38}$$

将式（2-38）代入式（2-35）中的第 2 个式子

$$a_2(v_1 - u_1 x_2) + b_2 x_2 + c_2 x_3 = g_2$$

整理得

$$x_2 + \frac{c_2}{b_2 - a_2 u_1} x_3 = \frac{g_2 - a_2 u_1}{b_2 - a_2 u_1} \tag{2-39}$$

记

$$u_2 = \frac{c_2}{b_2 - a_2 u_1}, \quad v_2 = \frac{g_2 - a_2 v_1}{b_2 - a_2 u_1} \tag{2-40}$$

则

$$x_2 + u_2 x_3 = v_2 \tag{2-41}$$

或

$$x_2 = v_2 - u_2 x_3 \tag{2-42}$$

逐一向下“追”，类似地，式（2-35）中的第 k 个式子化为

$$x_k + u_k x_{k+1} = v_k \tag{2-43}$$

或

$$x_k = v_k - u_k x_{k+1} \tag{2-44}$$

其中

$$u_k = \frac{c_k}{b_k - a_k u_{k-1}}, \quad v_k = \frac{g_k - a_k v_{k-1}}{b_k - a_k u_{k-1}} \tag{2-45}$$

直到

$$x_{n-1} + u_{n-1} x_n = v_{n-1} \tag{2-46}$$

$$x_{n-1} = v_{n-1} - u_{n-1} x_n \tag{2-47}$$

和

$$x_n = v_n \tag{2-48}$$

式中 u_{n-1}，v_{n-1}，v_n 分别代表式（2-45）$k=n-1$，$k=n$ 时的值。

显然式（2-43）与式（2-40）就是“追”过程的通式，于是“追”的过程归纳为：对于 $k=1,2,\cdots,n$ 执行式（2-40）（约定 $u_0=v_0=a_1=c_n=0 \to u_1=c_1/b_1$，$v_1=g_1/b_1$，$u_n=0$）。由式（2-37）~式（2-48）“追”过程将原方程 $\boldsymbol{Ax}=\boldsymbol{g}$ 约化为下面规格化的二对角方程组

$$\begin{pmatrix} 1 & u_1 & & & \\ & 1 & u_2 & & \\ & & \ddots & \ddots & \\ & & & 1 & u_{n-1} \\ & & & & 1 \end{pmatrix} \cdot \begin{pmatrix} x_1 \\ x_2 \\ \vdots \\ x_{n-1} \\ x_n \end{pmatrix} = \begin{pmatrix} v_1 \\ v_2 \\ \vdots \\ v_{n-1} \\ v_n \end{pmatrix}$$

观察上面方程组，显然只要对 $k=n,n-1,\cdots,1$ 执行式（2-43）即可求出解 $\boldsymbol{x}$（完成“赶”——回代过程）。

2.4.3　算法

若每步消元先算出 $b_k-a_ku_{k-1}$，再代入 u_k、v_k 式，则可避免重复计算量，相应算法为

（1）$u_1=c_1/b_1$，$v_1=g_1/b_1$；

（2）$h=b_k-a_ku_{k-1}\ \ (k=2,3,\cdots,n-1)$；

（3）$u_k=c_k/h\ \ (k=2,3,\cdots,n-1)$；

（4）$v_k=(g_k-a_kv_{k-1})/h\ \ (k=2,3,\cdots,n-1)$；

（5）$x_n=(g_n-a_nv_{n-1})/(b_n-a_nu_{n-1})$；

（6）$x_k=v_k-u_kx_{k+1}\ \ (k=n-1,n-2,\cdots,1)$。

进一步的改进，可以用 c_k 存放 u_k，g_k 存放 v_k 和 x_k 以减少数组内存单元，即采用“动态算法”。

2.4.4　解的存在唯一性与算法的特点

$$|b_1|>|c_1|>0 \Rightarrow 0<|u_1|<1$$

$$b_2 \geqslant |a_2|+|c_2| \Rightarrow |b_2|-|a_2| \geqslant |c_2|>0$$

$$|b_2-a_2u_1| \geqslant |b_2|-|a_2u_1|>|b_2|-|a_2| \geqslant |c_2|>0 \Rightarrow 0<|u_2|=\left|\frac{c_2}{b_2-a_2u_1}\right|<1$$

同理 $b_k-a_ku_{k-1}\neq 0$，即 $u_1,\cdots,u_{n-1}$ 及 $v_1,\cdots,v_n$ 存在和 $0<|u_k|<1\ (k=1,2,\cdots,n-1)$。

u_k、v_k 存在，说明解存在且唯一，$|u_k|<1$ 说明约化方程组元素均不超过 1，即消

元过程中舍入误差数量级不会增大，因而算法是数值稳定的。

由于追赶法计算量小，共 $5n-3$ 次乘法和 $3n-3$ 次加法，算法逻辑结构简单，便于编制程序。动态算法只设四个一维数组存放三条对角元素和右端项及中间向量 u 、v 及解向量，共 $4n$ 个数据单元（数组分别为 $n-1$ ， n ， n ， n 个， h 设 1 个），如果系数由公式决定则不需存储，占用单元更少。

2.4.5　等距点三次样条插值中的三对角方程组解法

（1）$\begin{pmatrix} 4 & 1 & & & \\ 1 & 4 & 1 & & \\ & \ddots & \ddots & \ddots & \\ & & 1 & 4 & 1 \\ & & & 1 & 4 \end{pmatrix} \cdot \begin{pmatrix} M_1 \\ M_2 \\ \vdots \\ M_{n-2} \\ M_{n-1} \end{pmatrix} = \begin{pmatrix} g_1 \\ g_2 \\ \vdots \\ g_{n-2} \\ g_{n-1} \end{pmatrix}$（第一类边界条件）；

（2）$\begin{pmatrix} 2 & 1 & & & \\ 1 & 4 & 1 & & \\ & \ddots & \ddots & \ddots & \\ & & 1 & 4 & 1 \\ & & & 1 & 2 \end{pmatrix} \cdot \begin{pmatrix} M_0 \\ M_1 \\ \vdots \\ M_{n-1} \\ M_n \end{pmatrix} = \begin{pmatrix} g_0 \\ g_1 \\ \vdots \\ g_{n-1} \\ g_n \end{pmatrix}$（第二类边界条件）。

（1）**解**　由式（2-45）和式（2-44）有

Ⅰ. $u_1 = 0.25$ ， $v_1 = g_1/4$ ；

Ⅱ. $u_k = 1/(4-u_{k-1})$ ， $v_k = (g_k - v_{k-1})u_k \quad (k = 2,3,\cdots,n-2)$ ；

Ⅲ. $M_{n-1} = (g_{n-1} - v_{n-2})/(4-u_{n-2})$ ；

Ⅳ. $M_k = v_k - u_k M_{k+1} \quad (k = n-2, n-3, \cdots, 1)$ 。

上面算法若用动态算式则为

Ⅰ. $M_1 = 0.25, g_1 \leftarrow g_1/4$ ；

Ⅱ. $M_k \leftarrow 1/(4-M_{k-1}), g_k \leftarrow (g_k - g_{k-1})M \quad (k = 2,3,\cdots,n-1)$ ；

Ⅲ. $M_{n-1} = g_{n-1}$ ；

Ⅳ. $M_k \leftarrow g_k - M_k M_{k+1} \quad (k = n-2, n-3, \cdots, 1)$ 。

此算法先用数组 $M_k \ (k=1,2,\cdots,n)$ 存放 u_k ， g_k 数组存放右端项，在“追”过程中存放 v_k ，到“赶”过程时逐次将解存入 M_k ，共用了 $2n$ 个数据单元。

（2）**解**　类似（1）有

Ⅰ. $u_0 = 0.25$ ， $v_0 = g_0/2$ ；

Ⅱ. $u_k = 1/(4-u_{k-1})$ ， $v_k = (g_k - v_{k-1})u_k \quad (k = 1,2,\cdots,n-1)$ ；

Ⅲ. $M_n = (g_n - v_{n-1})/(2-u_{n-1})$ ；

Ⅳ. $M_k = v_k - u_k M_{k+1} \quad (k = n-1, n-2, \cdots, 1, 0)$ 。

例 2-7　求解$\begin{pmatrix} 2 & -1 & & & \\ -1 & 2 & -1 & & \\ & -1 & 2 & -1 & \\ & & -1 & 2 & -1 \\ & & & -1 & 2 \end{pmatrix} \cdot \begin{pmatrix} x_1 \\ x_2 \\ x_3 \\ x_4 \\ x_5 \end{pmatrix} = \begin{pmatrix} 1 \\ 0 \\ 0 \\ 0 \\ 0 \end{pmatrix}$，并验证。

解　$u_1 = c_1 / b_1 = -1/2$，$v_1 = g_1 / b_1 = 1/2$，对于 $k = 2,3,4$，$h = b_k - a_k u_{k-1}$，$u_k = c_k / h$，$v_k = (g_k - a_k \cdot v_{k-1}) / h$，当 $k = 2$，$h = b_2 - a_2 u_1 = 2 - (-1) \times (-1/2) = 2 - (-1/2) = 3/2$ 时，

$$u_2 = c_2 / h = -1/(3/2) = -2/3$$

$$v_2 = (g_2 - a_2 \cdot v_1) / h = \frac{[0 - (-1) \times (1/2)]}{3/2} = 1/3$$

当 $k = 3$，$h = b_3 - a_3 u_2 = 2 - (-1) \times (-2/3) = 4/3$ 时，

$$u_3 = c_3 / h = -1/(4/3) = -3/4$$

$$v_3 = (g_3 - a_3 \cdot v_2) / h = \frac{[0 - (-1) \times (1/3)]}{4/3} = 1/4$$

当 $k = 4$，$h = b_4 - a_4 u_3 = 2 + (-3/4) = 5/4$ 时，

$$u_4 = c_4 / h = -1/(5/4) = -4/5$$

$$v_4 = (g_4 - a_4 \cdot v_3) / h = \frac{1/4}{5/4} = 1/5$$

$$x_5 = (g_5 - a_5 \cdot v_4) / b_5 u_4 = \frac{0 - (-1) \times (1/5)}{2 + (-4/5)} = 1/6$$

赶过程：对于 $k = 4,3,2,1$，作 $x_k = v_k - u_k x_{k+1}$，即

$$x_4 = v_4 - u_4 x_5 = \frac{1}{5} - \left(-\frac{4}{5}\right) \times \frac{1}{6} = \frac{1}{5} + \frac{2}{15} = \frac{1}{3}$$

$$x_3 = v_3 - u_3 x_4 = \frac{1}{4} - \left(-\frac{3}{4}\right) \times \frac{1}{3} = \frac{1}{2}$$

$$x_2 = v_2 - u_2 x_3 = \frac{1}{3} - \left(-\frac{2}{3}\right) \times \frac{1}{2} = \frac{2}{3}$$

$$x_1 = v_1 - u_1 x_2 = \frac{1}{2} - \left(-\frac{1}{2}\right) \times \frac{2}{3} = \frac{5}{6}$$

将结果代入计算，准确。

2.5　分解法的误差分析

2.5.1　分解法误差来源

从理论上说，分解法算式精确，运算次数有限，只要每步计算都精准，则解一定精确。然而事实并非如此，实际求得的解往往存在程度不同的误差，究其原因就是每步运算都存在数据误差（何永富和周家纪，1994）：

（1）原始数据本身有误差；

（2）原始数据输入计算机要把十进制数化为二进制数，有转化误差；

（3）每步运算都有舍入误差。

上述误差经过积累与传播，使所求之解已非真解，而是近似值。

舍入误差积累和传播的快慢，不仅与采用算法的稳定性有关，还与方程的状态好坏有关。前者在上面各节算法中已作了初步讨论，本节仅讨论后者。

2.5.2　方程组对初始误差的敏感性

先考察用同一稳定的算法求解不同状态方程组的例子。

例 2-8　下面两个方程的精确解都是 $x_1 = x_2 = 1$。

（1）$\begin{pmatrix} 2 & -1 \\ 1 & 1 \end{pmatrix} \cdot \begin{pmatrix} x_1 \\ x_2 \end{pmatrix} = \begin{pmatrix} 1 \\ 2 \end{pmatrix}$；

（2）$\begin{pmatrix} 20 & -19 \\ -1 & 0.951 \end{pmatrix} \cdot \begin{pmatrix} x_1 \\ x_2 \end{pmatrix} = \begin{pmatrix} 1 \\ -0.049 \end{pmatrix}$。

如果在数据输入时，系数阵的元素如 a_{22} 产生 0.0005 的微小误差，则都成为扰动方程组

（1）′ $\begin{pmatrix} 2 & -1 \\ 1 & 1.0005 \end{pmatrix} \cdot \begin{pmatrix} x_1 \\ x_2 \end{pmatrix} = \begin{pmatrix} 1 \\ 2 \end{pmatrix}$；

（2）′ $\begin{pmatrix} 20 & -19 \\ -1 & 0.9515 \end{pmatrix} \cdot \begin{pmatrix} x_1 \\ x_2 \end{pmatrix} = \begin{pmatrix} 1 \\ -0.049 \end{pmatrix}$。

都采用数值稳定的列主元 ***LU*** 分解法，解得

（1）′ $\begin{cases} x_1 \approx 0.9999, \\ x_2 \approx 0.9997。 \end{cases}$

（2）′ $\begin{cases} x_1 \approx 0.6834, \\ x_2 \approx 0.6667。 \end{cases}$

原始数据同样的扰动，在相同计算条件下对方程组（1）的解影响甚小，对方程组（2）的解则影响很大，于是称（1）是状态好的方程或“良态方程”，称（2）为状态

坏的方程或“病态方程”。

根据上述情况，我们可以断言：用数值稳定的算法解良态方程，求得的解一定是好的，对于病态方程即便用好的算法也得不到好的解。因此，对于良态方程我们只需选择稳定的算法，不必分析解的舍入误差；而对于病态方程，只有改进方程的状态才是出路。

由此可见，研究方程的状态是十分必要的，然而，实际问题的真解并不知道，当然就不能用上例办法衡量方程状态的好坏。那么如何衡量呢？也就是如何定义方程的状态呢？由此引入“条件数”的概念。

2.5.3　矩阵的条件数（状态数）

设法建立方程 $\boldsymbol{Ax}=\boldsymbol{b}$ 的系数阵 $\boldsymbol{A}$ 与常向量 $\boldsymbol{b}$ 的初始误差与所引起的解的误差之间的比例关系，用比例系数——“条件数”来反映原方程的状态。

设 $\boldsymbol{A}$、$\boldsymbol{b}$ 在开始运算时产生了一定的舍入误差 $\Delta\boldsymbol{A}$ 、$\Delta\boldsymbol{b}$ ，导致解 $\boldsymbol{x}$ 的误差为 $\Delta\boldsymbol{x}$ ——扰动误差，于是原方程组变为扰动方程组

$$(\boldsymbol{A}+\Delta\boldsymbol{A})(\boldsymbol{x}+\Delta\boldsymbol{x})=\boldsymbol{b}+\Delta\boldsymbol{b} \tag{2-49}$$

下面通过范数导出并分析扰动误差与初始误差的关系。

整理式（2-49）并略去高次项 $\Delta\boldsymbol{A}\cdot\Delta\boldsymbol{x}$ ，得

$$\boldsymbol{Ax}+\Delta\boldsymbol{A}\cdot\boldsymbol{x}+\boldsymbol{A}\cdot\Delta\boldsymbol{x}=\boldsymbol{b}+\Delta\boldsymbol{b}\xrightarrow[\boldsymbol{Ax}=\boldsymbol{b}]{}\Delta\boldsymbol{A}\cdot\boldsymbol{x}+\boldsymbol{A}\cdot\Delta\boldsymbol{x}=\Delta\boldsymbol{b}\to\Delta\boldsymbol{x}=\boldsymbol{A}^{-1}(\Delta\boldsymbol{b}-\Delta\boldsymbol{A}\cdot\boldsymbol{x})$$

$$\begin{aligned}\xrightarrow[\|\bullet\|_p]{}\quad \|\Delta\boldsymbol{x}\|&=\left\|\boldsymbol{A}^{-1}(\Delta\boldsymbol{b}-\Delta\boldsymbol{A}\cdot\boldsymbol{x})\right\|\leqslant\left\|\boldsymbol{A}^{-1}\right\|\cdot\|\Delta\boldsymbol{b}-\Delta\boldsymbol{A}\cdot\boldsymbol{x}\|\\&\leqslant\left\|\boldsymbol{A}^{-1}\right\|(\|\Delta\boldsymbol{b}\|+\|\Delta\boldsymbol{A}\cdot\boldsymbol{x}\|)\leqslant\left\|\boldsymbol{A}^{-1}\right\|(\|\Delta\boldsymbol{b}\|+\|\Delta\boldsymbol{A}\|\cdot\|\boldsymbol{x}\|)\end{aligned}$$

$$\begin{aligned}\xrightarrow[\|\boldsymbol{x}\|>0]{}\quad \frac{\|\Delta\boldsymbol{x}\|}{\|\boldsymbol{x}\|}&\leqslant\left\|\boldsymbol{A}^{-1}\right\|\left(\frac{\|\Delta\boldsymbol{b}\|}{\|\boldsymbol{x}\|}+\|\Delta\boldsymbol{A}\|\right)\\&=\|\boldsymbol{A}\|\left\|\boldsymbol{A}^{-1}\right\|\cdot\left(\frac{\|\Delta\boldsymbol{b}\|}{\|\boldsymbol{A}\|\|\boldsymbol{x}\|}+\frac{\|\Delta\boldsymbol{A}\|}{\|\boldsymbol{A}\|}\right)\\&\leqslant\|\boldsymbol{A}\|\left\|\boldsymbol{A}^{-1}\right\|\cdot\left(\frac{\|\Delta\boldsymbol{b}\|}{\|\boldsymbol{Ax}\|}+\frac{\|\Delta\boldsymbol{A}\|}{\|\boldsymbol{A}\|}\right)\\&=\|\boldsymbol{A}\|\left\|\boldsymbol{A}^{-1}\right\|\cdot\left(\frac{\|\Delta\boldsymbol{b}\|}{\|\boldsymbol{b}\|}+\frac{\|\Delta\boldsymbol{A}\|}{\|\boldsymbol{A}\|}\right)\end{aligned}$$

记

$$\text{cond}(\boldsymbol{A})=\|\boldsymbol{A}\|\left\|\boldsymbol{A}^{-1}\right\|$$

则

$$\frac{\|\Delta \boldsymbol{x}\|}{\|\boldsymbol{x}\|} \leqslant \operatorname{cond}(\boldsymbol{A})\left(\frac{\|\Delta \boldsymbol{A}\|}{\|\boldsymbol{A}\|}+\frac{\|\Delta \boldsymbol{b}\|}{\|\boldsymbol{b}\|}\right) \tag{2-50}$$

上式表明，解的误差与初始误差成正比，一般情况下初始误差是不可避免的，而且也不易改变，因此在初始误差一定的情况下比例系数 cond($\boldsymbol{A}$) 的大小就决定了解的误差的大小，由范数公式知 cond($\boldsymbol{A}$) 仅与矩阵本身性质有关，与算法及初始误差无关，因此它可以充分反映系数阵的状态，故称为条件数或状态数（蒋勇，2011）。对任意非异阵 $\boldsymbol{A}$，必有

$$\operatorname{cond}(\boldsymbol{A}) \geqslant 1$$

这是因为 $\operatorname{cond}(\boldsymbol{A})=\|\boldsymbol{A}\|\left\|\boldsymbol{A}^{-1}\right\| \geqslant\left\|\boldsymbol{A} \boldsymbol{A}^{-1}\right\|=\|\boldsymbol{I}\|$，由范数公式可知：$\|\boldsymbol{I}\|_p=1$，$\|\boldsymbol{I}\|_F=\sqrt{n}>1$。

由式（2-50）知，对于条件数很大的方程组，不论用什么算法，解的精度都不好，微小的初始误差引起解的很大误差，即方程组病态；反之，若 cond($\boldsymbol{A}$) 很小，方程组必为良态。因此条件数是判断方程状态好坏也就是解的数值稳定性好坏的相对指标。

通常使用的条件数有

（1）$\operatorname{cond}(\boldsymbol{A})_{\infty}=\|\boldsymbol{A}\|_{\infty} \cdot\left\|\boldsymbol{A}^{-1}\right\|_{\infty}$；

（2）谱条件数

$$\operatorname{cond}(\boldsymbol{A})_2=\|\boldsymbol{A}\|_2 \cdot\left\|\boldsymbol{A}^{-1}\right\|_2=\sqrt{\frac{\lambda_1\left(\boldsymbol{A}^{\mathrm{T}} \boldsymbol{A}\right)}{\lambda_n\left(\boldsymbol{A}^{\mathrm{T}} \boldsymbol{A}\right)}} \tag{2-51}$$

式中，$\lambda_1\left(\boldsymbol{A}^{\mathrm{T}} \boldsymbol{A}\right)$、$\lambda_n\left(\boldsymbol{A}^{\mathrm{T}} \boldsymbol{A}\right)$ 分别表示矩阵 $\boldsymbol{A}^{\mathrm{T}} \boldsymbol{A}$ 的最大与最小特征值。上式直接由 $\|\boldsymbol{A}\|_2=\sqrt{\lambda_1\left(\boldsymbol{A}^{\mathrm{T}} \boldsymbol{A}\right)}$ 和 $\left\|\boldsymbol{A}^{-1}\right\|_2=\dfrac{1}{\sqrt{\lambda_n\left(\boldsymbol{A}^{\mathrm{T}} \boldsymbol{A}\right)}}$ 得到。

当 $\boldsymbol{A}$ 对称时，由 $\boldsymbol{A}^{\mathrm{T}}=\boldsymbol{A}$，有 $\boldsymbol{A}^{\mathrm{T}} \boldsymbol{A}=\boldsymbol{A}^2$，记 $\lambda(\boldsymbol{A})$ 为矩阵 $\boldsymbol{A}$ 的特征值集合，则

$$\lambda\left(\boldsymbol{A}^{\mathrm{T}} \boldsymbol{A}\right)=\lambda\left(\boldsymbol{A}^2\right)=[\lambda(\boldsymbol{A})]^2$$

代入式（2-51），有

$$\operatorname{cond}(\boldsymbol{A})_2=\frac{\left|\lambda_1\right|}{\left|\lambda_n\right|}$$

式中，λ_1、λ_n 分别是对称阵 $\boldsymbol{A}$ 的模最大、最小特征值。

现在可以用 cond($\boldsymbol{A}$) 来解释例 2-8 方程解的稳定性。

对于

（1）$A=\begin{pmatrix}2 & -1\\ 1 & 1\end{pmatrix}$

$$\left(\begin{array}{cc|cc}2 & -1 & 1 & 0\\ 1 & 1 & 0 & 1\end{array}\right)\to\begin{pmatrix}3 & 0 & 1 & 1\\ 1 & 1 & 0 & 1\end{pmatrix}\to\begin{pmatrix}1 & 0 & \frac{1}{3} & \frac{1}{3}\\ 0 & 1 & -\frac{1}{3} & \frac{2}{3}\end{pmatrix}$$

$$A^{-1}=\begin{pmatrix}\frac{1}{3} & \frac{1}{3}\\ -\frac{1}{3} & \frac{2}{3}\end{pmatrix},\qquad \|A^{-1}\|_\infty=\left|\frac{-1}{3}\right|+\left|\frac{2}{3}\right|=1$$

而$\|A\|_\infty=|2|+|-1|=3$，所以有 $\mathrm{cond}(A)=3$，故是良态方程。

（2）$B=\begin{pmatrix}20 & -19\\ -1 & 0.951\end{pmatrix}$

$$\left(\begin{array}{cc|cc}20 & -19 & 1 & 0\\ -1 & 0.951 & 0 & 1\end{array}\right)\to\begin{pmatrix}1 & -0.95 & 0.05 & 0\\ 0 & 0.001 & 0.05 & 1\end{pmatrix}\to\begin{pmatrix}1 & 0 & 47.55 & 950\\ 0 & 1 & 50 & 1000\end{pmatrix}$$

故 $\mathrm{cond}(B)=\|B\|_\infty\cdot\|B^{-1}\|_\infty=39\times1050=40950$ 是病态的。

可见，解方程前应尽量先算条件数，表明良态再求解，否则应按下一段介绍的原则改善方程状态。当 n 很大时，用数值方法计算 A^{-1}，工作量并不比解方程本身小，这时可选用同时解方程并计算 A^{-1} 的数值方法，再计算 $\mathrm{cond}(A)$ 以确定已求得的解的可靠性，这样做主要是增加了求 A^{-1} 的计算量，但可避免用精度很差的解法去指导实际的错误，因而是值得的。第 3 章的迭代法给我们提供了解病态方程组的又一种选择。

第 3 章　解线性方程组的迭代法

解线性方程组的分解法先前并不知道解，而是经过有限次的精确运算，最后一步才得到一组解。而迭代法是先给出一组解的初值，该初值可以是任意给定的很不准确的解，通过多次迭代得到一系列解，每次迭代得到一组解是对前一组解的改进，应该更近于真解，直到符合精度为止（吕同富等，2008）。因为迭代公式是近似的，每次迭代理论上是近似运算。迭代法占用内存少，公式简单，原始系数阵在计算过程中始终不变，便于编制程序，但是迭代法存在收敛性与收敛速度问题。在地球物理中进行正演计算时，用有限单元法或差分法求偏微分方程数值解时，最终要归结为求解大型稀疏矩阵方程组，这时更适宜使用迭代法（Hackbusch，1994）。本章主要介绍雅可比迭代法、赛德尔（Seidel）迭代法、超松弛迭代法三种形式，并且重点讨论迭代法的收敛性问题。

3.1　设计思想及算法

3.1.1　雅可比迭代法的基本思想及迭代格式

迭代法的基本思想是先给出一组解的初值，通过多次迭代得到一系列解，在算法收敛的条件下，每次迭代得到一组解是对前一组解的改进，应该更近于真解，直到符合精度为止（刘玲和葛福生，2005）。迭代法计算过程中，每次迭代需要有解的表达式，需要事先写出迭代格式，即用前一组解表达后一组解的公式。于是可将原方程组各方程内与该方程同一顺序号的未知元用其他量表示，由

$$\begin{cases} a_{11}x_1 + a_{12}x_2 + \cdots + a_{1n}x_n = b_1 \\ a_{21}x_1 + a_{22}x_2 + \cdots + a_{2n}x_n = b_2 \\ \qquad\qquad\vdots \\ a_{n1}x_1 + a_{n2}x_2 + \cdots + a_{nn}x_n = b_n \end{cases} \tag{3-1}$$

对方程组进行改变，移项可得

$$\begin{cases} x_1 = \dfrac{1}{a_{11}}\left(b_1 - a_{12}x_2 - a_{13}x_3 - \cdots - a_{1n}x_n\right) \\ x_2 = \dfrac{1}{a_{22}}\left(b_2 - a_{21}x_1 - a_{23}x_3 - \cdots - a_{2n}x_n\right) \\ \qquad\vdots \\ x_i = \dfrac{1}{a_{ii}}\left(b_i - a_{i1}x_1 - \cdots - a_{i,i-1}x_{i-1} - a_{i,i+1}x_{i+1} - \cdots - a_{in}x_n\right) \\ \qquad\vdots \\ x_n = \dfrac{1}{a_{nn}}\left(b_n - a_{n1}x_1 - \cdots - a_{n,n-1}x_{n-1}\right) \end{cases} \tag{3-2}$$

或

$$\begin{cases} x_1 = \dfrac{1}{a_{11}}\left(b_1 - \sum\limits_{j=2}^{n} a_{1j}x_j\right) \\ x_2 = \dfrac{1}{a_{22}}\left(b_2 - a_{21}x_1 - \sum\limits_{j=3}^{n} a_{2j}x_j\right) \\ \qquad\vdots \\ x_i = \dfrac{1}{a_{ii}}\left(b_i - \sum\limits_{j=1}^{i-1} a_{ij}x_j - \sum\limits_{j=i+1}^{n} a_{ij}x_j\right) \\ \qquad\vdots \\ x_n = \dfrac{1}{a_{nn}}\left(b_n - \sum\limits_{j=1}^{n-1} a_{nj}x_j\right) \end{cases} \tag{3-3}$$

简记为

$$x_i = \frac{1}{a_{ii}}\left(b_i - \sum_{j=1}^{i-1} a_{ij}x_j - \sum_{j=i+1}^{n} a_{ij}x_j\right) \quad (i = 1, 2, \cdots, n) \tag{3-4}$$

通过估计，先给出解的初值，该初值可能非常不准确，并将它记为向量的形式

$$\boldsymbol{x}^{(0)} = \left(x_1^{(0)}, x_2^{(0)}, \cdots, x_n^{(0)}\right)^{\mathrm{T}}$$

将初始值代入式（3-3）的右端，就可在左端得到解向量的一组新值

$$\boldsymbol{x}^{(1)} = \left(x_1^{(1)}, x_2^{(1)}, \cdots, x_n^{(1)}\right)^{\mathrm{T}}$$

以后的理论将表明，在一定条件下，$\boldsymbol{x}^{(1)}$ 可以比 $\boldsymbol{x}^{(0)}$ 更接近解的真值

$$\boldsymbol{x}^{*} = \left(x_1^{*}, x_2^{*}, \cdots, x_n^{*}\right)^{\mathrm{T}}$$

那么就用 $\boldsymbol{x}^{(1)}$ 代替 $\boldsymbol{x}^{(0)}$ 重复上述做法又得到

$$\boldsymbol{x}^{(2)} = \left(x_1^{(2)}, x_2^{(2)}, \cdots, x_n^{(2)}\right)^{\mathrm{T}}$$

如此进行下去称之为迭代，就可以得到一系列逐渐接近真解的向量

$$\boldsymbol{x}^{(0)}, \boldsymbol{x}^{(1)}, \cdots, \boldsymbol{x}^{(k)}, \cdots$$

当 k 足够大时，有可能 $\boldsymbol{x}^{(k)} \approx \boldsymbol{x}^{*}$，这时就用 $\boldsymbol{x}^{(k)}$ 作为原方程的近似解，并称这种迭代是收敛的。

上述过程可以看作将式（3-3）等号左右两端的未知量分别冠以上标 $(k+1)$ 和 (k)，并对 $k = 1, 2, \cdots$，由初值 $\boldsymbol{x}^{(0)}$ 出发执行该式的结果，于是有迭代格式

$$x_i^{(k+1)} = \frac{1}{a_{ii}}\left(b_i - \sum_{j=1}^{i-1} a_{ij} x_j^{(k)} - \sum_{j=i+1}^{n} a_{ij} x_j^{(k)}\right) \quad (i = 1, 2, \cdots, n) \tag{3-5}$$

由于上式每步迭代等式右端所有已知分量都利用前一步的迭代结果，故称为同步迭代法。该式是迭代格式中最简单的形式，故又称简单迭代法，通常称之为雅可比迭代法，简记为 J 法。显然，需要两组内存单元分别存放迭代前后的解向量。

3.1.2　赛德尔迭代法的思想及迭代格式

注意到使用迭代格式（3-5）计算第 i 个分量 $x_i^{(k+1)}$ 时，前 $i-1$ 个分量 $x_1^{(k+1)}, x_2^{(k+1)}, \cdots, x_{i-1}^{(k+1)}$ 已经求出，而且在收敛的迭代中应比前一次迭代的对应值，即式（3-5）中右边括号中的 $x_1^{(k)}, x_2^{(k)}, \cdots, x_{i-1}^{(k)}$ 更接近终值，故可用第 $k+1$ 次迭代时求出的 $x_1^{(k+1)}$ 代替 $x_1^{(k)}$ 用以求 $x_2^{(k+1)}$，再用 $x_1^{(k+1)}$、$x_2^{(k+1)}$ 来求 $x_3^{(k+1)}$，…，即用同一次迭代已求出的前 $i-1$ 个分量和前一次迭代求得的后面 $n-i$ 个分量求本次迭代的第 i 个分量 $x_i^{(k+1)}$ $(i = 1, 2, \cdots, n)$，则可减少一半计算量，从而迭代速度提高一倍。由于迭代公式中用了前后两步迭代中的有关分量，故称异步迭代法，通常称之为赛德尔（Seidel）迭代法，简记为 S 法（Braess，2012）。它是对 J 法的改进，其迭代格式仅将式（3-5）前一个和式 x_j 的上标 (k) 改为 $(k+1)$ 即可，即

$$x_i^{(k+1)} = \frac{1}{a_{ii}}\left(b_i - \sum_{j=1}^{i-1} a_{ij} x_j^{(k+1)} - \sum_{j=i+1}^{n} a_{ij} x_j^{(k)}\right) \tag{3-6}$$

例 3-1　用 S 法求解

$$\begin{cases} 10x_1 - x_2 - 2x_3 = 7.2 \\ -x_1 + 10x_2 - 2x_3 = 8.3 \\ -x_1 - x_2 + 5x_3 = 4.2 \end{cases}$$

解　迭代格式

$$
\begin{cases}
x_1^{(k+1)} = \dfrac{1}{10}\left(7.2 + x_2^{(k)} + 2x_3^{(k)}\right) \\
x_2^{(k+1)} = \dfrac{1}{10}\left(8.3 + x_1^{(k+1)} + 2x_3^{(k)}\right) \\
x_3^{(k+1)} = \dfrac{1}{5}\left(4.2 + x_1^{(k+1)} + x_2^{(k+1)}\right)
\end{cases}
$$

计算过程见下表

	$\boldsymbol{x}^{(0)}$	$\boldsymbol{x}^{(1)}$	$\boldsymbol{x}^{(2)}$	…	$\boldsymbol{x}^{(5)}$	$\boldsymbol{x}^{(6)}$
x_1	0	0.72	1.04308	…	1.09989	1.09999
x_2	0	0.902	1.16719	…	1.19993	1.19999
x_3	0	1.1644	1.28205	…	1.29999	1.30000

观察上表，我们的推断是 $\boldsymbol{x}^* = (1.1,1.2,1.3)^{\mathrm{T}}$，验证正是如此，但由于迭代公式是近似的，因此要达到真解，理论上要无穷次迭代，当然是做不到的，也没必要。只要 $\boldsymbol{x}^{(k)}$ 满足一定精度要求就可以了，此时中止迭代并取 $\boldsymbol{x}^{(k)}$ 为方程的近似解。这就提出：用什么指标衡量迭代结果的精度及是否中止迭代？可以考虑的方法有两种：一种是 $\boldsymbol{x}^{(k)}$ 是否充分接近 $\boldsymbol{x}^*$，另一种是看 $\boldsymbol{x}^{(k)}$ 与 $\boldsymbol{x}^{(k-1)}$ 是否充分接近。显然由于真解得不到，第一种方法是行不通的，只能采用第二种方法。实际的作法是先给定解的允许误差 ε（误差限），只要相邻两次迭代解的差别按某种范数小于 ε，即

$$
\left\|\boldsymbol{x}^{(k)} - \boldsymbol{x}^{(k-1)}\right\| \leqslant \varepsilon \tag{3-7}
$$

则取 $\boldsymbol{x}^{(k)}$ 为满足精度要求的解，并中止迭代。

定义 3-1　对于原方程的迭代格式，当 k 足够大时，对任意正数 ε，若 $\left\|\boldsymbol{x}^{(k)} - \boldsymbol{x}^{(k-1)}\right\| \leqslant \varepsilon$ 恒成立，则该迭代格式是收敛的；反之，该迭代式是发散的。

若在上例中选定 $\varepsilon = 0.0002$，有

$$
\left\|\boldsymbol{x}^{(6)} - \boldsymbol{x}^{(5)}\right\|_\infty = \max\{0.0001, 0.00006, 0.00001\} = 0.0001 < \varepsilon
$$

这时可取 $\boldsymbol{x}^{(6)}$ 作为原方程的解。

顺便提一下，例 3-1 若用 J 法，达到同样精度要迭代 9 次，可见 S 法迭代速度要比 J 法快。不过这个结论只是在 S 法收敛的情况下是正确的，因为对某一特定方程组可能 J 法收敛而 S 法发散。

例 3-2　分别用 J 法、S 法求解

$$\begin{pmatrix}1 & 2 & -2\\ 1 & 1 & 1\\ 2 & 2 & 1\end{pmatrix}\cdot\begin{pmatrix}x_1\\ x_2\\ x_3\end{pmatrix}=\begin{pmatrix}1\\ 1\\ 1\end{pmatrix}\quad（真解：(x_1, x_2, x_3)^{\mathrm{T}}=(-3,3,1)^{\mathrm{T}}）$$

解　（1）应用雅可比迭代则可求解

$$x_i^{(k+1)}=\frac{1}{a_{ii}}\left(b_i-\sum_{j=1}^{i-1}a_{ij}x_j^{(k)}-\sum_{j=i+1}^{n}a_{ij}x_j^{(k)}\right)$$

$$\begin{cases}x_1^{(k+1)}=1-2x_2^{(k)}+2x_3^{(k)}\\ x_2^{(k+1)}=1-x_1^{(k)}-x_3^{(k)}\\ x_3^{(k+1)}=1-2x_1^{(k)}-2x_2^{(k)}\end{cases}$$

	k				
	0	1	2	3	4
$x_1^{(k)}$	0	1	1	−3	−3
$x_2^{(k)}$	0	1	−1	3	3
$x_3^{(k)}$	0	1	−3	1	1

（2）应用赛德尔迭代则可求解

$$x_i^{(k+1)}=\frac{1}{a_{ii}}\left(b_i-\sum_{j=1}^{i-1}a_{ij}x_j^{(k+1)}-\sum_{j=i+1}^{n}a_{ij}x_j^{(k)}\right)$$

$$\begin{cases}x_1^{(k+1)}=1-2x_2^{(k)}+2x_3^{(k)}\\ x_2^{(k+1)}=1-x_1^{(k+1)}-x_3^{(k)}\\ x_3^{(k+1)}=1-2x_1^{(k+1)}-2x_2^{(k+1)}\end{cases}$$

	k				
	0	1	2	3	4
$x_1^{(k)}$	0	1	1	−3	−3
$x_2^{(k)}$	0	1	−1	3	3
$x_3^{(k)}$	0	1	−3	1	1

3.1.3　超松弛迭代法的设计思路及迭代格式

为了进一步提高迭代速度，下面对赛德尔迭代法加以改进。设 $\Delta x_i^{(k)}\ (i=1,2,\cdots,n)$ 是 S 法由第 k 步到第 $k+1$ 步迭代的增量，即

$$\begin{aligned}\Delta x_i^{(k)} &= x_i^{(k+1)} - x_i^{(k)} \\ &= \frac{1}{a_{ii}}\left(b_i - \sum_{j=1}^{i-1} a_{ij}x_j^{(k+1)} - \sum_{j=i+1}^{n} a_{ij}x_j^{(k)}\right) - x_i^{(k)} \\ &= \frac{1}{a_{ii}}\left(b_i - \sum_{j=1}^{i-1} a_{ij}x_j^{(k+1)} - \sum_{j=i}^{n} a_{ij}x_j^{(k)}\right)\end{aligned} \tag{3-8}$$

或

$$x_i^{(k+1)} = x_i^{(k)} + \Delta x_i^{(k)} \quad (i = 1,2,\cdots,n) \tag{3-9}$$

当迭代收敛时，显然，$\Delta x_i^{(k)}$越大，得到的$x_i^{(k+1)}$就越接近真解，从而迭代速度就越快。从这个意义上说，$\Delta x_i^{(k)}$就是迭代的“进展”或“步长”。如果一种改进的迭代格式的迭代增量是原迭代格式增量的ω倍，即为$\omega\Delta x_i^{(k)}$，其迭代格式就取如下形式

$$x_i^{(k+1)} = x_i^{(k)} + \omega\Delta x_i^{(k)} \quad (i = 1,2,\cdots,n) \tag{3-10}$$

将式（3-8）代入上式，有

$$x_i^{(k+1)} = x_i^{(k)} + \frac{\omega}{a_{ii}}\left(b_i - \sum_{j=1}^{i-1} a_{ij}x_j^{(k+1)} - \sum_{j=i}^{n} a_{ij}x_j^{(k)}\right) \tag{3-11}$$

相应的动态算法则为如下更简洁的形式

$$x_i \leftarrow x_i + \frac{\omega}{a_{ii}}\left(b_i - \sum_{j=1}^{n} a_{ij}x_j\right) \quad (i = 1,2,\cdots,n) \tag{3-12}$$

式中ω起调节迭代速度的作用，故称之为松弛因子，并称式（3-11）为松弛迭代法。已有定理表明ω限于$(0,2)$内。显然：

当$1<\omega<2$时，收敛速度较 S 法快，称式（3-11）为“超”松弛迭代法。

当$\omega=1$时，就是 S 法，称式（3-11）为“正规”（即标准）松弛迭代法。

当$0<\omega<1$时，收敛速度比 S 法慢（但不一定比 J 法慢），称式（3-11）为“亚”松弛迭代法或“低”松弛迭代法或“次”松弛迭代法。

一般作这种迭代格式都是为了加快迭代速度，故多取$\omega>1$，习惯上称为超松弛迭代法，简记为 SOR 法（张韵华等，2006）。

由式（3-12）可知，SOR 法采用动态算式，只需要一组工作单元存放近似解，该算法每迭代一次主要的运算量是计算一次矩阵与向量的乘法。

例 3-3　用 SOR 法求解

$$\begin{bmatrix} -4 & 1 & 1 & 1 \\ 1 & -4 & 1 & 1 \\ 1 & 1 & -4 & 1 \\ 1 & 1 & 1 & -4 \end{bmatrix} \cdot \begin{bmatrix} x_1 \\ x_2 \\ x_3 \\ x_4 \end{bmatrix} = \begin{bmatrix} 1 \\ 1 \\ 1 \\ 1 \end{bmatrix}, \quad \boldsymbol{x}^* = \begin{bmatrix} -1 \\ -1 \\ -1 \\ -1 \end{bmatrix}$$

要求 $\varepsilon = 5\times10^{-5}$ 。

解 取 $\omega = 1.5$ ，迭代格式为

$$\begin{cases} x_1^{(k+1)} = x_1^{(k)} - 0.325\left(1+4x_1^{(k)} - x_2^{(k)} - x_3^{(k)} - x_4^{(k)}\right) \\ x_2^{(k+1)} = x_2^{(k)} - 0.325\left(1-x_1^{(k+1)} + 4x_2^{(k)} - x_3^{(k)} - x_4^{(k)}\right) \\ x_3^{(k+1)} = x_3^{(k)} - 0.325\left(1-x_1^{(k+1)} - x_2^{(k+1)} + 4x_3^{(k)} - x_4^{(k)}\right) \\ x_4^{(k+1)} = x_4^{(k)} - 0.325\left(1-x_1^{(k+1)} - x_2^{(k+1)} - x_3^{(k+1)} + 4x_4^{(k)}\right) \end{cases}$$

	k					
	0	1	2	…	9	10
$x_1^{(k)}$	0	−0.325	−0.798596	…	−0.999973	−1.00001
$x_2^{(k)}$	0	−0.430625	−0.886499	…	−1.00002	−0.999992
$x_3^{(k)}$	0	−0.570578	−0.947188	…	−0.999985	−1
$x_4^{(k)}$	0	−0.756016	−0.953687	…	−0.999996	−1

$$\begin{aligned}\left\|\boldsymbol{x}^{(10)} - \boldsymbol{x}^{(9)}\right\|_2 &= \left(3.7^2 + 2.8^2 + 1.5^2 + 0.4^2\right)^{1/2} \cdot 10^{-5} \\ &= 4.56\times10^{-5} < \varepsilon\end{aligned}$$

3.1.4 最佳松弛因子 ω_{opt}

取 ω 为其他值时用 SOR 法求解例 3-3 得到满足上面精度的解的迭代次数 k 统计如表 3-1 所示。

表 3-1 不同松弛因子 ω 对应的迭代次数 k

ω	1.0	1.1	1.2	1.3	1.4	1.5	1.6	1.7	1.8	1.9	2.0
k	19	15	11	10	13	17	22	30	48	100	∞

从表 3-1 得到三个印象：

（1）SOR 法存在松弛因子 ω 的选值问题。

（2）存在最佳松弛因子 ω_{opt} 。当 $\omega = \omega_{\text{opt}}$ 时，迭代次数最少，不同方程组 ω_{opt} 不同，一般用试算的形式找出最佳松弛因子，下面直接给出计算最佳松弛因子 ω_{opt} 的公式

$$\omega_{\text{opt}} = \frac{2}{1+\sqrt{1-\rho^2(\boldsymbol{J})}} \tag{3-13}$$

式中 $\rho(\boldsymbol{J})$ 是原方程对应的 J 法迭代矩阵 $\boldsymbol{J}$ 的谱半径（矩阵的绝对值最大的特征值）。

（3）随着 ω 正向趋近于 2，迭代次数类似指数函数迅速增大，并以 $\omega=2$ 为渐近线，可以想到 $\omega\geqslant 2$ 松弛法必发散。

3.2 迭代矩阵

为了后面讨论的方便和应用定理的需要，我们可以将 J 法、S 法及 SOR 法都化为统一形式，首先导出各迭代格式的矩阵表达形式：

$$\boldsymbol{x}^{(k+1)}=\boldsymbol{B}\boldsymbol{x}^{(k)}+\boldsymbol{f} \tag{3-14}$$

上式称为迭代法的统一迭代格式，$\boldsymbol{B}$ 为该迭代法的迭代矩阵，$\boldsymbol{f}$ 为常向量，为了导出各方法的 $\boldsymbol{B}$，约定方程组 $\boldsymbol{A}\boldsymbol{x}=\boldsymbol{b}$ 的系数

$$a_{ii}\neq 0 \quad (i=1,2,\cdots,n) \tag{3-15}$$

分裂

$$\boldsymbol{A}=\begin{bmatrix} a_{11} & & & \\ & a_{22} & & \\ & & \ddots & \\ & & & a_{nn}\end{bmatrix}+\begin{bmatrix} 0 & & & \\ a_{21} & 0 & & \\ \vdots & & \ddots & \\ a_{n1} & \cdots & a_{n,n-1} & 0\end{bmatrix}+\begin{bmatrix} 0 & a_{12} & \cdots & a_{1n} \\ & \ddots & & \vdots \\ & & \ddots & a_{n-1,n} \\ & & & 0\end{bmatrix}=\boldsymbol{D}+\boldsymbol{L}+\boldsymbol{U}$$

分别为由 $\boldsymbol{A}$ 的对角元素、左下角元素、右上角元素构成的 n 阶对角阵、严格下三角阵和严格上三角阵，原方程组写成

$$(\boldsymbol{D}+\boldsymbol{L}+\boldsymbol{U})\boldsymbol{x}=\boldsymbol{b}$$

或

$$\boldsymbol{D}\boldsymbol{x}=\boldsymbol{b}-\boldsymbol{L}\boldsymbol{x}-\boldsymbol{U}\boldsymbol{x}$$

由式（3-15）知，$\det\boldsymbol{D}\neq 0$，故 $\boldsymbol{D}^{-1}$ 存在，上式两端左乘 $\boldsymbol{D}^{-1}$

$$\boldsymbol{x}=\boldsymbol{D}^{-1}(\boldsymbol{b}-\boldsymbol{L}\boldsymbol{x}-\boldsymbol{U}\boldsymbol{x}) \tag{3-16}$$

3.2.1 雅可比迭代法

将式（3-16）写为同步迭代格式即得 J 法迭代公式（3-5）的矩阵形式

$$\boldsymbol{x}^{(k+1)}=\boldsymbol{D}^{-1}\left(\boldsymbol{b}-\boldsymbol{L}\boldsymbol{x}^{(k)}-\boldsymbol{U}\boldsymbol{x}^{(k)}\right) \tag{3-17}$$

再把上式整理为统一迭代格式（3-14）的形式

$$x^{(k+1)} = -D^{-1}(L+U)x^{(k)} + D^{-1}b$$

记

$$J = -D^{-1}(L+U) = I - D^{-1}A\,,\quad f_1 = D^{-1}b \tag{3-18}$$

则

$$x^{(k+1)} = Jx^{(k)} + f_1 \tag{3-19}$$

3.2.2 赛德尔迭代法

将式（3-16）写成异步迭代格式，就是 S 法迭代计算公式（3-11）的矩阵形式：

$$x^{(k+1)} = D^{-1}\left(b - Lx^{(k+1)} - Ux^{(k)}\right) \tag{3-20}$$

为了化为式（3-14）的形式，将上式两端左乘 D 再合并同类项

$$(D+L)x^{(k+1)} = -Ux^{(k)} + b$$

由式（3-15）知，$\det(D+L) \neq 0$，存在 $(D+L)^{-1}$，左乘上式两端

$$x^{(k+1)} = -(D+L)^{-1}Ux^{(k)} + (D+L)^{-1}b$$

记

$$S = -(D+L)^{-1}U\,,\quad f_s = (D+L)^{-1}b \tag{3-21}$$

则

$$x^{(k+1)} = Sx^{(k)} + f_s \tag{3-22}$$

3.2.3 超松弛迭代法

有了 J 法和 S 法分量形式的计算公式及其矩阵对应关系，我们可以直接将松弛法的迭代计算公式（3-11）写成相应的矩阵形式

$$x^{(k+1)} = x^{(k)} + \omega D^{-1}\left(b - Lx^{(k+1)} - (D+L)x^{(k)}\right)$$

仿前用 D 乘上式，合并同类项，再整理为式（3-14）的形式，有

$$Dx^{(k+1)} = Dx^{(k)} + \omega b - \omega Lx^{(k+1)} - \omega(D+L)x^{(k)}$$

$$(\boldsymbol{D}+\omega\boldsymbol{L})\boldsymbol{x}^{(k+1)}=\left[(1-\omega)\boldsymbol{D}-\omega\boldsymbol{U}\right]\boldsymbol{x}^{(k)}+\omega\boldsymbol{b}$$

$$\boldsymbol{x}^{(k+1)}=(\boldsymbol{D}+\omega\boldsymbol{L})^{-1}\left[(1-\omega)\boldsymbol{D}-\omega\boldsymbol{U}\right]\boldsymbol{x}^{(k)}+\omega(\boldsymbol{D}+\omega\boldsymbol{L})^{-1}\boldsymbol{b}$$

记

$$\boldsymbol{S}_\omega=(\boldsymbol{D}+\omega\boldsymbol{L})^{-1}\left[(1-\omega)\boldsymbol{D}-\omega\boldsymbol{U}\right],\quad \boldsymbol{f}_\infty=\omega(\boldsymbol{D}+\omega\boldsymbol{L})^{-1} \tag{3-23}$$

则

$$\boldsymbol{x}^{(k+1)}=\boldsymbol{S}_\omega\boldsymbol{x}^{(k)}+\boldsymbol{f}_\omega \tag{3-24}$$

上式就是 SOR 法的统一迭代格式，$\boldsymbol{S}_\omega$ 是 SOR 法的迭代矩阵。

3.3　迭代法的收敛性

3.3.1　利用迭代矩阵判断一般迭代法收敛的定理

定理 3-1　对任意方程组 $\boldsymbol{Ax}=\boldsymbol{b}$，其统一迭代格式 $\boldsymbol{x}^{(k+1)}=\boldsymbol{Bx}^{(k)}+\boldsymbol{f}$ 收敛的充要条件是迭代矩阵 $\boldsymbol{B}$ 的谱半径 $\rho(\boldsymbol{B})<1$（定理中的 $\boldsymbol{B}$ 对于 J 法、S 法、SOR 法分别为矩阵 $\boldsymbol{J}$、$\boldsymbol{S}$ 和 $\boldsymbol{S}_\omega$）。

例 3-4　判断迭代格式 $\boldsymbol{x}^{(k+1)}=\begin{bmatrix}0 & -2\\ -3 & 0\end{bmatrix}\boldsymbol{x}^{(k)}+\begin{bmatrix}5\\5\end{bmatrix}$ 的收敛性。

解　迭代矩阵 $\boldsymbol{B}$ 的特征值为

$$\det(\lambda\boldsymbol{I}-\boldsymbol{B})=\begin{vmatrix}\lambda & 2\\ 3 & \lambda\end{vmatrix}=\lambda^2-6=0$$

解得

$$\lambda_{1,2}=\pm\sqrt{6},\quad \rho(\boldsymbol{B})=|\lambda_1|=\sqrt{6}>1$$

故题中迭代格式发散。

例 3-5　给定方程组

$$\begin{bmatrix}2 & -1 & 1\\ 1 & 1 & 1\\ 1 & 1 & -2\end{bmatrix}\cdot\begin{bmatrix}x_1\\ x_2\\ x_3\end{bmatrix}=\begin{bmatrix}1\\1\\1\end{bmatrix}$$

证明雅可比方法发散而赛德尔方法收敛。

分析　观测系数阵的特点，它既不严格对角占优，也不对称正定，因此应该写出赛德尔方法的迭代矩阵 $\boldsymbol{B}$，然后观察是否 $\|\boldsymbol{B}\|_1<1$ 或 $\|\boldsymbol{B}\|_\infty<1$ 或求 $\rho(\boldsymbol{B})$，看其是否小于 1，而证明雅可比方法发散，一般情况下，只能想办法说明其迭代矩阵的谱半径不小于 1。

证明　（1）对雅可比方法

$$\begin{cases} x_1^{(k+1)}=\dfrac{1}{2}+\dfrac{1}{2}x_2^{(k)}-\dfrac{1}{2}x_3^{(k)} \\ x_2^{(k+1)}=1-x_1^{(k)}-x_3^{(k)} \\ x_3^{(k+1)}=-\dfrac{1}{2}+\dfrac{1}{2}x_1^{(k)}+\dfrac{1}{2}x_2^{(k)} \end{cases}$$

迭代矩阵为

$$\boldsymbol{B}=\begin{bmatrix} 0 & 1/2 & -1/2 \\ -1 & 0 & -1 \\ 1/2 & 1/2 & 0 \end{bmatrix}$$

设其特征值为 λ，则

$$|\lambda \boldsymbol{I}-\boldsymbol{B}|=\lambda^3+\frac{5}{4}\lambda=0$$

则

$$\lambda_1=0,\quad \lambda_{2,3}=\pm\frac{\sqrt{5}\mathrm{i}}{2}$$

因为 $\rho(\boldsymbol{B})>1$，故方法发散。

（2）对赛德尔方法

$$\begin{cases} x_1^{(k+1)}=\dfrac{1}{2}+\dfrac{1}{2}x_2^{(k)}-\dfrac{1}{2}x_3^{(k)} \\ x_2^{(k+1)}=1-x_1^{(k+1)}-x_3^{(k)} \\ x_3^{(k+1)}=-\dfrac{1}{2}+\dfrac{1}{2}x_1^{(k+1)}+\dfrac{1}{2}x_2^{(k+1)} \end{cases}$$

则迭代矩阵为

$$(\boldsymbol{D}+\boldsymbol{L})\boldsymbol{x}^{(k+1)}=-\boldsymbol{U}\boldsymbol{x}^{(k)}+\boldsymbol{b}$$

$$\boldsymbol{B}=\left\{\begin{bmatrix} 1 & & \\ & 1 & \\ & & 1 \end{bmatrix}-\begin{bmatrix} 0 & & \\ -1 & 0 & \\ 1/2 & 1/2 & 0 \end{bmatrix}\right\}^{-1}\cdot\begin{bmatrix} 0 & 1/2 & -1/2 \\ & 0 & -1 \\ & & 0 \end{bmatrix}=\begin{bmatrix} 0 & 1/2 & -1/2 \\ 0 & -1/2 & -1/2 \\ 0 & 0 & -1/2 \end{bmatrix}$$

赛德尔的迭代矩阵的特征值便是对角线上的数，显然其特征值为

$$\lambda_1 = 0, \quad \lambda_{2,3} = -1/2$$

因为 $\rho(\boldsymbol{B}) = 1/2 < 1$，故方法收敛。其中，

$$(\boldsymbol{D}+\boldsymbol{L}) = \left\{\begin{bmatrix} 1 & & \\ & 1 & \\ & & 1 \end{bmatrix} - \begin{bmatrix} 0 & & \\ -1 & 0 & \\ 1/2 & 1/2 & 0 \end{bmatrix}\right\}^{-1} = \begin{bmatrix} 1 & 0 & 0 \\ 1 & 1 & 0 \\ -1/2 & -1/2 & 1 \end{bmatrix}^{-1}$$

对该矩阵求逆，则扩展

$$\begin{bmatrix} 1 & 0 & 0 & \cdots & 1 & 0 & 0 \\ 1 & 1 & 0 & \cdots & 0 & 1 & 0 \\ \dfrac{1}{2} & -\dfrac{1}{2} & 1 & \cdots & 0 & 0 & 1 \end{bmatrix}$$

把其第 3 行的元素乘以 2 加上第 2 行的元素，再把第 2 行的元素减去第 1 行的元素，得到

$$\begin{bmatrix} 1 & 0 & 0 & \cdots & 1 & 0 & 0 \\ 0 & 1 & 0 & \cdots & -1 & 1 & 0 \\ 0 & 0 & 2 & \cdots & 0 & 1 & 2 \end{bmatrix}$$

再把第 3 行的元素整体除以 2，得到

$$\begin{bmatrix} 1 & 0 & 0 & \cdots & 1 & 0 & 0 \\ 0 & 1 & 0 & \cdots & -1 & 1 & 0 \\ 0 & 0 & 1 & \cdots & 0 & 1/2 & 1 \end{bmatrix}$$

则

$$\begin{bmatrix} 1 & 0 & 0 \\ -1 & 1 & 0 \\ 0 & 1/2 & 1 \end{bmatrix}$$

便是待求的逆矩阵。

例 3-6　讨论用雅可比方法和赛德尔方法解方程组 $\boldsymbol{A}\boldsymbol{x} = \boldsymbol{b}$ 的收敛性，如果收敛，比较哪种方法收敛较快，其中

$$\boldsymbol{A} = \begin{bmatrix} 3 & 0 & -2 \\ 0 & 2 & 1 \\ -2 & 1 & 2 \end{bmatrix} \quad （*提示：谱半径越小，收敛越快）$$

分析　如果两种方法发散，则一般应求迭代矩阵的谱半径，说明它不小于 1；如

果两种方法收敛，但要比较收敛速度一般也应求谱半径。总之，应该求迭代矩阵的谱半径。

解　（1）对雅可比方法，迭代矩阵

$$\boldsymbol{B}=\begin{bmatrix}0 & 0 & 2/3\\ 0 & 0 & -1/2\\ 1 & -1/2 & 0\end{bmatrix}$$

设其特征根为λ，由$|\lambda \boldsymbol{I}-\boldsymbol{B}|$可以求出：

$$\rho_{(\boldsymbol{B})}=\frac{\sqrt{11}}{\sqrt{12}}<1$$

方法收敛。

（2）对赛德尔方法，迭代矩阵$(\boldsymbol{D}-\boldsymbol{L})^{-1}\boldsymbol{U}$

$$\boldsymbol{B}=\left[\begin{bmatrix}1 & 0 & 0\\ 0 & 1 & 0\\ 0 & 0 & 1\end{bmatrix}-\begin{bmatrix}0 & 0 & 0\\ 0 & 0 & 0\\ 1 & -1/2 & 0\end{bmatrix}\right]^{-1}\begin{bmatrix}0 & 0 & 2/3\\ 0 & 0 & -1/2\\ 0 & 0 & 0\end{bmatrix}=\begin{bmatrix}0 & 0 & 2/3\\ 0 & 0 & -1/2\\ 0 & 0 & 11/12\end{bmatrix}$$

故

$$\rho_{(\boldsymbol{B})}=\frac{11}{12}<1$$

方法收敛。因为$11/12<\sqrt{11}/\sqrt{12}$，故赛德尔方法较雅可比方法收敛快。

例 3-7　设线性方程组$\boldsymbol{Ax}=\boldsymbol{b}$的系数矩阵为

$$\boldsymbol{A}=\begin{bmatrix}a & 1 & 3\\ 1 & a & 2\\ -3 & 2 & a\end{bmatrix}$$

求能使雅可比方法收敛的a的取值范围。

分析　a在范围以外不收敛。只要题目涉及发散，一般总要按收敛的充要条件去讨论，因此首先应求迭代矩阵的谱半径。

解　当$a\neq 0$时，雅可比方法的迭代矩阵为

$$\boldsymbol{B}=\begin{bmatrix}0 & -\dfrac{1}{a} & -\dfrac{3}{a}\\ -\dfrac{1}{a} & 0 & -\dfrac{2}{a}\\ \dfrac{3}{a} & -\dfrac{2}{a} & 0\end{bmatrix}$$

由$|\lambda \boldsymbol{I}-\boldsymbol{B}|=0$，得

$$\lambda_1=0\text{，}\quad \lambda_{2,3}=\pm\frac{2\mathrm{i}}{|a|}$$

故

$$\rho_{(\boldsymbol{B})}=\frac{2}{|a|}$$

由$\rho_{(\boldsymbol{B})}<1$，得$|a|>2$。即当$|a|>2$时，$\rho_{(\boldsymbol{B})}<1$，雅可比方法收敛。

迭代法收敛的定理给出了迭代算法是否收敛的充要条件，但是从上述算例可知，当n较大时，计算特征值有困难，最好是建立与矩阵元素直接相关的判断条件。

引理（特征值上界）　矩阵的谱半径不超过矩阵本身的任一种范数。

证明　因为$\lambda \boldsymbol{x}=\boldsymbol{A}\boldsymbol{x}$，所以有

$$|\lambda|\cdot\|\boldsymbol{x}\|_p=\|\lambda\boldsymbol{x}\|_p=\|\boldsymbol{A}\boldsymbol{x}\|_p\leqslant\|\boldsymbol{A}\|_p\cdot\|\boldsymbol{x}\|_p$$

即

$$|\lambda|\leqslant\|\boldsymbol{A}\|_p\to|\lambda_1|\|\boldsymbol{A}\|_p \tag{3-25}$$

又

$$|\lambda|\cdot\|\boldsymbol{x}\|_2=\|\lambda\boldsymbol{x}\|_2=\|\boldsymbol{A}\boldsymbol{x}\|_2\leqslant\|\boldsymbol{A}\|_F\cdot\|\boldsymbol{x}\|_2$$

故

$$|\lambda|\leqslant\|\boldsymbol{A}\|_F\to|\lambda_1|\leqslant\|\boldsymbol{A}\|_F \tag{3-26}$$

由式（3-25）、式（3-26），有

$$|\lambda_1|=\rho(\boldsymbol{A})\leqslant\|\boldsymbol{A}\|$$

定理 3-2（迭代矩阵收敛的充分条件）　若迭代矩阵的任一种范数$\|\boldsymbol{B}\|<1$，则相应的迭代格式收敛，且

$$\left\|\boldsymbol{x}^{(k)}-\boldsymbol{x}^*\right\|\leqslant\frac{\|\boldsymbol{B}\|}{1-\|\boldsymbol{B}\|}\cdot\left\|\boldsymbol{x}^{(k)}-\boldsymbol{x}^{(k-1)}\right\| \tag{3-27}$$

$$\left\|\boldsymbol{x}^{(k)}-\boldsymbol{x}^*\right\|\leqslant\frac{\|\boldsymbol{B}\|^k}{1-\|\boldsymbol{B}\|}\cdot\left\|\boldsymbol{x}^{(1)}-\boldsymbol{x}^{(0)}\right\| \tag{3-28}$$

证明　由引理知$|\lambda_1|<\|\boldsymbol{B}\|<1$，由定理 3-1，迭代格式$\boldsymbol{x}^{(k+1)}=\boldsymbol{B}\boldsymbol{x}^{(k)}+\boldsymbol{f}$收敛。下面

证明两个公式（3-27）和式（3-28）。

$$\boldsymbol{x}^{(k+1)}=\boldsymbol{B}\boldsymbol{x}^{(k)}+\boldsymbol{f} \quad （收敛）$$

$$\boldsymbol{x}^{(k)}=\boldsymbol{B}\boldsymbol{x}^{(k-1)}+\boldsymbol{f}$$

上面两式相减：

$$\boldsymbol{x}^{(k+1)}-\boldsymbol{x}^{(k)}=\boldsymbol{B}\left(\boldsymbol{x}^{(k)}-\boldsymbol{x}^{(k-1)}\right) \tag{3-29}$$

又 $\boldsymbol{x}^{*}=\boldsymbol{B}\boldsymbol{x}^{*}+\boldsymbol{f}$，与 $\boldsymbol{x}^{(k+1)}=\boldsymbol{B}\boldsymbol{x}^{(k)}+\boldsymbol{f}$ 相减：

$$\boldsymbol{x}^{*}-\boldsymbol{x}^{(k+1)}=\boldsymbol{B}\left(\boldsymbol{x}^{*}-\boldsymbol{x}^{(k)}\right) \tag{3-30}$$

在式（3-29）、式（3-30）两端取范数，并由相容性得

$$\left\|\boldsymbol{x}^{*}-\boldsymbol{x}^{(k+1)}\right\| \leqslant \|\boldsymbol{B}\| \cdot\left\|\boldsymbol{x}^{*}-\boldsymbol{x}^{(k)}\right\| \tag{3-31}$$

$$\left\|\boldsymbol{x}^{(k+1)}-\boldsymbol{x}^{(k)}\right\| \leqslant \|\boldsymbol{B}\| \cdot\left\|\boldsymbol{x}^{(k)}-\boldsymbol{x}^{(k-1)}\right\| \tag{3-32}$$

而

$$\begin{aligned}\left\|\boldsymbol{x}^{(k+1)}-\boldsymbol{x}^{(k)}\right\|&=\left\|\left(\boldsymbol{x}^{*}-\boldsymbol{x}^{(k)}\right)-\left(\boldsymbol{x}^{*}-\boldsymbol{x}^{(k-1)}\right)\right\| \geqslant\left\|\boldsymbol{x}^{*}-\boldsymbol{x}^{(k)}\right\|-\left\|\boldsymbol{x}^{*}-\boldsymbol{x}^{(k-1)}\right\| \\ &\underset{\text{式(3-31)}}{\geqslant}\left\|\boldsymbol{x}^{*}-\boldsymbol{x}^{(k)}\right\|-\|\boldsymbol{B}\| \cdot\left\|\boldsymbol{x}^{*}-\boldsymbol{x}^{(k)}\right\|=(1-\|\boldsymbol{B}\|)\left\|\boldsymbol{x}^{*}-\boldsymbol{x}^{(k)}\right\|\end{aligned}$$

因为 $\|\boldsymbol{B}\|<1$，所以 $0<1-\|\boldsymbol{B}\|<1$，上式两端同时除以 $1-\|\boldsymbol{B}\|$，不等式不变向，即

$$\left\|\boldsymbol{x}^{*}-\boldsymbol{x}^{(k)}\right\| \leqslant \frac{1}{1-\|\boldsymbol{B}\|}\left\|\boldsymbol{x}^{(k-1)}-\boldsymbol{x}^{(k)}\right\| \underset{\text{式(3-32)}}{\leqslant} \frac{\|\boldsymbol{B}\|}{1-\|\boldsymbol{B}\|}\left\|\boldsymbol{x}^{(k)}-\boldsymbol{x}^{(k-1)}\right\| \tag{3-33}$$

$$\left\|\boldsymbol{x}^{*}-\boldsymbol{x}^{(k)}\right\| \leqslant \frac{\|\boldsymbol{B}\|^{2}}{1-\|\boldsymbol{B}\|}\left\|\boldsymbol{x}^{(k-1)}-\boldsymbol{x}^{(k-2)}\right\| \leqslant \cdots \leqslant \frac{\|\boldsymbol{B}\|^{2}}{1-\|\boldsymbol{B}\|}\left\|\boldsymbol{x}^{(1)}-\boldsymbol{x}^{(0)}\right\| \tag{3-34}$$

由于 $\|\boldsymbol{B}\|$ 易于计算，故用 $\|\boldsymbol{B}\|<1$ 判断迭代法的收敛性就十分方便，由式（3-33）知，只要 $\|\boldsymbol{B}\|$ 不是很接近 1，当 $\boldsymbol{x}^{(k)} \approx \boldsymbol{x}^{(k-1)}$ 时，就有 $\boldsymbol{x}^{(k)} \approx \boldsymbol{x}^{*}$，即可中止迭代，因而该式就是用 $\left\|\boldsymbol{x}^{(k)}-\boldsymbol{x}^{(k-1)}\right\|<\varepsilon$ 决定迭代结束的理论依据。式（3-34）表明，$\|\boldsymbol{B}\|$ 越小，收敛速度越快，该式可作为事前计算 $\boldsymbol{x}^{(k)}$ 误差的估计式。定理 3-2 只是充分条件，而不是必要条件，即当 $\|\boldsymbol{B}\| \geqslant 1$ 时，不一定收敛，且看下例。

例 3-8　判断 $\boldsymbol{x}^{(k+1)}=\begin{bmatrix}0.9 & 0\\ 0.3 & 0.8\end{bmatrix}\boldsymbol{x}^{(k)}+\boldsymbol{f}$ 的收敛性。

解

$$\det(\lambda\boldsymbol{I}-\boldsymbol{B})=\begin{vmatrix}\lambda-0.9 & 0\\ -0.3 & \lambda-0.8\end{vmatrix}=(\lambda-0.9)(\lambda-0.8)=0\to\lambda_1=0.9<1$$

故收敛。但此时却有

$$\|\boldsymbol{B}\|_\infty=1.1>1,\quad \|\boldsymbol{B}\|_1=1.2>1,\quad \|\boldsymbol{B}\|_2=1.012>1$$

$$\|\boldsymbol{B}\|_F=(0.81+0.09+0.64)^{1/2}=\sqrt{1.54}>1$$

由上述，定理 3-1、定理 3-2 可应用于任何方程组的任何迭代格式，只要将该迭代格式化为统一迭代格式并求出其迭代矩阵的谱半径或任一种范数，就可不同程度地判断原迭代格式的收敛性甚至估算误差。

3.3.2　迭代法的特点

使用迭代法求解方程组 $\boldsymbol{Ax}=\boldsymbol{b}$ 有三种迭代形式，J 法、S 法和 SOR 法。它们都可由分裂原系数阵 $\boldsymbol{A}$ 得到，并可化为统一的迭代格式 $\boldsymbol{x}^{(k+1)}=\boldsymbol{Bx}^{(k)}+\boldsymbol{f}$，在迭代过程中，系数矩阵始终不变，因此迭代法是一种逐步逼近的方法（郑慧娆等，2012）。

迭代法有循环的计算公式，计算简单，易于理解和便于编程序。占用内存少，计算编程中最多只储存原系数阵 $\boldsymbol{A}$ 的非零元素，若系数是用一定公式形成的，则不需储存，因此迭代法适应解大型稀疏方程组。

使用迭代法时要注意收敛性与收敛速度问题。迭代法中的 SOR 法特别适于解诸如有限单元法的大型稀疏正定方程组，不仅占用内存少，且能保证收敛，并可以选择较佳松弛因子，而使之具有收敛速度快的优点，故它是常用的迭代法（马东升和熊春光，2006）。

第4章 插 值 法

4.1 插值问题的提出

在工程实际问题中，某些变量之间的函数关系是存在的，但通常不能用式子表示，只能由实验或观测得到 $y=f(x)$ 在一系列离散点 x_i 上的函数值 f_i。希望通过这些数据 (x_i,f_i) 计算函数 $y=f(x)$ 在其他指定点处的近似值或获取其他信息。有的函数虽然有表达式，但比较复杂，计算函数 $f(x)$ 很不经济且不利于在计算机上进行计算（Čekanavičius，2016）。这两种情况下，都希望用简单的函数 $P(x)$ 来逼近原函数 $f(x)$。

在重力或磁法勘探中因地形或其他原因使我们得不到少数观测点上的观测值，或因在少数点上有局部的强干扰存在，使我们测不到这些点上的准确值，这时我们就可以用插值多项式来定义这些点上的值以作为去掉干扰后的异常值，这就是插值多项式在地球物理数据处理中的意义（李世华和杨有发，1995）。

对插值法进行概述。已知[a, b]上的函数 $y=f(x)$ 在 n+1 个互异点处的函数值如表 4-1 所示。

表 4-1 函数 $y=f(x)$ 各点函数值

x_i	x_0	x_1	x_2	…	x_n
$f(x)$	f_0	f_1	f_2	…	f_n

插值法实质就是寻求简单函数 $P(x)$，使得

$$P(x_i)=f_i \quad (i=0,1,\cdots,n) \tag{4-1}$$

计算 $f(x)$ 可通过计算 $P(x)$ 来近似代替，如图 4-1 所示。

这就是插值问题，式（4-1）为插值条件，函数 $P(x)$ 为函数 $f(x)$ 的插值函数。如果 $P(x)$ 为多项式函数，则称之为插值多项式。点 $x_i\ (i=0,1,2,\cdots,n)$ 称为插值节点。区间 $[a,b]$ 称为插值区间。如函数 $y=\sin x$，若给定 $[0,\pi]$ 上 5 个等分点，其插值函数的图像如图 4-2 所示。

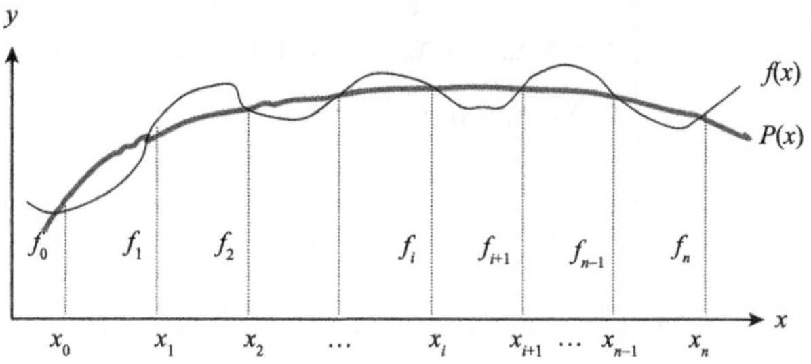

图 4-1　插值函数 $P(x)$

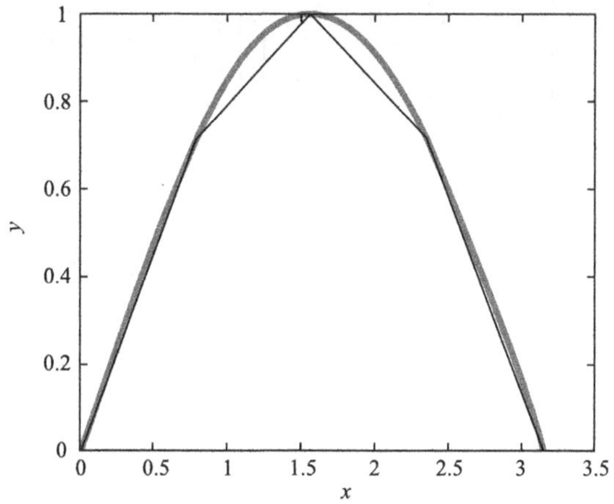

图 4-2　$\sin x$ 的插值函数

对于被插函数 $f(x)$ 和插值函数 $P(x)$ 在节点 x_i 处的函数值必然相等，但在节点外 $P(x)$ 的值可能就会偏离 $f(x)$，因此 $P(x)$ 近似代替 $f(x)$ 必然存在着误差。

定义 4-1　设函数 $f(x)$ 在 $[a,\ b]$ 上有定义，且已知在 $a \leqslant x_0 < x_1 < x_2 < \cdots < x_n \leqslant b$ 点上的值 $y_0, y_1, \cdots, y_n$，若存在一简单函数 $P(x)$，使得

$$P(x_i) = y_i \quad (i = 0,1,2,\cdots,n) \tag{4-2}$$

成立，则称 $P(x)$ 为 $f(x)$ 的插值函数。式（4-2）称为插值条件，$f(x)$ 称为被插函数，$[a,\ b]$ 称为插值区间，$x_0, x_1, \cdots, x_n$ 称为插值节点，求 $P(x)$ 的方法就是插值法。插值点在插值区间内的称为内插，否则称为外插。

定理 4-1　若插值节点 $x_i \neq x_j (i \neq j)$，则满足插值条件 $P_n(x_i) = f_i\ (i = 0,1,2,\cdots,n)$ 的次数 $\leqslant n$ 的插值多项式 $P_n(x) = a_0 + a_1 x + a_2 x^2 + \cdots + a_n x^n$ 存在且唯一。

证明　设函数 $y = f(x)$ 在区间 $[a, b]$ 上的代数插值多项式为

$$P_n(x) = a_0 + a_1 x + a_2 x^2 + \cdots + a_n x^n$$

且满足 $P_n(x_i) = f_i\ (i = 0,1,2,\cdots,n)$，其中 a_i 是 $n+1$ 个待定的系数，即多项式 $P_n(x)$ 的系数 $a_0, a_1, a_2, \cdots, a_n$ 满足线性方程组：

$$\begin{cases} a_0 + a_1 x_0 + a_2 x_0^2 + \cdots + a_n x_0^n = f_0 \\ a_0 + a_1 x_1 + a_2 x_1^2 + \cdots + a_n x_1^n = f_1 \\ \vdots \\ a_0 + a_1 x_n + a_2 x_n^2 + \cdots + a_n x_n^n = f_n \end{cases} \tag{4-3}$$

式（4-3）的系数行列式为 n+1 阶 Vandermonde（范德蒙德）行列式：

$$V = \begin{vmatrix} 1 & x_0 & x_0^2 & \cdots & x_0^n \\ 1 & x_1 & x_1^2 & \cdots & x_1^n \\ \vdots & \vdots & \vdots & & \vdots \\ 1 & x_n & x_n^2 & \cdots & x_n^n \end{vmatrix} = \prod_{i=0}^{n-1} \prod_{j=i+1}^{n} (x_j - x_i) \overset{x_i \neq x_j}{\neq} 0$$

由 Cramer 法则，线性方程组（4-3）有唯一解。

定义 4-2 在 n+1 个节点 $x_i\ (i = 0,1,\cdots,n)$ 上，等于克罗内克算符 $S_{ij} = \begin{cases} 0, & j \neq i \\ 1, & j = i \end{cases}$ 的 n 次多项式，称为节点 $x_i\ (i = 0,1,\cdots,n)$ 上的 n 次插值基函数。

4.2　拉格朗日插值

4.2.1　插值多项式的构成

假定已知区间 $[x_k, x_{k+1}]$，要构造通过两点（x_0, y_0）和（x_1, y_1）的不超过 1 次的多项式 $P_1(x)$（后面记作 $L_1(x)$），使满足条件：

$$L_1(x_k) = y_k,\quad L_1(x_{k+1}) = y_{k+1}$$

$y = L_1(x)$ 的几何意义就是通过两点（x_0, y_0）与（x_1, y_1）的直线，$L_1(x)$ 的表达式可由几何意义直接给出：

点斜式：

$$L_1(x) = y_0 + \frac{y_1 - y_0}{x_1 - x_0}(x - x_0) \tag{4-4}$$

两点式：

$$L_1(x) = \frac{x_1 - x}{x_1 - x_0} y_0 + \frac{x - x_0}{x_1 - x_0} y_1 \tag{4-5}$$

式（4-5）称为线性插值。令

$$l_0(x)=\frac{x-x_1}{x_0-x_1}，\quad l_1(x)=\frac{x-x_0}{x_1-x_0}$$

$l_0(x),l_1(x)$ 称为节点 x_0,x_1 上线性插值基函数。基函数满足如表 4-2 所示的关系。

表 4-2　基函数

	x_0	x_1
$l_0(x)$	1	0
$l_1(x)$	0	1

式（4-5）可写为

$$L_1(x)=y_0\,l_0(x)+y_1\,l_1(x) \tag{4-6}$$

式（4-6）为线性拉格朗日（Lagrange）插值多项式形式。

一般情况下，取区间为 $[x_k,x_{k+1}]$ 及端点函数值 $y_k=f(x_k),y_{k+1}=f(x_{k+1})$，令

$$l_k(x)=\frac{x-x_{k+1}}{x_k-x_{k+1}}，\quad l_{k+1}(x)=\frac{x-x_k}{x_{k+1}-x_k} \tag{4-7}$$

则类似地有线性插值多项式：

$$L_1(x)=y_kl_k(x)+y_{k+1}l_{k+1}(x) \tag{4-8}$$

式（4-8）也称为拉格朗日型插值多项式，其中基函数 l_k、l_{k+1} 与 y_k、y_{k+1} 无关，而由插值节点 x_k、x_{k+1} 决定。

因此，一次拉格朗日插值多项式是插值基函数 l_k、l_{k+1} 的线性组合，相应的组合系数是该点的函数值 y_k、y_{k+1}。

例 4-1　已知 $\sqrt{100}=10$，$\sqrt{121}=11$，利用线性插值求 $y=\sqrt{115}$。

解　这里 x_0=100，y_0=10，x_1=121，y_1=11，利用线性插值

$$\begin{aligned}L_1(x)&=\frac{x-121}{100-121}\times 10+\frac{x-100}{121-100}\times 11\\&=-\frac{10}{21}(x-121)+\frac{11}{21}(x-100)\end{aligned}$$

$$y=\sqrt{115}\approx L_1(115)=10.714$$

下面讨论 n=2 的情形。假定插值节点为 x_0,x_1,x_2，要求二次插值多项式 $L_2(x)$，它满足 $L_2(x_i)=y_i\ \ (i=0,1,2)$，几何上 $y=L_2(x)$ 就是通过三点 (x_0,y_0)、(x_1,y_1)、(x_2,y_2) 的抛物线。为了求出 $L_2(x)$ 的表达式，可采用基函数方法。

插值基函数$l_0(x)$、$l_1(x)$、$l_2(x)$满足：①都是二次函数；②在节点满足表 4-3 的关系。

表 4-3　插值基函数与节点表

	x_0	x_1	x_2
$l_0(x)$	1	0	0
$l_1(x)$	0	1	0
$l_2(x)$	0	0	1

先求$l_0(x)$：由$l_0(x)$满足的两个条件$l_0(x_1)=l_0(x_2)=0$知，$l_0(x)$中含有两个因子$(x-x_1)(x-x_2)$，且是二次的，则可令$l_0(x)=A(x-x_1)(x-x_2)$，再由$l_0(x)$满足的条件$l_0(x_0)=1$，可以得到

$$A=\frac{1}{(x_0-x_1)(x_0-x_2)}$$

因此

$$l_0(x)=\frac{(x-x_0)(x-x_2)}{(x_0-x_1)(x_0-x_2)}$$

同理可得

$$l_1(x)=\frac{(x-x_0)(x-x_2)}{(x_1-x_0)(x_1-x_2)},\quad l_2(x)=\frac{(x-x_0)(x-x_1)}{(x_2-x_0)(x_2-x_1)}$$

所以有

$$L_2(x)=y_0\,l_0(x)+y_1\,l_1(x)+y_2\,l_2(x)$$

一般情况下，取区间为$[x_k,x_{k+1}]$及端点函数值$y_k=f(x_k),y_{k+1}=f(x_{k+1})$, $i=k-1,k,k+1$。令

$$\begin{aligned}
l_{k-1}(x)&=\frac{(x-x_k)(x-x_{k+1})}{(x_{k-1}-x_k)(x_{k-1}-x_{k+1})}\\
l_k(x)&=\frac{(x-x_{k-1})(x-x_{k+1})}{(x_k-x_{k-1})(x_k-x_{k+1})}\\
l_{k+1}(x)&=\frac{(x-x_{k-1})(x-x_k)}{(x_{k+1}-x_{k-1})(x_{k+1}-x_k)}
\end{aligned}\tag{4-9}$$

则类似地有抛物线插值多项式：

$$L_2(x)=y_{k-1}\,l_{k-1}(x)+y_k\,l_k(x)+y_{k+1}\,l_{k+1}(x)\tag{4-10}$$

例 4-2 已知$\sqrt{100}=10$，$\sqrt{121}=11$，$\sqrt{144}=12$，利用抛物线插值求$y=\sqrt{115}$。

解 这里x_0=100，y_0=10，x_1=121，y_1=11，x_2=144，y_2=12，利用抛物线插值公式

$$L_2(115)=\left[10\times\frac{(x-121)(x-144)}{(100-121)(100-144)}+11\times\frac{(x-100)(x-144)}{(121-100)(121-144)}\right.$$
$$\left.+12\times\frac{(x-100)(x-121)}{(144-100)(144-121)}\right]_{x=115}=10.72276$$

这种用插值基函数表示的方法容易推广到更一般的情形。求通过 n+1 个节点的 n 次插值多项式$L_n(x)$：设$L_n(x)=y_0l_0(x)+y_1l_1(x)+\cdots+y_nl_n(x)$满足插值条件$L_n(x_j)=y_j$，$j=0,1,\cdots,n$。

若n次多项式$l_k(x)$（$k=0,1,\cdots,n$）在各节点 $x_0<x_1<\cdots<x_n$上满足条件

$$l_k(x_j)=\begin{cases}1, & k=j\\ 0, & k\neq j\end{cases}\quad (j,k=0,1,\cdots,n)$$

则称这n+1 个n次多项式为这n+1 个节点上的n次插值基函数。

令$l_k(x)=A(x-x_0)\cdots(x-x_{k-1})(x-x_{k+1})\cdots(x-x_n)$，由$l_k(x_k)=1$，得

$$A=\frac{1}{(x_k-x_0)\cdots(x_k-x_{k-1})(x_k-x_{k+1})\cdots(x_k-x_n)}\quad (k=0,1,\cdots,n)$$

因此

$$l_k(x)=\frac{(x-x_0)\cdots(x-x_{k-1})(x-x_{k+1})\cdots(x-x_n)}{(x_k-x_0)\cdots(x_k-x_{k-1})(x_k-x_{k+1})\cdots(x_k-x_n)}\quad (k=0,1,\cdots,n)$$

$$L_n(x)=\sum_{k=0}^{n}f(x_k)l_k(x)$$

定理 4-2 （拉格朗日）插值多项式。

设$y=f(x)$函数表$(x_i,f(x_i))(i=0,1,\cdots,n)$ ($x_i\neq x_j$，当$i\neq j$时)，则满足插值条件$L_n(x_i)=f(x_i)(i=0,1,\cdots,n)$的插值多项式为

$$L_n(x)=\sum_{k=0}^{n}f(x_k)l_k(x)\tag{4-11}$$

其中

$$l_k(x)=\prod_{\substack{j=0\\ j\neq k}}^{n}\frac{x-x_j}{x_k-x_j}\quad (k=0,1,\cdots,n)\tag{4-12}$$

显然，如此构造的$L(x)$是不超过 n 次多项式。当 n=1 时，称为线性插值。当 n=2

时，称为抛物线插值。

拉格朗日插值多项式还有另一种形式。引入记号：

$$\omega_{n+1}(x)=(x-x_0)(x-x_1)\cdots(x-x_n)=\prod_{i=0}^{n}(x-x_i)$$

容易求得

$$\omega'_{n+1}(x_k)=(x_k-x_0)(x_k-x_1)\cdots(x_k-x_{k-1})(x_k-x_{k+1})\cdots(x_k-x_n)=\prod_{\substack{i=0\\i\neq k}}^{n}(x_k-x_i)$$

于是，$l_k(x)$ 可以写成

$$l_k(x)=\prod_{\substack{i=0\\i\neq k}}^{n}\frac{x-x_i}{x_k-x_i}=\frac{\omega_{n+1}(x)}{(x-x_k)\omega'_{n+1}(x_k)}\quad(k=0,1,\cdots,n)\tag{4-13}$$

从而 $L_n(x)$ 可改写成

$$L_n(x)=\sum_{k=0}^{n}y_k\frac{\omega_{n+1}(x)}{(x-x_k)\omega'_{n+1}(x_k)}\tag{4-14}$$

4.2.2　$L_n(x)$的截断误差与收敛性

定义 4-3　$R_n(x)=f(x)-L_n(x)$，$R_n(x)$称为用n次拉格朗日多项式近似代替复杂函数$f(x)$的截断误差或插值余项。

定义 4-4　称$C[a,b]$为$[a,b]$上所有连续函数的集合或$[a,b]$上的连续函数空间，称$C^k[a,b]$为$[a,b]$上所有具有k阶连续导数的函数集合或$[a,b]$上的k阶连续可微空间。$f(x)\in C^k[a,b]$表示$f(x)$是$[a,b]$上具有k阶连续导数的函数。

定理 4-3　若$f(x)\in C^{n+1}[a,b]$，则对于任意$x\in[a,b]$，存在相应的ξ，使下式成立

$$R_n(x)=f(x)-L_n(x)=\frac{f^{(n+1)}(\xi)}{(n+1)!}\omega_{n+1}(x)\quad(a<\xi<b)\tag{4-15}$$

式中，$\omega_{n+1}(x)=(x-x_0)(x-x_1)\cdots(x-x_n)=\prod\limits_{k=0}^{n}(x-x_k)$。

定理条件$f^{(n+1)}(x)$存在的意思是：被逼近函数$f(x)$足够光滑，没有间断点也没有棱角，对于磁异常就是没有或已避免了超格点和显著的突变点及随机干扰。

证明　若x是节点，则$L_n(x_i)=f_i$，$\omega_{n+1}(x_i)=0$，式（4-15）成立。下面证明x不是节点也成立。

设$x=\bar{x}$，$\bar{x}\neq x_i\ (i=0,1,\cdots,n,a<\bar{x}<b)$。作辅助函数

$$F(x)=f(x)-L_n(x)-\frac{\omega_{n+1}(x)}{\omega_{n+1}(\bar{x})}\left[f(\bar{x})-L_n(\bar{x})\right] \tag{4-16}$$

式中，x 是自变量；$\bar{x}$ 是一确定的点；$\omega_{n+1}(\bar{x})$、$f(\bar{x})$、$L_n(\bar{x})$ 是该点确定的函数值，是定值。注意到式（4-16）中，当 $x=x_i$ 时，

$$F(x_i)=f(x_i)-L_n(x_i)-\frac{\omega_{n+1}(x_i)}{\omega_{n+1}(\bar{x})}\left[f(\bar{x})-L_n(\bar{x})\right]=f_i-f_i-\frac{0}{\omega_{n+1}(\bar{x})}\left[f(\bar{x})-L_n(\bar{x})\right]=0$$

当 $x=\bar{x}$ 时，

$$F(\bar{x})=\left[f(\bar{x})-L_n(\bar{x})\right]-\frac{\omega_{n+1}(\bar{x})}{\omega_{n+1}(\bar{x})}\left[f(\bar{x})-L_n(\bar{x})\right]=R_n(\bar{x})-R_n(\bar{x})=0$$

所以 $F(x)$ 有 $n+2$ 个零点 $\bar{x},x_0,x_1,\cdots,x_n$。根据罗尔定理（若 $f(x)$ 在 $[a,b]$ 连续，在 (a,b) 可微，且 $f(a)=f(b)$，则 $f(x)$ 在 (a,b) 至少有一个点 ξ 使 $f'(\xi)=0$），在 $\bar{x},x_0,x_1,\cdots,x_n$ 相邻两零点之间各有一点 ξ_{1i} $(i=0,1,\cdots,n)$ 使 $F'(\xi_{1i})=0$，即 $F'(x)$ 有 $n+1$ 个零点。这说明 $F(x)$ 的导函数每升高一阶，零点就减少一个。连续施用 $n+1$ 次罗尔定理，则 $F^{(n+1)}(x)$ 在 (a,b) 只有 $(n+2)-(n+1)=1$ 个零点 ξ，即

$$F^{(n+1)}(\xi)=0 \quad (a<\xi<b)$$

根据上式，对式（4-16）求 $n+1$ 阶导数。在 ξ 取值为零时应导出式（4-15），下面实现这一点，由于

（1）$f^{(n+1)}(x)$ 存在；

（2）$L_n^{(n+1)}(x)=0$（$L_n(x)$ 次数为 n）；

（3）因为

$$\omega_0'(x)=(x-x_0)'=1$$

$$\omega_1''(x)=\left[(x-x_0)(x-x_1)\right]''=(x-x_1)'+(x-x_0)'=1+1=2!$$

$$\begin{aligned}\omega_2'''(x)&=\left[(x-x_0)(x-x_1)(x-x_2)\right]'''\\&=\left[(x-x_1)(x-x_2)\right]''+\left[(x-x_0)(x-x_2)\right]''\\&\quad+\left[(x-x_1)(x-x_0)\right]''=2!+2!+2!=3!\\&\ \ \vdots\end{aligned}$$

$$F^{(n+1)}(\xi)=f^{(n+1)}(\xi)-\frac{(n+1)!}{\omega_n(\bar{x})}\left[f(\bar{x})-L_n(\bar{x})\right]=0 \quad (a<\xi<b)$$

即

$$R_n(\overline{x})=\frac{f^{(n+1)}(\xi)}{(n+1)!}\omega_n(\overline{x})\quad(a<\xi<b)$$

由 $\overline{x}$ 的任意性得式（4-15）。

由于 ξ 并不确定，所以 $f^{(n+1)}(\xi)$ 也是得不到的。直接用式（4-15）估计误差就有困难，但可估计 $f^{(n+1)}(\xi)$ 的上界，即

$$M_{n+1}=\max_{a\leqslant x\leqslant b}\left|f^{(n+1)}(x)\right|$$

则

$$\left|R_n(x)\right|\leqslant\frac{M_{n+1}}{(n+1)!}\left|\pi_n(x)\right|\tag{4-17}$$

上式表明影响截断误差的因素除 M_{n+1} 外还有：

（1）$\omega_n(x)$ 不难验证当计算点处于插值区间中段且愈靠近一个节点时，$\left|\omega_n(x)\right|$ 愈小，因此应尽量选用计算点附近的点作为插值节点可减小插值误差。

（2）节点个数 n 由于低阶 $f^{(n)}(x)$ 变化不大，n 稍微变大，则会使得 $\left|R_n(x)\right|$ 减小，例如，抛物插值精度高于线性插值；但高阶（n 较大时）$f^{(n)}(x)$ 变化很大，则式（4-17）不能明确反映 $\left|R_n(x)\right|$ 与 n 的消长关系。

顺便指出式（4-15）与函数 $f(x)$ 在 x_0 点的泰勒展开式的余项 $R_n(x)=\frac{f^{(n+1)}(\xi)}{(n+1)!}\cdot(x-x_0)^{n+1}$ 十分相似。这个现象并非偶然，这是由于它们本质都是用多项式逼近光滑函数 $f(x)$ 的误差，所不同的是后者把 $n+1$ 个条件都集中在一个展开点 x_0 上，即

$$T_n^{(i)}(x_0)=f^{(i)}(x_0)\quad(i=0,1,\cdots,n)$$

而 $L_n(x)$ 是把 $n+1$ 个条件分摊在 $n+1$ 个节点 $x_0,x_1,\cdots,x_n$ 上，即

$$L_n(x_i)=f(x_i)\quad(i=0,1,\cdots,n)$$

因而对于泰勒展开，x 只在 x_0 附近才有 $T_n(x)\approx f(x)$；对于拉格朗日插值则在 $x\in[a,b]$ 均有 $L_n(x)\approx f(x)$。两个逼近各有千秋，$T_n(x)$ 适于计算除幂函数外的基本初等函数在某点的准确值，用作函数表或编制计算机的服务子程序（标准函数）；而 $L_n(x)$ 则用于求近似值（车刚明，1998）。

例 4-3　已知

x_i	0.10	0.15	0.25	0.30
e^{-x_i}	0.905	0.861	0.779	0.741

求 $e^{-0.20}$ 并估计误差。

解 仿上例求得

$$e^{-0.20} \approx L_3(0.20) \approx 0.819$$

$$R_3(0.20) = \frac{e^{-\xi}}{4!}(0.2-0.1)(0.2-0.15)(0.2-0.3)$$

取 $\xi_1 = 0.1$、$\xi_2 = 0.3$，即得 $R_3(0.2)$ 的上、下限为

$$0.77\times10^{-6} < R_3(0.2) < 0.95\times10^{-6}$$

4.2.3 $L_n(x)$ 的舍入误差与数值稳定性

1. 龙格现象

20 世纪初龙格（Runge）指出：高次拉格朗日插值在区间两端会产生严重畸变，称此为龙格现象。图 4-3 是利用 $\frac{1}{1+x^2}$ 在 $[-5,5]$ 上的 11 个等距节点的值构造的 10 次拉格朗日插值多项式曲线。n 为插值阶次，高次插值在边部面目全非，可见高次拉格朗日插值是数值不稳定的（恰汗·合孜尔，2008）。

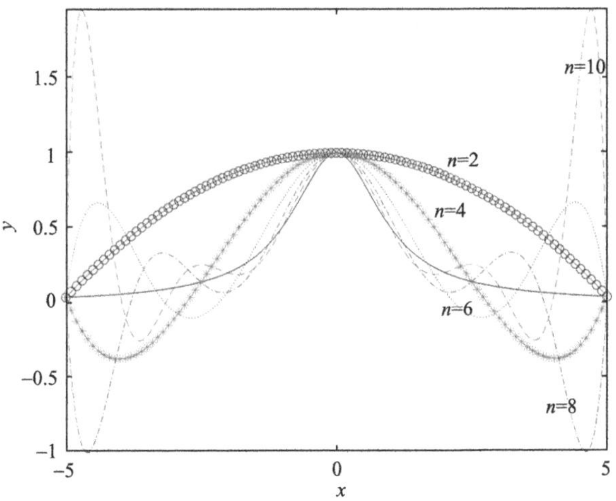

图 4-3 不同次数的拉格朗日插值多项式的比较图

2. 舍入误差与数值稳定性

龙格现象是由 $L_n(x)$ 的舍入误差随次数 n 的增大而急速增大造成的。通过分析可知：实际观测值 f_i 总是有误差的，记为 δ_i，即

$$\delta_i = f_i - f(x_i) \quad (i = 0,1,\cdots,n)$$

可以证明，$L_n(x)$的舍入误差E_n为

$$E_n \geqslant \frac{\sqrt{2}}{\pi} \cdot \frac{2^n}{n^2} \max_{0 \leqslant i \leqslant n} |\delta_i| \tag{4-18}$$

由上式可见：

（1）舍入误差与被插值函数$f(x)$无关；

（2）舍入误差除与初始误差有关外，主导因素是多项式次数n，且随着n超线性增长（见表4-4）；

表4-4　舍入误差

n	5	6	7	8	9	10	11	12	13	14	15	16	17	18
$\frac{E_n}{\max_{0 \leqslant i \leqslant n} \vert\delta_i\vert}$	0.6	0.8	1.2	1.8	2.9	4.6	7.6	13	22	38	66	115	204	364

（3）表4-4显示，$n > 7$舍入误差开始超过初始误差使$L_n(x)$数值不稳定，n越大，$L_n(x)$数值稳定性越差，故用$L_n(x)$插值时，多项式次数应低于7；

（4）通过计算式（4-18）的因子$\frac{2^n}{n^2}$ $(n = 0,1,\cdots,6)$，有$E_3 < E_2 = E_4 < E_5 < E_6 < E_1$，故$L_3(x)$、$L_2(x)$的性能最好，不仅舍入误差小，计算量也少，而$L_1(x)$虽计算容易，但太粗糙。

综上所述，$L_n(x)$结构简单、形式对称，易于理解和使用，而且它是各种逼近方法的基础，但其高次插值数值不稳定。

4.3　差商与牛顿插值公式

4.3.1　差商及其性质

我们知道，拉格朗日插值多项式的插值基函数为

$$l_j(x) = \prod_{\substack{i=0 \\ i \neq j}}^{n} \frac{(x - x_i)}{(x_j - x_i)} \quad (j = 0,1,2,\cdots,n)$$

但其形式上太复杂，计算量很大，并且重复计算也很多（车刚明，2002）。因此需要寻找一种新的插值方法。拉格朗日插值公式可看作直线方程两点式的推广，若从直线方程点斜式出发：

$$P_1(x) = f_0 + \frac{f_1 - f_0}{x_1 - x_0}(x - x_0) \qquad (f_i = f(x_i) = y_i)$$

将它推广到具有 n+1 个插值点的情况，可把插值多项式表示为

$$\begin{aligned} P_n(x) = a_0 + a_1(x - x_0) + a_2(x - x_0)(x - x_1) + \cdots \\ + a_n(x - x_0)(x - x_1)\cdots(x - x_{n-1}) \end{aligned} \tag{4-19}$$

其中 $a_0, a_1, \cdots, a_n$ 为待定系数，可由插值条件 $P_n(x_j) = f_j\ (j = 0,1,\cdots,n)$ 确定。由

$$\begin{cases} P_n(x_0) = a_0 = f_0 \\ P_n(x_1) = a_0 + a_1(x_1 - x_0) = f_1 \\ P_n(x_2) = a_0 + a_1(x_2 - x_0) + a_2(x_2 - x_0)(x_2 - x_1) = f_2 \\ \vdots \end{cases}$$

可推出

$$\begin{cases} a_0 = f_0 \\ a_1 = \dfrac{f_1 - f_0}{x_1 - x_0} \\ a_2 = \dfrac{\dfrac{f_2 - f_0}{x_2 - x_0} - \dfrac{f_1 - f_0}{x_1 - x_0}}{x_2 - x_1} \\ \vdots \end{cases}$$

依次可得到 $a_3, a_4, \cdots, a_n$。为写出系数的一般表达式，现引入差商（均差）的定义。

定义 4-5 设 $f(x)$ 在互异的节点 x_i 处的函数值为 $f_i\ (i = 0,1,\cdots,n)$，称

$$f[x_0, x_k] = \frac{f(x_k) - f(x_0)}{x_k - x_0} \quad (k \neq 0)$$

为 $f(x)$ 关于节点 $[x_0, x_k]$ 的一阶差商。

一阶差商 $f[x_0, x_1]$，$f[x_0, x_k]$ 的差商：

$$f[x_0, x_1, x_k] = \frac{f[x_0, x_k] - f[x_0, x_1]}{x_k - x_1} \quad (k \neq 0,1)$$

称为 $f(x)$ 关于节点 x_0, x_1, x_k 的二阶差商，记为 $f[x_0, x_1, x_k]$。递归地用 k−1 阶差商来定义 k 阶差商：

$$f[x_0, x_1, \cdots, x_k] = \frac{f[x_0, \cdots, x_{k-2}, x_k] - f[x_0, x_1, \cdots, x_{k-1}]}{x_k - x_{k-1}}$$

称为 $f(x)$ 关于 k+1 个节点 $x_0, x_1, \cdots, x_k$ 的 k 阶差商。

差商的计算表如表 4-5 所示。

表 4-5 差商计算表

x_k	$f(x_k)$	一阶差商	二阶差商	三阶差商	四阶差商
x_0	$f(x_0)$				
		$f[x_0, x_1]$			
x_1	$f(x_1)$		$f[x_0, x_1, x_2]$		
		$f[x_1, x_2]$		$f[x_0, x_1, x_2, x_3]$	
x_2	$f(x_2)$		$f[x_1, x_2, x_3]$		$f[x_0, x_1, \cdots, x_4]$
		$f[x_2, x_3]$		$f[x_1, x_2, x_3, x_4]$	
x_3	$f(x_3)$		$f[x_2, x_3, x_4]$		
		$f[x_3, x_4]$			
x_4	$f(x_4)$				

差商具有如下性质：

性质 1 k 阶差商以表示成 k+1 个函数值 $f(x_0), f(x_1), \cdots, f(x_k)$ 的线性组合，即

$$f[x_0, x_1, \cdots, x_{k-1}, x_k] = \sum_{j=0}^{k} \frac{f(x_j)}{(x_j - x_0)\cdots(x_j - x_{j-1})(x_j - x_{j+1})\cdots(x_j - x_k)}$$

这个性质也表明差商与节点的排列顺序无关（差商的对称性），即

$$f[x_0, x_1, \cdots, x_k] = f[x_1, x_0, x_2, \cdots, x_k] = \cdots = f[x_1, x_2, \cdots, x_k, x_0]$$

性质 2

$$f[x_0, x_1, \cdots, x_k] = \frac{f[x_1, \cdots, x_k] - f[x_0, \cdots, x_{k-1}]}{x_k - x_0}$$

性质 3 若 $f(x)$ 在 $[a,b]$ 上存在 n 阶导数，且节点 $x_0, \cdots, x_n \in [a,b]$，则 n 阶差商与导数关系如下：

$$f[x_0, x_1, \cdots, x_n] = \frac{f^{(n)}(\xi)}{n!}, \quad \xi \in [a,b]$$

例 4-4 已知下表，计算三阶差商

x_i	1	3	4	7
$f(x_i)$	0	2	15	12

解 列表计算

x_i	$f(x_i)$	一阶差商	二阶差商	三阶差商
1	0			
3	2	1		
4	15	13	4	
7	12	−1	−3.5	−1.25

4.3.2 牛顿插值公式

根据差商定义，把 x 看成 $[a,b]$ 上的一点，可得

$$\begin{aligned}
&f(x)=f(x_0)+f[x,x_0](x-x_0)\\
&f[x,x_0]=f[x_0,x_1]+f[x,x_0,x_1](x-x_1)\\
&f[x,x_0,x_1]=f[x_0,x_1,x_2]+f[x,x_0,x_1,x_2](x-x_2)\\
&\qquad\vdots\\
&f[x,x_0,\cdots,x_{n-1}]=f[x_0,x_1,\cdots,x_n]+f[x,x_0,\cdots,x_n](x-x_n)
\end{aligned}$$

只要把后一式代入前一式，得

$$\begin{aligned}
f(x)=&f(x_0)+f[x_0,x_1](x-x_0)+f[x_0,x_1,x_2](x-x_0)(x-x_1)+\cdots\\
&+f[x_0,x_1,\cdots,x_n](x-x_0)(x-x_1)\cdots(x-x_{n-1})\\
&+f[x,x_0,x_1,\cdots,x_n](x-x_0)(x-x_1)\cdots(x-x_n)
\end{aligned}\tag{4-20}$$

式（4-20）可记为

$$f(x)=N_n(x)+R_n(x)$$

其中

$$\begin{aligned}
N_n(x)=&f(x_0)+f[x_0,x_1](x-x_0)+f[x_0,x_1,x_2](x-x_0)(x-x_1)+\cdots\\
&+f[x_0,x_1,\cdots,x_n](x-x_0)(x-x_1)\cdots(x-x_{n-1})
\end{aligned}$$

$$R_n(x)=f(x)-N_n(x)=\frac{f^{(n+1)}(\xi)}{(n+1)!}\omega_{n+1}(x)=f[x,x_0,x_1,\cdots,x_n]\omega_{n+1}(x)$$

我们称 $N_n(x)$ 为牛顿（Newton）差商插值多项式，称 $R_n(x)$ 为牛顿差商插值多项式的截断误差。

例 4-5 依据如下函数值表建立不超过三次的拉格朗日插值多项式及牛顿插值多项式，并验证插值多项式的唯一性。

x	0	1	2	4
$f(x)$	1	9	23	3

解 （1）建立拉格朗日插值多项式。基函数为

$$l_0(x)=\frac{(x-1)(x-2)(x-4)}{(0-1)(0-2)(0-4)}=-\frac{1}{8}x^3+\frac{7}{8}x^2-\frac{7}{4}x+1$$

$$l_1(x)=\frac{(x-0)(x-2)(x-4)}{(1-0)(1-2)(1-4)}=\frac{1}{3}x^3-2x^2-\frac{8}{3}x$$

$$l_2(x)=\frac{(x-0)(x-1)(x-4)}{(2-0)(2-1)(0-4)}=-\frac{1}{4}x^3+\frac{5}{4}x^2-x$$

$$l_3(x)=\frac{(x-0)(x-1)(x-2)}{(4-0)(4-1)(4-2)}=\frac{1}{24}x^3-\frac{1}{8}x^2+\frac{1}{12}x$$

拉格朗日插值多项式为

$$L_3(x)=\sum f(x_i)l_i(x)=l_0(x)+9l_1(x)+23l_2(x)+3l_3(x)=-\frac{11}{4}x^3+\frac{45}{4}x^2-\frac{1}{2}x+1$$

（2）牛顿插值多项式。建立差商表如下：

		一阶差商	二阶差商	三阶差商
0	1			
1	9	8		
2	23	14	3	
4	3	−10	−8	

牛顿插值多项式为

$$N_3(x)=1+8(x-0)+3(x-0)(x-1)-\frac{11}{4}(x-0)(x-1)(x-2)$$

（3）唯一性验证。将牛顿插值多项式按 x 幂次排列，便得到

$$N_3(x)=-\frac{11}{4}x^3+\frac{45}{4}x^2-\frac{1}{2}x+1=L_3(x)$$

4.3.3 差分及其性质

定义 4-6 设 $f(x)$ 在等距节点 $x_k=x_0+kh$ 处的函数值为 $f_k(k=0,1,\cdots,n)$，称 $\Delta f_k=f_{k+1}-f_k(k=0,1,\cdots,n-1)$ 为 $f(x)$ 在 x_k 处的一阶向前差分；$\Delta^2 f_k=\Delta f_{k+1}-\Delta f_k$ 为

$f(x)$ 在 x_k 处的二阶向前差分；依次类推，$\Delta^m f_k = \Delta^{m-1} f_{k+1} - \Delta^{m-1} f_k$ 为 $f(x)$ 在 x_k 处的 m 阶向前差分。

在等距节点的前提下，差商与差分有如下关系：

$$f[x_i, x_{i+1}] = \frac{f_{i+1} - f_i}{x_{i+1} - x_i} = \frac{\Delta f_i}{h}$$

$$f[x_i, x_{i+1}, x_{i+2}] = \frac{f[x_{i+1}, x_{i+2}] - f[x_i, x_{i+1}]}{x_{i+2} - x_i} = \frac{\Delta f_{i+1} - \Delta f_i}{2h^2} = \frac{\Delta^2 f_i}{2h^2}$$

$$f[x_i, x_{i+1}, x_{i+2}, x_{i+3}] = \frac{f[x_{i+1}, x_{i+2}, x_{i+3}] - f[x_i, x_{i+1}, x_{i+2}]}{x_{i+3} - x_i} = \frac{\Delta^2 f_{i+1} - \Delta^2 f_i}{3 \cdot 2h^3} = \frac{\Delta^3 f_i}{3! \cdot h^3}$$

依次类推：

$$f[x_i, x_{i+1}, \cdots, x_{i+m}] = \frac{\Delta^m f_i}{m! \cdot h^m}$$

$$f[x_0, x_1, \cdots, x_k] = \frac{\Delta^k f_0}{k! \cdot h^k}$$

4.4 等距点分段线性插值

高次拉格朗日插值多项式由于龙格现象，边部畸变严重而无实用价值。观察图 4-1，若把等距节点观测值的散点直接用直线相连成为一条折线，则此折线从整体上可以很好地逼近曲线 $f(x)$，尽管它在散点附近是粗糙的（散点处有棱角不光滑），但却避免了龙格现象，因此比高次拉格朗日插值更可取，此折线对应的插值函数就叫作等距点分段线性拉格朗日插值多项式，记为 $L_{h_1}(t)$（马昌凤和林伟川，2006）。

以相邻的实际观测点为间隔，将观测区间 $[0,n]$ 分为几个子区间 $[j-1,j]$ $(j=1,2,\cdots,n)$，那么 $L_{h_1}(t)$ 应满足如下条件：

（1）插值条件，$L_{h_1}(i) = f_i\,(i=0,1,\cdots,n)$；

（2）整体连续条件，$L_{h_1}(t) \in C[0,n]$；

（3）在 $[j-1,j]\,(j=1,2,\cdots,n)$ 上线性。

根据上面条件，$L_{h_1}(t)$ 应构造为如下形式：

$$L_{h_1}(t)=\begin{cases} l_0(t)f_0+l_1(t)f_1, & t\in[0,1] \\ l_1(t)f_1+l_2(t)f_2, & t\in[1,2] \\ \quad\vdots & \\ l_{j-1}(t)f_{j-1}+l_j(t)f_j, & t\in[j-1,j] \\ \quad\vdots & \\ l_{n-1}(t)f_{n-1}+l_n(t)f_n, & t\in[n-1,n] \end{cases}$$

由式（4-7）知

$$\begin{cases} l_{j-1}(t)=-(t-j), \\ l_j(t)=t-j+1, \end{cases} \quad t\in[j-1,j] \quad (j=1,2,\cdots,n)$$

规定 $l_j(t)=0$，$t\overline{\in}(x_{j-1},x_{j+1})\ (j=1,2,\cdots,n-1)$。

可见 $l_j(t)$ 具有如下性质：

（1）在节点上等于克罗内克符号

$$l_j(i)=\delta_{ji}=\begin{cases} 0, & i\neq j \\ 1, & i=j \end{cases} \quad (i,j=0,1,\cdots,n)$$

由定义 4-2，$l_j(t)$ 就是 $L_{h_1}(t)$ 的插值基函数。

（2）归一性：对于任一 $t\in[j-1,j]\ (j=1,2,\cdots,n)$ 有

$$\sum_{i=0}^{n} l_j(t)=l_{j-1}(t)+l_j(t)=-(t-j)+(t-j+1)\equiv 1 \tag{4-21}$$

（3）局部非零性

$$l_j(t)\begin{cases} =1, & t=j \\ >0, & t\in(j-1,j+1) \\ =0, & t\overline{\in}(j-1,j+1) \end{cases} \tag{4-22}$$

于是可将 $L_{h_1}(t)$ 改写成如下形式

$$L_{h_1}(t)=\sum_{j=0}^{n} l_j(t)f_j, \quad t\in[0,n]$$

实际用于编制计算机程序的公式是

$$L_{h_1}(t)=-(t-j)f_{j-1}+(t-j+1)f_j \quad (j=1,2,\cdots,n,\ t\in[j-1,j]) \tag{4-23}$$

或

$$L_{h_1}(t)=f_j-(j-t)(f_j-f_{j-1}) \quad (j=1,2,\cdots,n,\ t\in[j-1,j])$$

随着计算点在不同子区间的变动，使上式子区间号 j 和计算点位 t 也随之变化即可。

4.5 等距点三次样条插值

4.5.1 问题的提出

分段线性拉格朗日插值虽然克服了高阶拉格朗日插值的数值不稳定性，不会出现龙格现象的严重错误，但是在各段接头点处不光滑（左右导数不相等），这就限制了它精度的提高。改善局部光滑性的方法理论上可以用埃尔米特（Hermite）插值，它除要求符合插值条件外，还要求被插值函数在节点处的导数值已知并等于插值多项式的导数值，这当然保证了函数的光滑性。但是对于物探，被逼近函数都是列表函数，这就需要求实测导数 $y'=\lim_{\Delta x\to 0}\Delta y/\Delta x$，然而相应的物探水平梯度测量只能确定 $\Delta y/\Delta x$，要使 $\Delta y/\Delta x\approx y'$，应减小 Δx，但 Δx 越小，观测误差和浅部影响就越大，梯度值越不可靠，这是物探水平梯度测量的致命弱点，因此对于物探计算，埃尔米特插值乃是纸上谈兵的方法，是无法应用的（吕玉增等，2011）。本节介绍的三次样条插值法不要求区间内部节点的导数值已知，除插值条件和附加的边界条件外，只要 $f(x)$ 在内节点处二阶导数连续，即可在相邻两节点的开区间内构造出高精度的二点三次插值多项式（而不是一次式），从而具有二阶光滑性，大大地提高插值精度（爨莹，2014）。它是一种甚为完美的插值法。

4.5.2 基本概念

三次样条插值的实质，概括地说就是“分段二点插值，接头点光滑连接”。其几何意义是一条将相邻节点观测值光滑连接的曲线。

“样条”本是工程制图用的细长弹性木条，把它在各定值点（即样点）卡住，其他地方自由弯曲，画下来的曲线十分光滑，称为样条曲线。后经数学家证实，这种曲线具有二阶光滑性，它对应的函数在全区间具有二阶连续导数，且在相邻样点（即节点）间为三次式，于是称这种函数为三次样条函数，因它在样点上等于给定值，故称为三次样条插值函数，记为 $S(x)$（石辛民，2006）。

设 $[a,b]$ 区间的 $n+1$ 个等距观测点和观测值分别为 $x_0=a<x_1<\cdots<x_n=b$ 和 $f_0,f_1,\cdots,f_n$，以节点为分点将 $[a,b]$ 分为 n 个子区间 $[x_{j-1},x_j]$ $(j=1,2,\cdots,n)$，仍记点距为 h、$x=a+th$、$x_j=a+jh$，则节点和子区间可分别表示为 $j=0,1,\cdots,n$ 和 $[j-1,j]$ $(j=1,2,\cdots,n)$。

定义 4-7　若$S(x)$满足:

（1）在$[0,n]$上分段定义，记为

$$S(t)=\begin{cases} S_1(t), & t\in[0,1] \\ S_2(t), & t\in[1,2] \\ \vdots & \\ S_j(t), & t\in[j-1,j] \\ \vdots & \\ S_n(t), & t\in[n-1,n] \end{cases}$$

（2）在$[j-1,j]$上$S_j(t)$为三次多项式;

（3）内节点有连续的二阶导数，即

$$S_j^{(k)}(j-0)=S_{j+1}^{(k)}(j+0)\quad(k=0,1,2)\quad(j=1,2,\cdots,n-1) \tag{4-24}$$

（4）插值条件

$$S(i)=f(i)\quad(i=0,1,\cdots,n) \tag{4-25}$$

则称$S(t)$为等距点三次样条插值多项式；构造$S(x)$，并且计算任意$t\in[0,n]$点的$S(x)$值，作为$f(t)$的近似值的方法叫等距点三次样条插值法。

在用待定系数法构造拉格朗日插值多项式时已指出：构造插值多项式需要与待定系数相同数目的已知条件。对于$S(x)$，由（2）知，$S_j(t)$是三次式，则有 4 个待定系数，而$S(x)$包含n个$S_j(t)$ $(j=1,2,\cdots,n)$，所以共有$4n$个待定系数。再看已知条件的个数，由式（4-24）得到$3(n-1)$个，由式（4-25）给出$n+1$个，共$4n-2$个，还少 2 个已知条件。我们自然地想到被插值函数的某种特殊性质往往会从两个边界点反映出来，于是只要补充两个合适的边界条件即可构造出$S(t)$。

对于物探异常，有如下三种情况的边界条件。

（1）由于重力场、地磁场、稳定电流场在距场源“无限远”处满足位场的自然边值条件，即上述异常观测值在测区边部渐趋于零，这时边界外侧的场函数相当于一斜线，对应一次式；其一阶导数为常数，对应一条水平线；二阶导数为零，即$S''(0)=0$和$S''(n)=0$。这种边界条件的几何意义是$S(t)$由边界点向外自然伸直，故称为自然边界条件。此时构成的样条函数称为三次自然样条插值函数（吕玉增等，2011）。

（2）某些单斜构造地区的物探异常在相邻测区具有一定周期性，则可将场函数当成以测线长度n为周期的函数；此外当测区边部有一定宽度的正常场范围时，也可近似将场函数看作周期函数。于是有：$f_0^{(k)}=f_n^{(k)}(k=0,1,2)$，则可给出$S_n^{(k)}(0+0)=S^{(k)}(n-0)$ $(k=0,1,2)$的边界条件，称为周期边界条件。此时构成的$S(t)$称为周期三次样条插值函数。

（3）若边界两侧$f(x)$近于两条斜率不同的下倾直线时，记其斜率分别为f_0'（常数）和f_n'（常数），则可给出位场第二类边界条件$S'(0)=f_0'$和$S'(n)=f_n'$。

4.5.3　$S_j(t)$的构造方法

1. 设计思路

基于$S_j(t)$在$[j-1,j]$上为三次式$S''(t)$连续，则$S''(t)$是一次多项式，故可退一步先建立$S''(t)$的线性插值多项式，将$S''(t)$用节点的$S''(j-1)$和$S''(j)$表示（注意，此时$S''(j-1)$或$S''(j)$是未知的），记

$$M_j=S''(j)\quad (j=0,1,\cdots,n)$$

然后再作两次不定积分，并用插值条件确定出积分常数，得到$S(t)$关于M_{j-1}和M_j的关系式。

由于此时M_j是未知的，还需求M_j，方法是利用已知条件消去$S(t)$与M_j关系式中的$S(t)$，建立$n+1$个M_j与各个观测值f_j的线性方程组，并选适当边界条件解出$n+1$个M_j，再代入$S(t)$，得到$S(t)$关于各原始观测值f_j的关系式，这时完成了$S(t)$的构造。最后就可用$S(t)$计算任意点的$f(t)=f(x)$。

2. $S_j(t)$的结构形式

由式（4-23）可得

$$S_j''(t)=-(t-j)M_{j-1}+(t-j+1)M_j,\quad t\in[j-1,j]\quad (j=1,2,\cdots,n) \tag{4-26}$$

对式（4-26）两次积分

$$S_j'(t)=-\frac{1}{2}(t-j)^2M_{j-1}+\frac{1}{2}(t-j+1)^2M_j+C_1 \tag{4-27}$$

$$S_j(t)=-\frac{1}{6}(t-j)^3M_{j-1}+\frac{1}{6}(t-j+1)^3M_j+C_1t+C_2 \tag{4-28}$$

用插值条件确定式（4-28）中的常数C_1、C_2：将式（4-26）代入式（4-28）

$$f_j=S(j)=\frac{M_j}{6}+C_1j+C_2 \tag{4-29}$$

$$f_{j-1}=S(j-1)=\frac{M_{j-1}}{6}+C_1j-C_1+C_2 \tag{4-30}$$

联立式（4-29）、式（4-30）求出C_1、C_2。

$$C_1 = f_j - f_{j-1} + \frac{1}{6}M_{j-1} - \frac{1}{6}M_j \tag{4-31}$$

$$C_2 = f_j - \frac{1}{6}M_j C_1 j \tag{4-32}$$

所以有

$$\begin{aligned} C_1 t + C_2 &= C_1 t + f_j - \frac{1}{6}M_j - C_1 j = C_1(t-j) + f_j - \frac{1}{6}M_j \\ &= \left(f_j - f_{j-1} + \frac{1}{6}M_{j-1} - \frac{1}{6}M_j\right)(t-j) + f_j - \frac{1}{6}M_j \\ &= -(t-j)f_{j-1} + (t-j+1)f_j + \frac{1}{6}(t-j)M_{j-1} - \frac{1}{6}(t-j+1)M_j \end{aligned} \tag{4-33}$$

式（4-33）代入式（4-28），得

$$\begin{aligned} S_j(t) = &-(t-j)f_{j-1} + (t-j+1)f_j + \frac{t-j}{6}\left[1-(t-j)^2\right]M_{j-1} \\ &- \frac{t-j+1}{6}\left[1-(t-j+1)^2\right]M_j, \quad t \in [j-1, j] \quad (j = 1, 2, \cdots, n) \end{aligned} \tag{4-34}$$

细心的读者会发现，上式前两项就是子区间$[j-1, j]$的线性插值公式，后两项是三次式，正是它们提高了$S(t)$的光滑性，所以可看作是对线性公式的修正项。为了减少乘法次数，改写为

$$\begin{aligned} S_j(t) = &-(t-j)\left\{f_{j-1} - \frac{M_{j-1}}{6}\left[1-(t-j)^2\right]\right\} \\ &+ (t-j+1)\left\{f_j - \frac{1}{6}M_j\left[1-(t-j+1)^2\right]\right\}, \quad t \in [j-1, j] \quad (j = 1, 2, \cdots, n) \end{aligned} \tag{4-35}$$

花括号中的第二项可以看作是第一项的修正项。因而说，三次样条插值是在分段线性插值的基础上加以光滑修饰而成的分段二点三次插值法。

3. 建立待定量 $M_j\ (j = 0, 1, \cdots, n)$ 的线性方程组

利用式（4-24）的一阶导数连续性

$$S_j'(j-0) = S_{j+1}'(j+0) \tag{4-36}$$

从式（4-27）消去$S_j'(t)$剩下M_j与f_j的关系式：

$$S_j'(t)=-\frac{1}{2}(t-j)^2M_{j-1}+\frac{1}{2}(t-j+1)^2M_j+\frac{1}{6}M_{j-1}$$
$$-\frac{1}{6}M_j-f_{j-1}+f_j \quad t\in[j-1,j] \tag{4-37}$$

上式下标加 1 得 $t\in[j,j+1]$ 的 $S_{j+1}'(t)$ 关系式：

$$S_{j+1}'(t)=-\frac{1}{2}(t-j-1)^2M_j+\frac{1}{2}(t-j)^2M_{j+1}$$
$$+\frac{1}{6}M_j-\frac{1}{6}M_{j+1}-f_j+f_{j+1},\ t\in[j,j+1] \tag{4-38}$$

式（4-37）、式（4-38）的 t 取 j，则分别得 $S_j'(j-0)$ 和 $S_{j+1}'(j+0)$ 为

$$S_j'(j-0)=\frac{1}{6}M_{j-1}+\frac{1}{3}M_j-f_{j-1}+f_j \quad (j=1,2,\cdots,n-1) \tag{4-39}$$

$$S_{j+1}'(j+0)=-\frac{1}{3}M_j-\frac{1}{6}M_{j+1}-f_j+f_{j+1} \quad (j=1,2,\cdots,n-1) \tag{4-40}$$

由式（4-36）可知，式（4-39）=式（4-40），于是两端相等，整理后得下面关于 $n+1$ 个待定量 $M_0,M_1,\cdots,M_n$ 的线性方程组

$$M_{j-1}+4M_j+M_{j+1}=g_j \quad (j=1,2,\cdots,n-1) \tag{4-41}$$

式中

$$g_j=6\left[(f_{j+1}-f_j)-(f_j-f_{j-1})\right]=6(\Delta f_{j+1}-\Delta f_j) \tag{4-42}$$

其中

$$\Delta f_j=f_j-f_{j-1} \quad (j=1,2,\cdots,n) \tag{4-43}$$

方程组（4-41）的方程个数是 $n-1$，而待定量有 $n+1$ 个，还需要两个边界条件才能求解。

4. 给定边界条件求解 $M_j\ (j=0,1,\cdots,n)$

（1）自然边界条件 $M_0=M_n=0$，则

$$\begin{pmatrix}4 & 1 & & & \\ 1 & 4 & 1 & & \\ & \ddots & \ddots & \ddots & \\ & & 1 & 4 & 1 \\ & & & 1 & 4\end{pmatrix}\cdot\begin{pmatrix}M_1\\ M_2\\ \vdots\\ M_{n-2}\\ M_{n-1}\end{pmatrix}=\begin{pmatrix}g_1\\ g_2\\ \vdots\\ g_{n-2}\\ g_{n-1}\end{pmatrix} \tag{4-44}$$

为 $n-1$ 阶封闭的三对角方程组，其具有强对角优势，有唯一解。

（2）第二类边界条件 $S'(0)=f_0'$ ，$S'(n)=f_n'$ ，分别令式（4-40）、式（4-39）中的 $j=0$ 或 n ，得

$$\begin{cases} f_0' = -\frac{1}{3}M_0 - \frac{1}{6}M_1 - f_0 + f_1 \\ f_n' = \frac{1}{6}M_{n-1} + \frac{1}{3}M_n - f_{n-1} + f_n \end{cases}$$

即

$$2M_0 + M_1 = 6(f_1 - f_0 - f_0') \tag{4-45}$$

$$M_{n-1} + 2M_n = 6\left[f_n' - (f_n - f_{n-1})\right] \tag{4-46}$$

记

$$\begin{cases} g_0 = 6(f_1 - f_0 - f_0') = 6(\Delta f_1 - f_0') \\ g_n = 6[f_n' - [f_n - f_{n-1}]] = 6(f_n' - \Delta f_n) \end{cases} \tag{4-47}$$

则

$$\begin{cases} 2M_0 + M_1 = g_0 \\ M_{n-1} + 2M_n = g_n \end{cases} \tag{4-48}$$

合并式（4-48）到式（4-44）中，有

$$\begin{pmatrix} 2 & 1 & & & & \\ 1 & 4 & 1 & & & \\ & 1 & 4 & 1 & & \\ & & \ddots & \ddots & \ddots & \\ & & & 1 & 4 & 1 \\ & & & & 1 & 2 \end{pmatrix} \cdot \begin{pmatrix} M_0 \\ M_1 \\ M_2 \\ \vdots \\ M_{n-1} \\ M_n \end{pmatrix} = \begin{pmatrix} g_0 \\ g_1 \\ g_2 \\ \vdots \\ g_{n-1} \\ g_n \end{pmatrix} \tag{4-49}$$

为 $n+1$ 阶封闭的三对角方程组，也具有强对角优势，有唯一解。

（3）周期边界条件。

合并式（4-45）、式（4-46）

$$2M_0 + M_1 + M_{n-1} + 2M_n = 6[f_1 - f_0 - f_0' + f_n' - f_n + f_{n-1}]$$

由 $S_1'(0+0) = S_n'(n-0)$ ，有 $f_0' = f_n'$ ，代入上式得

$$2M_0 + M_1 + M_{n-1} + 2M_n = 6\left[f_1 - f_0 - f_n + f_{n-1}\right]$$

再将$S_1''(0+0)=S_n''(n-0)$，即$M_0=M_n$代入上式得

$$M_1+M_{n-1}+4M_n=g_n \tag{4-50}$$

其中

$$g_n=6[(f_1-f_0)-(f_n-f_{n-1})]=6(\Delta f_i-\Delta f_n) \tag{4-51}$$

[由$f(x)$的周期性，$f_1=f_{n+1}$，$f_0=f_n$，故可以认为上式是式（4-42）中的$j=0$或n的情况。] 将式（4-49）合并到式（4-44），并注意到第一个方程的$M_0=M_n$，有

$$\begin{pmatrix} 4 & 1 & & & 1 \\ 1 & 4 & 1 & & \\ & \ddots & \ddots & \ddots & \\ & & 1 & 4 & 1 \\ 1 & & & 1 & 4 \end{pmatrix} \cdot \begin{pmatrix} M_1 \\ M_2 \\ \vdots \\ M_{n-1} \\ M_n \end{pmatrix} = \begin{pmatrix} g_1 \\ g_2 \\ \vdots \\ g_{n-1} \\ g_n \end{pmatrix} \tag{4-52}$$

为n阶封闭的方程组，其系数阵对称且各阶前主子式都大于零，故正定，有唯一解。可用 Cholesky 分解法解出M_j（$j=1,2,\cdots,n$；其中$M_n=M_0$）。

5. $S_j(t)$的构造

将$M_0\sim M_n$中的M_{j-1}、M_j代入式（4-35），则完成$S_j(t)$的构造，然后就可以计算任意t点的插值$S_j(t)=S(t)$，$t\in[j-1,j]$ $(j=1,2,\cdots,n)$。当计算点较节点少得多时，可以只形成包含计算点的子区间的插值多项式，不必构造所有子区间的插值函数。

顺便指出，上述构造方法是有力学背景的，$S''(j)=M_j$在材料力学中被称为细梁在x_j截面处的弯矩，由三对角方程组知，弯矩M_j只与相邻的两个弯矩M_{j-1}和M_{j+1}有关，故上述三对角方程组称为三弯矩方程组，这种构造$S(t)$的方法就叫三弯矩构造法。此外，还可以用$S'(j)=m_j$形成关于m_j的三对角方程组，并构造$S(t)$，m_j在力学上被解释为细梁在x_j截面处的转角，故这种方程组及$S(t)$的构造法亦称为三转角方程组和三转角构造法（Gautschi，2011）。两种构造法的方程组系数矩阵形式完全一样，只是右端项的内容不同。

例 4-6 已知

j	0	1	2	3	4	5
f_j	2.768	2.833	2.903	2.979	3.062	3.153

且$f(x)$符合自然边界条件，求$S(0.5)$、$S(3.3)$。

解 由已知$M_0=M_5=0$，只需计算g_1,g_2,g_3,g_4，列表计算如下：

j	f_j	$\Delta f_j = f_j - f_{j-1}$	$\Delta f_{j+1} - \Delta f_j$	$g_j = 6\left(\Delta f_{j+1} - \Delta f_j\right)$
5	3.153	0.091	0.008	0.048
4	3.062	0.083	0.007	0.042
3	2.979	0.076	0.006	0.036
2	2.903	0.070	0.005	0.030
1	2.833	0.065		
0	2.768			

由 g_j 形成的方程组

$$\begin{pmatrix} 4 & 1 & & \\ 1 & 4 & 1 & \\ & 1 & 4 & 1 \\ & & 1 & 4 \end{pmatrix} \cdot \begin{pmatrix} M_1 \\ M_2 \\ M_3 \\ M_4 \end{pmatrix} = \begin{pmatrix} 0.030 \\ 0.036 \\ 0.042 \\ 0.048 \end{pmatrix}$$

用追赶法求解：

$$u_1 = \frac{1}{4}, \quad v_1 = \frac{g_1}{4} = \frac{0.03}{4}, \quad u_2 = 1\bigg/\left(4 - \frac{1}{4}\right) = \frac{4}{15}, \quad u_3 = 1\bigg/\left(4 - \frac{4}{15}\right) = \frac{15}{56}$$

$$v_2 = \frac{4}{15}\left(0.036 - \frac{0.03}{4}\right) = \frac{0.114}{15}, \quad v_3 = \frac{15}{56}\left(0.042 - \frac{0.114}{15}\right) = \frac{0.516}{56}$$

$$M_4 = \left(0.048 - \frac{0.516}{56}\right)\bigg/\left(4 - \frac{15}{56}\right) = (0.048 \times 56 - 0.516) / (4 \times 56 - 15) = \frac{2.712}{209} = 0.0130$$

$$M_3 = v_3 - u_3 M_4 = \frac{1}{56}\left(0.516 - 15M_4\right) = 0.006431$$

$$M_2 = v_2 - u_2 M_3 = \frac{1}{15}\left(0.114 - 4M_3\right) = 0.005885$$

$$M_1 = v_1 - u_1 M_2 = \frac{1}{4}\left(0.03 - M_2\right) = 0.006029$$

由

$$S_1(0.5) = 0.5(2.768 + 2.833) - \frac{0.5}{6} 0.75 M_1 = 2.800$$

$$S_4(3.3) = 0.7\left(2.979 + \frac{0.51}{6} M_3\right) + 0.3\left(3.062 - \frac{0.91}{6} M_1\right) = 3.003$$

第 5 章　数值积分与微分

5.1　数值积分的基本概念

5.1.1　数值积分问题的提出

地球物理数值计算中很多都需要运用到数值积分与数值微分，这是因为观测数据总是离散函数。数值微分的本质在于找到“求导”的替代方法，以简化微分。常规的微分学和积分学的公式都是对连续自变量的函数而言的，而快速电子计算机只能处理离散信号（肖筱南，2016）。一切连续信号都必须离散为数字信号，而连续系统的分析运算也必须离散化，采用数值微分与数值积分公式，才能在计算机上处理，例如：

（1）在重力异常计算中，不规则形状的三度体产生的重力异常通常先用解析法计算每一薄片在计算点的作用值，最后，需要对所有薄片的作用值进行数值积分得到整个三度体产生的异常，即

$$\Delta g = G\sigma\iiint\frac{\zeta\,\mathrm{d}\xi\,\mathrm{d}\eta\,\mathrm{d}\zeta}{\left(\xi^2+\eta^2+\zeta^2\right)^{3/2}} \tag{5-1}$$

式中需要进行积分，可以采用数值积分进行计算。

（2）在位场转换中，会利用地面观测场 $u(\xi,0)$ 求地面上方 h 高度平面各点 $(x,-h)$ 的场 $u(x,-h)$

$$u(x,-h)=\frac{h}{\pi}\int_{-\infty}^{\infty}\frac{u(\xi,0)}{(x-\xi)^2+h^2}\mathrm{d}\xi \tag{5-2}$$

由于定积分号内的 $u(\xi,0)$ 是列表函数，可以采用数值积分方法中的高斯积分法计算。

5.1.2　数值积分的基本思想和类型

数值积分的本质在于将积分空间离散化，通过离散空间面积的叠加获得需要的积分数值（Gupta and Agarwal，2014）。根据微积分基本定理，对于积分

$$I=\int_a^b f(x)\mathrm{d}x \tag{5-3}$$

只要能够找到被积函数 $f(x)$ 的原函数 $F(x)$，便可以根据牛顿-莱布尼茨（Newton-Leibniz）公式写出：

$$\int_a^b f(x)\mathrm{d}x=F(b)-F(a) \tag{5-4}$$

但事实上，使用该公式进行求积时，往往会遇到困难，因为有大量形式非常简单的被积函数，如 $\dfrac{\sin x}{x}(x\neq 0)$、$\mathrm{e}^{2x}$、$\dfrac{1}{\ln x}$ 等，它们的原函数不能用初等函数来表示，即使能求得原函数，但因其原函数复杂，积分计算也非常困难。

对于地球物理而言，其观测值都是离散的，大部分情况下都是对列表函数 $f(x)$ 的积分 $I^*=\int_a^b f(x)\mathrm{d}x$，已知的是 $f(x)$ 在区间 $[a,b]$ 上 $n+1$ 个节点 $x_0=a<x_1<\cdots<x_n=b$ 的观测值 $f_0,f_1,\cdots,f_n$，运用插值的思想，是否可以用它们的插值多项式 $\phi(x)$ 的积分 $I=\int_a^b \phi(x)\mathrm{d}x$ 近似代替 I^*。从几何意义上讲，就是用 $[a,b]$ 上插值曲线 $\phi(x)$ 与 x 轴所夹的面积，代替 $f(x)$ 曲线与 x 轴所夹的面积。运用这种求积思想，以 $L_n(x)$ 为例有

$$I=\int_a^b L_n(x)\mathrm{d}x=\int_a^b \sum_{i=0}^{n} l_i(x)f_i\mathrm{d}x=\sum_{i=0}^{n}\left[\int_a^b l_i(x)\mathrm{d}x\right]f_i \tag{5-5}$$

由积分知识可知，多项式函数 $l_i(x)$ 的原函数 $\left(\int l_i(x)\mathrm{d}x\right)$ 仍是多项式函数，记为 $F(x)$，而它的黎曼积分 $\left(\int_a^b l_i(x)\mathrm{d}x\right)$ 则等于 $F(b)-F(a)$，是确定的数值，称为求积系数，记为 A_i，则有

$$I=\int_a^b L_n(x)\mathrm{d}x=\sum_{i=0}^{n} A_i f_i \tag{5-6}$$

其中

$$A_i=\int_a^b l_i(x)\mathrm{d}x \quad (i=0,1,\cdots,n) \tag{5-7}$$

公式（5-6）表明，函数在一个区间的数值积分，可以看作对所选节点观测值的加权和（或线性组合），而求积系数 A_i 就是观测值的权系数。这种积分方法的特点就是将积分求值问题转化为被积函数值的计算，这样就巧妙地避开了牛顿-莱布尼茨公式所需要的原函数的弊端，很适合做数值计算。

5.1.3 精度的衡量指标

1. 求积余项

由于 $f(x)=\phi(x)+R(x)$，所以有

$$\int_a^b f(x)\mathrm{d}x-\int_a^b \phi(x)\mathrm{d}x=\int_a^b R(x)\mathrm{d}x$$

记

$$R[f,I]=\int_a^b R(x)\mathrm{d}x \tag{5-8}$$

称 $R[f,I]$ 为用插值多项式 $\phi(x)$ 的积分 I 代替列表函数 $f(x)$ 积分 I^* 的截断误差或求积余项，它等于用 $\phi(x)$ 逼近 $f(x)$ 的余项 $R(x)$ 在 $[a,b]$ 的积分。

2. 代数精度

数值求积方法是近似方法，因此为了保证精度，希望求积公式能对“尽可能多”的函数准确地成立，这就提出了代数精度的概念（王新民和术洪亮，2005）。

如果某个求积公式对于次数不超过 n 的多项式均能准确地成立，但对于 n+1 次多项式就不能准确成立，则称该求积公式具有 n 次代数精度。

对于某个特定的近似求积公式

$$\int_a^b f(x)\mathrm{d}x\approx\sum_{i=0}^n A_i f_i \tag{5-9}$$

A_i 当作已知的求积系数。为了检验 $\sum_{i=0}^n A_i f_i$ 逼近 $\int_a^b f(x)\mathrm{d}x$ 的精度，可以取 n 次多项式代替上式左端的函数，以它在 $n+1$ 个节点的计算值代入上式的右端，并利用解析公式计算出它左端的积分，这时若能使上式精确成立，就是该求积公式具有 n 次代数精度。

例如 n=1 时，取 $a=x_0$，$b=x_1$，求积公式为

$$I=\int_a^b f(x)\mathrm{d}x\approx A_0 f(a)+A_1 f(a)$$

建立线性方程组，令

$$\begin{cases} A_0+A_1=b-a \\ A_0 a+A_1 b=\dfrac{1}{2}\left(b^2-a^2\right) \end{cases}$$

解得 $A_0=A_1=(b-a)/2$。于是可得

$$I=\int_a^b f(x)\mathrm{d}x \approx \frac{b-a}{2}[f(a)+f(b)] \tag{5-10}$$

式（5-10）即为梯形公式，它用通过两点 $(a,f(a))$ 、$(b,f(b))$ 的直线近似代替曲线 $f(x)$，当 $f(x)=x$ 时，式（5-10）显然成立，当 $f(x)=x^2$ 时，该式并不成立，因为

$$\frac{b-a}{2}[a^2+b^2] \neq \int_a^b x^2\mathrm{d}x=\frac{1}{3}(b^2-a^2)$$

因此梯度公式（5-10）的代数精度为 1。

显然，n 越大，求积公式就能对“尽可能多”的函数准确地成立，因此代数精度 n 是衡量一个求积公式好坏的指标。

3. 收敛性与稳定性

在求积公式（5-6）中，若

$$\lim_{\substack{x\to\infty \\ h\to 0}} \sum_{i=0}^{n} A_i f(x_i)=\int_a^b f(x)\mathrm{d}x$$

其中 $h=\max\limits_{1\leqslant j\leqslant n}\left\{x_j-x_{j-1}\right\}$，则求积公式是收敛的。

定理 5-1　若求积公式中的系数 $A_i>0(k=0,1,\cdots,n)$，则求积公式是稳定的。证明从略。

例 5-1　判定以下求积公式的代数精确度：

（1）$\int_{-1}^{1} f(x)\mathrm{d}x \approx \frac{1}{2}[f(-1)+2f(0)+f(1)]$；

（2）$\int_{-1}^{1} f(x)\mathrm{d}x \approx f\left(-\frac{1}{\sqrt{3}}\right)+f\left(\frac{1}{\sqrt{3}}\right)$。

解　（1）当 $f(x)$ 分别为常数 1 或 x 时，

$$2 \xleftarrow{f(x)\equiv 1} \int_{-1}^{1} f(x)\mathrm{d}x \approx \frac{1}{2}[f(-1)+2f(0)+f(1)] \xrightarrow{f(x)\equiv 1} 2$$

$$0 \xleftarrow{f(x)=x} \int_{-1}^{1} f(x)\mathrm{d}x \approx \frac{1}{2}[f(-1)+2f(0)+f(1)] \xrightarrow{f(x)=x} 0$$

左右相等。当 $f(x)$ 分别为常数 x^2 或 x^3 时，

$$\frac{2}{3} \xleftarrow{f(x)=x^2} \int_{-1}^{1} f(x)\mathrm{d}x \approx \frac{1}{2}[f(-1)+2f(0)+f(1)] \xrightarrow{f(x)=x^2} 1$$

$$\frac{1}{2} \xleftarrow{f(x)=x^3} \int_{-1}^{1} f(x)\mathrm{d}x \approx \frac{1}{2}[f(-1)+2f(0)+f(1)] \xrightarrow{f(x)=x^3} 0$$

（2）当 $f(x)$ 分别为常数 1 或 $\left\{1,x,x^2,x^3\right\}$ 时

$$2 \xleftarrow{f(x)=1} \int_{-1}^{1} f(x)\mathrm{d}x \approx f\left(-\frac{1}{\sqrt{3}}\right)+f\left(\frac{1}{\sqrt{3}}\right) \xrightarrow{f(x)=1} 2$$

$$0 \xleftarrow{f(x)=x} \int_{-1}^{1} f(x)\mathrm{d}x \approx f\left(-\frac{1}{\sqrt{3}}\right)+f\left(\frac{1}{\sqrt{3}}\right) \xrightarrow{f(x)=x} 0$$

$$\frac{2}{3} \xleftarrow{f(x)=x^2} \int_{-1}^{1} f(x)\mathrm{d}x \approx f\left(-\frac{1}{\sqrt{3}}\right)+f\left(\frac{1}{\sqrt{3}}\right) \xrightarrow{f(x)=x^2} \frac{2}{3}$$

$$0 \xleftarrow{f(x)=x^3} \int_{-1}^{1} f(x)\mathrm{d}x \approx f\left(-\frac{1}{\sqrt{3}}\right)+f\left(\frac{1}{\sqrt{3}}\right) \xrightarrow{f(x)=x^3} 0$$

$$\frac{2}{5} \xleftarrow{f(x)=x^4} \int_{-1}^{1} f(x)\mathrm{d}x \approx f\left(-\frac{1}{\sqrt{3}}\right)+f\left(\frac{1}{\sqrt{3}}\right) \xrightarrow{f(x)=x^4} \frac{2}{9}$$

结论：由此可知（1）和（2）的代数精度分别为 1 和 3。代数精确度越高，公式精确成立的多项式的次数越高，求积公式越精确。

5.2 牛顿-科茨求积公式

5.2.1 牛顿-科茨公式形式

将等距点的 n 次拉格朗日插值函数 $l_j(t)$ 的表达式代入式（5-5）、式（5-7），得到 n 阶牛顿-科茨（Newton-Cotes）积分公式（简写为 n 阶 N-C 公式）

$$\int_a^b f(x)\mathrm{d}x = \sum_{i=0}^{n} A_i f_i, \quad A_i = \int_a^b l_i(x)\mathrm{d}x$$

记 $x = a + th$，应有 $l_i(x) = l_i(t)$，代入上式，可得

$$A_i = \int_0^n l_i(t)\mathrm{d}(a+th) = h\int_0^n l_i(t)\mathrm{d}t$$

或

$$A_i = \frac{1}{n}(b-a)\int_0^n l_i(t)\mathrm{d}t$$

记

$$C_i = \frac{1}{n}\int_0^n l_i(t)\mathrm{d}t = \frac{(-1)^{n-i}}{ni!(n-i)!}\int_0^n \frac{t(t-1)\cdots(t-n)}{(t-i)}\mathrm{d}t \quad (i=0,1,\cdots,n) \qquad (5\text{-}11)$$

式中，C_i 称为牛顿-科茨系数，其与区间无关，对于给定的 n 和 $i=0,1,\cdots,n$ 可逐个计算出各 C_i，则

$$\int_a^b f(x)\mathrm{d}x = (b-a)\sum_{i=0}^{n} C_i f_i \tag{5-12}$$

该式称为n阶牛顿-科茨求积公式。其中$n=1$时，有

$$C_0 = -\int_0^1 (t-1)\mathrm{d}t = \frac{1}{2},\ \ C_1 = \int_0^1 t\mathrm{d}t = \frac{1}{2}$$

代入式（5-12），可以得到梯度公式（5-10），重新记作

$$T = \int_a^b f(x)\mathrm{d}x = \frac{b-a}{2}(f_a + f_b) \tag{5-13}$$

当$n=2$时，此时牛顿-科茨系数为

$$C_0 = \frac{1}{4}\int_0^2 (t-1)(t-2)\mathrm{d}t = \frac{1}{6},\ \ C_1 = -\frac{1}{2}\int_0^2 t(t-2)\mathrm{d}t = \frac{4}{6},\ \ C_2 = \frac{1}{4}\int_0^2 (t-1)t\mathrm{d}t = \frac{1}{6}$$

对应的求积公式为

$$S = \frac{b-a}{6}\left(f_a + 4f_{(a+b)/2} + f_b\right) \tag{5-14}$$

称为辛普森公式或抛物线公式。

当$n=4$时，此时牛顿-科茨公式称为科茨公式，其形式为

$$C = \frac{b-a}{90}\left(7f(x_0) + 32f(x_1) + 12f(x_2) + 32f(x_3) + 7f(x_4)\right) \tag{5-15}$$

其中$h=(b-a)/4$，$x_k = a + kh\ \ (k=0,1,2,3,4)$。

对于一般情况下的n阶牛顿-科茨系数，前人已将它们制成表格，称为 N-C 系数表（表 5-1），计算$[a,b]$内$n+1$个观测值$f_0 - f_n$的积分时，可直接查表，选出C_i $(i=0,1,\cdots,n)$，代入式（5-12）即可。

表 5-1　N-C 系数表

n	C_i				
1	$\frac{1}{2}$	$\frac{1}{2}$			
2	$\frac{1}{6}$	$\frac{2}{3}$	$\frac{1}{6}$		
3	$\frac{1}{8}$	$\frac{3}{8}$	$\frac{3}{8}$	$\frac{1}{8}$	
4	$\frac{7}{90}$	$\frac{16}{45}$	$\frac{2}{15}$	$\frac{16}{45}$	$\frac{7}{90}$

续表

n	C_i									
5	$\frac{19}{288}$	$\frac{25}{96}$	$\frac{25}{114}$	$\frac{25}{114}$	$\frac{25}{96}$	$\frac{19}{288}$				
6	$\frac{41}{840}$	$\frac{9}{35}$	$\frac{9}{280}$	$\frac{34}{105}$	$\frac{9}{280}$	$\frac{9}{35}$	$\frac{41}{840}$			
7	$\frac{751}{17280}$	$\frac{3577}{17280}$	$\frac{1323}{17280}$	$\frac{2989}{17280}$	$\frac{2989}{17280}$	$\frac{1323}{17280}$	$\frac{3577}{17280}$	$\frac{751}{17280}$		
8	$\frac{989}{28350}$	$\frac{5888}{28350}$	$\frac{-928}{28350}$	$\frac{10496}{28350}$	$\frac{-4540}{28350}$	$\frac{10496}{28350}$	$\frac{-928}{28350}$	$\frac{5888}{28350}$	$\frac{989}{28350}$	
9	$\frac{2857}{89600}$	$\frac{15741}{89600}$	$\frac{1080}{89600}$	$\frac{19344}{89600}$	$\frac{5778}{89600}$	$\frac{5778}{89600}$	$\frac{19344}{89600}$	$\frac{1080}{89600}$	$\frac{15741}{89600}$	$\frac{2857}{89600}$

由 N-C 系数表（表 5-1）可见：

（1）$\sum_{i=0}^{n} C_i \equiv 1$ 归一性。

（2）当 $n \leqslant 7$ 时，$C_i \equiv |C_i|\ (i=0,1,\cdots,n)$；当 $n>7$ 时，C_i 有正负。将 n 阶拉格朗日插值余项代入式（5-8），有

$$R[f,I]=\int_a^b R_n(x)\mathrm{d}x=\frac{1}{(n+1)!}\int_a^b f^{n+1}(\xi)\pi_n(x)\mathrm{d}x \tag{5-16}$$

即为牛顿-科茨求积公式的余项，条件是 $f(x)$ 的 $n+1$ 阶微商连续（否则上式积分不存在），即 $f(x)\in C^{n+1}[a,b]$。

由于 n 次多项式的插值时，$L_n(x)$ 就是它自身（插值多项式唯一性），此时式（5-16）中 $R_n(x)=0$，所以 $R[f,I]=0$，使式（5-9）精确成立，故牛顿-科茨公式至少具有 n 阶代数精确度。

从表 5-1 中可以看出，当 $n \geqslant 8$ 时，牛顿-科茨系数 C_i 出现负值，计算不稳定，因此当 $n \geqslant 8$ 时，牛顿-科茨公式是不适用的。

例 5-2　用牛顿-科茨公式计算如下定积分

$$I=\int_0^1 \frac{\sin x}{x}\mathrm{d}x$$

解　记 $I=\int_0^1 \frac{\sin x}{x}\mathrm{d}x$，计算不同点的函数值如下：

x	0	1/3	1/2	2/3	1
$f(x)$	1.0000000	0.9815841	0.9588511	0.9275547	0.8414710

取 n=1，则

$$I \approx \frac{1}{2}\left[f(0)+f(1)\right]=\frac{1}{2}(1+0.8414710)=0.9207355$$

取 n=2，则

$$I \approx \frac{1}{6}\left[f(0)+4f\left(\frac{1}{2}\right)+f(1)\right]=\frac{1}{6}(1+4\times 0.9588511+0.8414710)=0.9461459$$

取 n=3，则

$$\begin{aligned} I &\approx \frac{1}{8}\left[f(0)+3f\left(\frac{1}{3}\right)+3f\left(\frac{2}{3}\right)+f(1)\right] \\ &=\frac{1}{8}(1+3\times 0.9815841+3\times 0.9275547+0.8414710)=0.9461109 \end{aligned}$$

I 的准确值为 0.9460831，可以看到，随着 n 的增加，精度变高，但计算量也随之增大。

5.2.2　偶阶求积公式的代数精度

作为插值型的求积公式，n 阶的牛顿-科茨公式至少具有 n 次的代数精度，而实际的代数精度是否更高。

以辛普森公式（5-14）为例，其至少具有二次代数精度。用 $f(x)=x^3$ 进行进一步检验，以辛普森公式计算，得

$$S=\frac{b-a}{6}\left(a^3+4\left(\frac{a+b}{2}\right)^3+b^3\right)$$

对 $f(x)=x^3$ 直接求积，得

$$I=\int_a^b x^3\mathrm{d}x=\frac{b^4-a^4}{4}$$

此时的 $S=I$。同样的方法可以验证辛普森公式对 $f(x)=x^4$ 并不准确成立，即辛普森公式实际上具有三次代数精度。

定理 5-2　当阶数 n 为偶数时，牛顿-科茨公式至少有 n+1 次代数精度。

证明　只需要证明，当 n 为偶数时，牛顿-科茨公式对 $f(x)=x^{n+1}$ 的余项为零。根据余项公式（5-8），这里有 $f^{n+1}(x)=(n+1)!$，从而有

$$R[f]=\int_a^b \prod_{j=0}^{n}(x-x_j)\mathrm{d}x$$

引入变换 $x=a+th$，并注意到 $x_j=a+jh$，有

$$R[f]=h^{n+2}\int_0^n \prod_{j=0}^{n}(t-j)\mathrm{d}t$$

若 n 为偶数，则 $n/2$ 为整数，令 $t=u+n/2$，有

$$R[f]=h^{n+2}\int_{-\frac{n}{2}}^{\frac{n}{2}}\prod_{j=0}^{n}\left(u+\frac{n}{2}-j\right)\mathrm{d}u$$

因为被积函数 $\prod_{j=0}^{n}\left(u+\frac{n}{2}-j\right)=\prod_{j=-n/2}^{n/2}(u-j)$ 为奇函数，因此 $R[f]=0$。证毕。

5.2.3　牛顿-科茨公式的余项

牛顿-科茨的求积公式通常只用 $n=1,2,4$ 时的三个公式，其中 $n=1$ 时为梯形公式，其余项为

$$R[f]=-\frac{(b-a)^3}{12}f^{(2)}(\eta),\quad \eta\in(a,b)$$

$n=2$ 时为辛普森公式，其余项为

$$R[f]=-\frac{b-a}{180}\frac{(b-a)^4}{2}f^{(4)}(\eta),\quad \eta\in(a,b)$$

$n=4$ 时为科茨公式，其余项为

$$R[f]=-\frac{2(b-a)}{945}\frac{(b-a)^6}{4}f^{(6)}(\eta),\quad \eta\in(a,b)$$

5.3　复化求积公式

误差与区间长度有关，区间长度越长，误差越大。利用积分区间可加性，将较长的区间分成若干个小区间，在每个小区间上分别应用牛顿-科茨求积公式，再相加，即可得到复化的求积公式。由于分段低阶插值稳定性好、收敛性佳且计算公式简单，因此利用它们积分导出求积公式将具有很多优势，这类公式被称为复化求积公式（Jaulin et al.，2001）。

5.3.1　复化梯形公式

1. 求积公式

记所选区间[a, b]内的等距求积节点数为 n+1，点距为 h，以相邻节点为端点，划为 n 个子区间[x_{j-1}, x_j]（$j=1,2,\cdots,n$），在各子区间上作梯形积分，记为 T_j，将各积分求

和即得复化梯形积分，记为 T_n，有

$$\begin{aligned}T_n&=\sum_{j=1}^{n}T_j=\sum_{j=1}^{n}\frac{h}{2}\left(f_{j-1}+f_j\right)=\frac{h}{2}\left[\left(f_0+f_1\right)+\left(f_1+f_2\right)+\cdots+\left(f_{n-1}+f_n\right)\right]\\&=h\left(\frac{f_0+f_n}{2}+f_1+f_2+\cdots+f_{n-1}\right)=h\left(\frac{f_a+f_b}{2}+\sum_{j=1}^{n-1}f_j\right)\end{aligned}\tag{5-17}$$

其几何意义是用 $L_{h_1}(x)$ 与 x 轴所夹 n 块小梯形面积近似 $f(x)$ 与 x 轴所夹的面积。

2. 余项和收敛性

由公式（5-8），可得

$$R[f,T_n]=\sum_{j=1}^{n}R[f,T_j]=-\frac{h^3}{12}\sum_{j=1}^{n}f''\left(\eta_j\right)\tag{5-18}$$

由此可以看出，误差是 h^2 阶，且当 $f(x)\in C^2[a,b]$ 时：

$$\lim_{n\to\infty}T_n=\int_a^b f(x)\mathrm{d}x$$

即复合梯形公式是收敛的。此外，T_n 的求积系数为正，因此复合梯形公式是稳定的。

5.3.2 复化辛普森公式

1. 求积公式

将 $[a,b]$ 内所选用的 $n+1$ 个节点由 $x_0=a$ 起每相邻三个点划为一个子区间，共 $n/2$（n 偶数）个子区间 $[x_{2j-2},x_{2j}]$（$j=1,2,\cdots,n/2$），在各子区间作辛普森积分，再求和：

$$\begin{aligned}S_n&=\sum_{j=1}^{n/2}S_j=\sum_{j=1}^{n/2}\frac{h}{3}\left(f_{2j-2}+4f_{2j-1}+f_{2j}\right)\\&=\frac{h}{3}\left[\left(f_0+4f_1+f_2\right)+\left(f_2+4f_3+f_4\right)+\cdots+\left(f_{n-2}+4f_{n-1}+f_n\right)\right]\\&=\frac{h}{3}\left[f_0+f_n+4\left(f_1+f_3+\cdots+f_{n-1}\right)+\left(f_2+4f_3+f_4\right)+2\left(f_2+f_4+\cdots+f_{n-2}\right)\right]\end{aligned}$$

即辛普森公式：

$$S_n=\frac{2h}{3}\left[\frac{f_a+f_b}{2}+2\sum_{j=1}^{n/2}f_{2j-1}+2\sum_{j=1}^{n/2-1}f_{2j}\right]\tag{5-19}$$

2. 余项和收敛性

辛普森公式的余项推导较为复杂，这里直接给出：

$$R\left[f,S_j\right]=-\frac{h^5}{90}f^{(4)}\left(\eta_j\right),\ \eta_j\in\left(x_{2j-2},x_{2j}\right)\ \left(j=1,2,\cdots,\frac{n}{2}\right) \tag{5-20}$$

式中 $f(x)\in C^4[a,b]$，h 是点距，因此

$$R[f,S_n]=\sum_{j=1}^{n/2}R[f,S_j]=-\frac{nh^5/2}{90}\cdot\frac{1}{n/2}\sum_{j=1}^{n/2}f^{(4)}\left(\eta_j\right),\ \eta_j\in\left(x_{2j-2},x_{2j}\right)$$

利用连续性中值定理，必存在一点 η，使各 $f^{(4)}\left(\eta_j\right)$ 的平均值，$\frac{1}{n/2}\sum_{j=1}^{n/2}f^{(4)}\left(\eta_j\right)$ 等于中值 $f^{(4)}(\eta)$，$\eta\in[a,b]$，即

$$R[f,S_n]=-\frac{b-a}{180}h^4f^{(4)}(\eta),\quad \eta\in[a,b] \tag{5-21}$$

由上式可知，误差为 h^4 阶，收敛性是显然的。与复化梯形相同，式（5-19）求积系数均为正数，因此公式计算稳定。

5.3.3 复化科茨公式

1. 求积公式

记所选区间 $[a,b]$ 内的等距求积节点数为 $n+1$，点距为 h，以相邻节点为端点，划为 n 个子区间 $\left[x_{j-1},x_j\right]$ $(j=1,2,\cdots,n)$，每个子区间四等分，内分点依次记 $\left[x_{j+\frac{1}{4}},x_{j+\frac{1}{2}},x_{j+\frac{3}{4}}\right]$，在各子区间上作科茨积分，求和得复化科茨公式：

$$C_n=\frac{h}{90}\left[7f_a+32\sum_{j=1}^{n-1}f_{j+\frac{1}{4}}+12\sum_{j=1}^{n-1}f_{j+\frac{1}{2}}+32\sum_{j=1}^{n-1}f_{j+\frac{3}{4}}+14\sum_{j=1}^{n-1}f_j+7f_b\right] \tag{5-22}$$

2. 余项和收敛性

复化科茨公式的余项为

$$R[f,C_n]=-\frac{2(b-a)}{945}\left(\frac{h}{4}\right)^6f^{(6)}(\eta),\quad \eta\in[a,b] \tag{5-23}$$

误差为 h^6 阶，显然收敛。求积系数为正数，复化科茨公式稳定。

例 5-3　如下给出了函数 $f(x)=\dfrac{\sin x}{x}$ 的数据表，利用复化积分公式计算定积分

$$I=\int_0^1 \frac{\sin x}{x}\mathrm{d}x$$

x	$f(x)$	x	$f(x)$	x	$f(x)$
0	1.0000000	3/8	0.9767267	3/4	0.9088517
1/8	0.9973979	1/2	0.9588511	7/8	0.8771926
1/4	0.9896158	5/8	0.9361556	1	0.8414710

解　表中的数据将区间等分为 8 份，采用复化梯形公式：

$$T_8=\frac{1}{8}\left(\frac{f(0)+f(1)}{2}+f\left(\frac{1}{8}\right)+f\left(\frac{2}{8}\right)+f\left(\frac{3}{8}\right)+f\left(\frac{4}{8}\right)+f\left(\frac{5}{8}\right)+f\left(\frac{6}{8}\right)+f\left(\frac{7}{8}\right)\right)$$
$$=0.9456909$$

复化辛普森公式：

$$S_4=\frac{1}{3}\times\frac{1}{8}\begin{pmatrix} f(0)+4f\left(\frac{1}{8}\right)+2f\left(\frac{1}{4}\right)+4f\left(\frac{3}{8}\right)+2f\left(\frac{1}{2}\right) \\ +4f\left(\frac{5}{8}\right)+2f\left(\frac{3}{4}\right)+4f\left(\frac{7}{8}\right)+f(1) \end{pmatrix}=0.9460833$$

复化科茨公式：

$$C_2=\frac{1}{2}\times\frac{1}{90}\begin{pmatrix} 7f(0)+32f\left(\frac{1}{8}\right)+12f\left(\frac{1}{4}\right)+32f\left(\frac{3}{8}\right)+14f\left(\frac{1}{2}\right) \\ +32f\left(\frac{5}{8}\right)+12f\left(\frac{3}{4}\right)+32f\left(\frac{7}{8}\right)+7f(1) \end{pmatrix}=0.9460831$$

可以看到，同样是利用 9 个点的函数值计算，复化科茨公式的精度是最高的。

5.4　高斯求积公式

上文提到的求积方法都是采用等距节点，这使得计算简单而且有规律，适合在计算机上实现，但同时限制了其代数精度（徐长发和王邦，2005）。图 5-1(a)带负号面积是以区间端点为节点的梯形公式的积分余项；图 5-1(b)是以 X_1、X_2 为节点的求积公式的几何图例，其余项为带负号面积与带正号面积之差，它显然比前者小得多。由此可见，可以按适当的规律选取不等距节点构造求积公式，代数精度还可以得到提高。

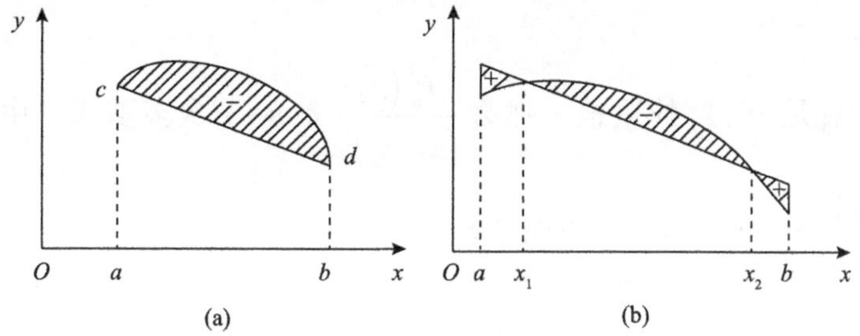

图 5-1　求积余项图

5.4.1　正交多项式

若 $P_n(x)=a_nx^n+a_{n-1}x^{n-1}+\cdots+a_1x+a_0\ (n=0,1,\cdots)$ 满足对任意小于 n 的正整数 j,k 有

$$\int_a^b P_j(x)P_k(x)\mathrm{d}x=\begin{cases}0, & j\neq k\\ \int_a^b P_k^2(x)\mathrm{d}x, & j=k\end{cases} \tag{5-24}$$

则称序列 $P_0(x),P_1(x),\cdots,P_n(x)$ 在 $[a,b]$ 正交，并称 $P_n(x)$ 为 $[a,b]$ 上的 n 次正交多项式。

显然，任何次数不超过 n 的多项式 $q_n(x)$ 都可以用正交多项式序列 $P_0(x)$, $P_1(x),\cdots,P_n(x)$ 线性表出。

$$q_n(x)=\sum_{j=0}^{n}C_jP_j(x) \tag{5-25}$$

因此有

$$\int_a^b q_n(x)P_{n+1}(x)\mathrm{d}x=0 \tag{5-26}$$

记

$$P_n^*(x)=\frac{P_n(x)}{a_n} \tag{5-27}$$

则 $P_n^*(x)$ 是首项系数为 1 的 n 次正交多项式，其中

$$P_0^*(x)=\frac{P_0(x)}{a_0}=\frac{a_0}{a_0}=1 \tag{5-28}$$

定理 5-3　n 次正交多项式 $P_n^*(x)$ 有 n 个互异实根且包含在 $[a,b]$ 内。

证明　（1）设 $P_n^*(x)$ 在 $[a,b]$ 内恒正（即无实根），则 $\int_a^b P_n^*(x)\mathrm{d}x=\int_a^b P_n^*(x)P_0^*(x)\mathrm{d}x>0$，这与正交多项式定义矛盾，故假设不成立，于是至少有某一数 $x_0\in(a,b)$，使

$P_n^*(x_0)=0$。

（2）假设 x_0 是 $P_n^*(x)$ 的重根，那么 $\dfrac{P_n^*(x)}{(x-x_0)^2}$ 是 $n-2$ 次多项式，由式（5-26）得 $\int_a^b P_n^*(x)\dfrac{P_n^*(x)}{(x-x_0)^2}\mathrm{d}x=0$；但另一方面又有

$$\int_a^b P_n^*(x)\frac{P_n^*(x)}{(x-x_0)^2}\mathrm{d}x=\int_a^b\left(\frac{P_n^*(x)}{x-x_0}\right)^2\mathrm{d}x>0$$

二者矛盾，故 x_0 是 $P_n^*(x)$ 的单根。

（3）再假设 $P_n^*(x)$ 在 $[a,b]$ 内只有 j 个根 $x_0,x_1,\cdots,x_{j-1}\ (j<n)$，于是 $P_n^*(x)$ 可表示为

$$P_n^*(x)=q(x)(x-x_0)(x-x_1)\cdots(x-x_{j-1})$$

且 $q(x)$ 在 $[a,b]$ 上不变号（否则 $P_n^*(x)$ 在 $[a,b]$ 上还有根），则

$$P_n^*(x)(x-x_0)(x-x_1)\cdots(x-x_{j-1})=q(x)(x-x_0)^2(x-x_1)^2\cdots(x-x_{j-1})^2$$

两端在 $[a,b]$ 上求积，左端因子 $(x-x_0)(x-x_1)\cdots(x-x_{j-1})$ 次数低于 n，积分为零，右端被积函数恒大于零，故积分值大于零，上面等式不能成立，由此推出 j 等于 n。综上三个结论可知：$P_n^*(x)$ 在 $[a,b]$ 内恒有 n 个互异实根。此定理等价于下面公式

$$P_{n+1}^*(x)=(x-x_0)(x-x_1)\cdots(x-x_n)=\pi_n(x) \tag{5-29}$$

或

$$\pi_n(x)=P_{n+1}(x)/a_{n+1} \tag{5-30}$$

式中 $x_0,x_1,\cdots,x_n$ 是 $P_{n+1}(x)$ 在 $[a,b]$ 上的 $n+1$ 个互异实根，a_{n+1} 是 $P_{n+1}(x)$ 的首项系数。

5.4.2 高斯求积公式的构造

记高斯求积公式为 G，其余项为 $R[f,G]$，仍取

$$G=\int_a^b L_n(x)\mathrm{d}x=\sum_{i=0}^n f_i\left[\int_a^b l_i(x)\mathrm{d}x\right]=\sum_{i=0}^n A_i f_i \tag{5-31}$$

式中 f_i 是不等距点 $x_i\ (i=0,1,\cdots,n)$ 处的观测值。由于

$$l_i(x)=\prod_{\substack{k=0\\k\neq i}}^n\frac{x-x_k}{x_i-x_k}=\frac{(x-x_0)\cdots(x-x_{i-1})(x-x_{i+1})\cdots(x-x_n)}{(x_i-x_0)\cdots(x_i-x_{i-1})(x_i-x_{i+1})\cdots(x_i-x_n)} \tag{5-32}$$

注意到

$$
\begin{aligned}
\pi_n'(x_i) &= \left[\pi_n(x)\right]'_{x=x_i} \\
&= \left[(x-x_0)(x-x_1)\cdots(x-x_n)\right]'_{x=x_i} \\
&= \left[(x-x_1)(x-x_2)\cdots(x-x_i)\cdots(x-x_n)\right. \\
&\quad +(x-x_0)(x-x_2)\cdots(x-x_i)\cdots(x-x_n)+\cdots \\
&\quad +(x-x_0)(x-x_1)\cdots(x-x_{i-1})(x-x_{i+1})\cdots(x-x_n)+\cdots \\
&\quad \left.+(x-x_0)(x-x_1)\cdots(x-x_i)\cdots(x-x_{n-1})\right]_{x=x_i} \\
&= (x_i-x_0)(x_i-x_1)\cdots(x_i-x_{i-1})(x_i-x_{i+1})\cdots(x_i-x_n)
\end{aligned} \tag{5-33}
$$

则

$$
l_i(x)=\frac{\pi_n(x)}{(x-x_i)\pi_n'(x_i)} \tag{5-34}
$$

将式（5-34）和式（5-30）代入式（5-31）中

$$
A_i=\int_a^b \frac{P_{n+1}(x)}{(x-x_i)P_{n+1}'(x_i)}\mathrm{d}x \quad (i=0,1,\cdots,n) \tag{5-35}
$$

只要把具体的正交多项式 $P_{n+1}(x)$ 的表达式和它在 $[a,b]$ 内的 $n+1$ 个零点 x_i $(i=0,1,\cdots,n)$ 代入上式，即可得到 A_i 的解析表达式，并可求出各 A_i 的值。这样构成的求积公式（5-35）具有 $2n+1$ 次代数精度。

5.4.3　高斯-勒让德求积公式

1. 求积公式的构造

选用勒让德多项式构造具体的高斯求积公式。$n+1$ 次勒让德多项式为

$$
P_{n+1}(x)=\frac{1}{2^{n+1}(n+1)!}\cdot\frac{\mathrm{d}^{n+1}(x^2-1)^{n+1}}{\mathrm{d}x^{n+1}}, \quad x\in[-1,1] \tag{5-36}
$$

由于它是在 $[-1,1]$ 上的，故先对 $[a,b]$ 内的 X 作变换化为 $[-1,1]$ 上的 x，即

$$
x=\frac{2X-(a+b)}{b-a}, \quad x_i=\frac{2X_i-(a+b)}{b-a} \quad (i=0,1,\cdots,n) \tag{5-37}
$$

则

$$A_i = \int_{-1}^{1} \frac{P_{n+1}(x)}{(x - x_i) P'_{n+1}(x_i)} \mathrm{d}x \tag{5-38}$$

直接计算此积分是困难的，故采用间接的方法，研究如下积分

$$S_i = \int_{-1}^{1} \frac{P_{n+1}(x)}{x - x_i} P'_{n+1}(x_i) \, \mathrm{d}x \tag{5-39}$$

其被积函数是 $2n$ 次多项式，可使式（5-31）精确成立，得

$$S_i = \sum_{i=0}^{n} A_j \left[\frac{P_{n+1}(x_j)}{x_j - x_i} P'_{n+1}(x_j) \right] \tag{5-40}$$

注意到

$$\begin{aligned} \frac{P_{n+1}(x_j)}{x_j - x_i} &= a_{n+1}(x_j - x_0)\cdots(x_j - x_{i-1})(x_j - x_{i+1})\cdots(x_j - x_n) \\ &= \begin{cases} 0, & j \neq i \\ a_{n+1}\pi'_n(x_i) = P_{n+1}(x_i), & j = i \end{cases} \end{aligned}$$

因此式（5-40）右端中仅 $j = i$ 一项等于 $A_i\left[P'_{n+1}(x_i)\right]^2$，其余皆为零，即

$$S_i = A_i \left[P'_{n+1}(x_i) \right]^2 \tag{5-41}$$

另一方面，对式（5-39）应用分部积分法

$$S_i = \left[\frac{P_{n+1}(x)}{x - x_i} P_{n+1}(x) \right]_{-1}^{1} - \int_{-1}^{1} P_{n+1}(x) \left[\frac{P_{n+1}(x)}{x - x_i} \right]' \mathrm{d}x$$

由于 $\left[\frac{P_{n+1}(x)}{x - x_i}\right]'$ 是 $n-1$ 次多项式，由式（5-26）知，上式第二项积分为零，故

$$S_i = \frac{P_{n+1}^2(1)}{1 - x_i} + \frac{P_{n+1}^2(-1)}{1 + x_i}$$

利用关系 $P_n(1) = 1$，$P_n(-1) = (-1)^n$，有

$$S_i = \frac{2}{1 - x_i^2} \tag{5-42}$$

合并式（5-41）与式（5-42）得

$$A_i = \frac{2}{\left(1-x_i^2\right)\left[P'_{n+1}\left(x_i\right)\right]^2} \quad (i=0,1,\cdots,n) \tag{5-43}$$

求出 $n+1$ 阶勒让德正交多项式及其 $n+1$ 个零点 $x_0,x_1,\cdots,x_i$，代入上式就可以求得高斯-勒让德求积系数。同时由上式知 x_i, A_i 有如下特点：

（1）x_i 以 0 点对称，即 $x_{n-i}=|x_i| \quad \left(i<\frac{n}{2}\right)$，且 $A_{n-i}=A_i$；

（2）由于 $x_i\in[-1,1]$，所以 $1-x_i^2>0$，则 $A_i>0 \ (i=0,1,\cdots,n)$；

（3）由 $\sum\limits_{i=0}^{n} A_i = b-a$，得 $\sum\limits_{i=0}^{n} A_i = 2$。

下面以 $n=2$ 为例介绍 x_i 及 A_i 的求法。由式（5-36）可推出

$$P_3(x)=\frac{1}{2^3\cdot 3!}\cdot\frac{\mathrm{d}^3}{\mathrm{d}x^3}\left(x^2-1\right)^3=\frac{1}{48}\left[3\left(x^2-1\right)^2\cdot 2x\right]''=\frac{5}{2}x^3-\frac{3}{2}x$$

令 $P_3(x)=0$，解出 $P_3(x)$ 的三个零点：

$$x_1=0,\quad x_{0,2}=\pm\sqrt{\frac{3}{5}}$$

代入 $P_3'\left(x_1\right)=-\frac{3}{2}$，得

$$P_3'\left(x_0\right)=P_3'\left(x_2\right)=3$$

代入式（5-43）得

$$A_1=\frac{2}{(1-0)\left(-\frac{3}{2}\right)^2}=\frac{8}{9},\qquad A_0=A_2=\frac{2}{\left(1-\frac{3}{5}\right)9}=\frac{5}{9}$$

记 $n+1$ 个节点的高斯-勒让德积分为 G_nL，则

$$G_2L=\frac{5}{9}\left[f\left(-\sqrt{\frac{3}{5}}\right)+f\left(\sqrt{\frac{3}{5}}\right)\right]+\frac{8}{9}f(0)$$

其中点数的 G_nL 公式系数 $A_i \ (i=0,1,\cdots,n)$ 的导出方法相同。前人制成求积系数表（见表 5-2）可供直接查用。

表 5-2　G-L 系数表

$n+1$	x_i	A_i	$R[f,G_nL]$
1	0	2	$\frac{1}{3}f''(\eta)$

续表

$n+1$	x_i	A_i	$R[f,G_nL]$
2	±0.5773503	1	$\frac{1}{135}f^{(4)}(\eta)$
3	0 ±0.7745967	0.8888889 0.5555556	$\frac{1}{15750}f^{(6)}(\eta)$
4	±0.3399810 ±0.8611363	0.6521452 0.3478548	$\frac{1}{1237732650}f^{(10)}(\eta)$
5	0 ±0.5384693 ±0.9061798	0.5688889 0.4786287 0.2369269	$\frac{1}{648984486150}f^{(12)}(\eta)$

2. 截断误差

导出高斯型截断误差需要用到埃尔米特插值余项，这里直接给出 G_nL 的余项解析式

$$R[f,G_nL]=B_nf^{(2n+2)}(\eta)\quad(-1\leqslant\eta\leqslant1) \tag{5-44}$$

其中 $B_n=\dfrac{2^{2n+3}[(n+1)!]^4}{(2n+3)[(2n+2)!]^3}$，由上式知 B_n 只与节点数 $n+1$ 有关。

3. 求积步骤

由于 $P_{n+1}(x)$ 定义在 $[-1,1]$ 上，而实际问题的积分区间是 $[a,b]$，这就需要作变量代换，以便由 x_i 读取相应的 $f(x_i)$。为免混淆，记 $[a,b]$ 原等距观测点处的观测值为 f_j $(j=0,1,\cdots,N)$，记 G-L 系数表查得的勒让德正交多项式的零点和对应的求积系数为 $x_i\in[-1,1]$ 和 A_i $(i=0,1,\cdots,n)$，与 x_i 对应的 $[a,b]$ 区间的求积节点为 X_i，则

$$X_i=\frac{b-a}{2}x_i+\frac{a+b}{2},\quad X=\frac{b-a}{2}x+\frac{a+b}{2}$$

有

$$\int_a^b f(X)\mathrm{d}X=\frac{b-a}{2}\int_{-1}^1 f\left(\frac{b-a}{2}x+\frac{a+b}{2}\right)\mathrm{d}x$$

对右端的积分应用高斯-勒让德求积公式有

$$\int_a^b f(X)\mathrm{d}X=G_nL$$

$$G_nL=\frac{b-a}{2}\sum_{i=0}^{n}A_if\left(\frac{b-a}{2}x_i+\frac{a+b}{2}\right) \tag{5-45}$$

上式与[−1,1]区间的高斯−勒让德求积公式是统一的。综上所述，求积步骤如下：

（1）根据精度要求，确定求积节点数目 $n+1$ 。

（2）由 G-L 系数表第 $n+1$ 栏查出 x_i 、 $A_i\ (i=0,1,\cdots,n)$ 。

（3）由 x_i 求 $f\left(X_i\right)$，分下面两种情况。

（i） $f(x)$ 是列表函数，取 $X_i=\dfrac{b-a}{2}x_i+\dfrac{a+b}{2}\ (i=0,1,\cdots,n)$，由表 5-2 中的 x_i 算出对应的 X_i，从观测数据中找出对应的 $f\left(X_i\right)\ (i=0,1,\cdots,n)$ 。一般观测值 $f_0,f_1,\cdots,f_N$ 与待求的 $f\left(X_i\right)\ (i=0,1,\cdots,n)$ 是不重合的，可以通过插值法由 $f_0,f_1,\cdots,f_N$ 求 $f\left(X_i\right)$，或者将 $f_0,f_1,\cdots,f_N$ 在方格纸上制成曲线，再在各 X_i 处曲线上量取 $f\left(X_i\right)$ 值。

（ii） $f(x)$ 是初等函数，则由 x_i 直接计算 $f\left(\dfrac{b-a}{2}x_i+\dfrac{a+b}{2}\right)=f\left(X_i\right)$ 的函数值。

（4）计算 $G_nL=\dfrac{b-a}{2}\sum\limits_{i=0}^{n}A_if\left(X_i\right)$，求得积分值。

例 5-4　利用三点的高斯−勒让德求积公式计算

$$I=\int_0^{\frac{\pi}{2}}x^2\sin x\mathrm{d}x$$

解　首先将区间 $\left[0,\dfrac{\pi}{2}\right]$ 变换为[−1, 1]，即

$$x=\frac{\frac{\pi}{2}-0}{2}t+\frac{\frac{\pi}{2}+0}{2}$$

则

$$I=\int_0^{\frac{\pi}{2}}x^2\sin x\mathrm{d}x=\int_{-1}^{1}\left(\frac{\pi}{4}t+\frac{\pi}{4}\right)^2\sin\left(\frac{\pi}{4}t+\frac{\pi}{4}\right)\frac{\pi}{4}\mathrm{d}t$$

利用三点的高斯−勒让德求积公式（n=2），有

$$I=\sum_{k=0}^{2}A_kf\left(x_k\right)=1.1412788$$

准确值 I=1.1415927，可以看出利用三点计算就可以获得较高的精度。

5.5　插值求导和样条求导

在科学计算中有时要求列表函数在各节点的导数值，这是无法用求导法则实现的，而用逼近列表函数的多项式导数近似代替，即为数值微分（朱晓临，2014）。

5.5.1 插值求导法

1. 一阶导数

由导数的定义

$$f'(x_j)=\lim_{h\to 0}\frac{f_{j+1}-f_j}{h}=\lim_{h\to 0}\frac{f_j-f_{j-1}}{h}=\lim_{h\to 0}\frac{f_{j+1}-f_{j-1}}{2h}$$

将$[a, b]$内 $n+1$ 个等距点的点距记为 $h=\frac{b-a}{n}$，h 很小时可用差商近似导数，即

向前差分

$$f'(x_j)\approx\frac{f_{j+1}-f_j}{h}\quad (j=0,1,\cdots,n-1) \tag{5-46}$$

向后差分

$$f'(x_j)\approx\frac{f_j-f_{j-1}}{h}\quad (j=0,1,\cdots,n-1) \tag{5-47}$$

中心差分

$$f'(x_j)\approx\frac{f_{j+1}-f_{j-1}}{2h}\quad (j=0,1,\cdots,n-1) \tag{5-48}$$

各式中 f_j 为观测值，$f'(x_j)$ 表示函数的导数在节点 x_j 的值。

上面各式也可由$[x_j, x_{j+1}]$、$[x_{j-1}, x_j]$和$[x_{j-1}, x_{j+1}]$上的 $L'_{h_1}(x)$、$L'_{h_2}(x)$ 分别得到，即

$$\begin{aligned}L'_{h_1}(x)&=\left(\frac{x-x_{j+1}}{-h}f_j+\frac{x-x_j}{h}f_{j+1}\right)'\\&=\frac{f_{j+1}-f_j}{h}=f'(x_j),\quad x\in[x_j,x_{j+1}]\quad (j=0,1,\cdots,n-1)\end{aligned}$$

或

$$\begin{aligned}L'_{h_1}(x)&=\left(\frac{x-x_j}{-h}f_{j-1}+\frac{x-x_{j-1}}{h}f_j\right)'\\&=\frac{f_j-f_{j-1}}{h}=f'(x_j),\quad x\in[x_{j-1},x_j]\quad (j=1,2,\cdots,n)\end{aligned}$$

由

$$L_{h_2}'(x_j)=\left(\frac{(x-x_j)(x-x_{j+1})}{2h^2}f_{j-1}+\frac{(x-x_{j-1})(x-x_{j+1})}{-h^2}f_j+\frac{(x-x_{j-1})(x-x_j)}{2h^2}f_{j+1}\right)' \quad (5\text{-}49)$$

$$=\frac{1}{2h^2}\left[(2x-x_{j-1}-x_j)f_{j+1}-2(2x-x_{j-1}-x_{j+1})f_j+(2x-x_j-x_{j+1})f_{j-1}\right]$$

得 $f'(x_j)=\dfrac{f_{j+1}-f_{j-1}}{2h}\ (j=1,2,\cdots,n-1)$。

因此，向前和向后差商公式的余项可用子区间$[x_j,\ x_{j+1}]$和$[x_{j-1},\ x_j]$上的线性插值余项的导数表示，即

$$\begin{aligned}R_{h_1}'(x_j)&=\left[\frac{1}{2}f''(\xi_j)(x-x_j)(x-x_{j+1})\right]'_{x=x_j}\\&=\frac{1}{2}\left[f''(\xi_j)(x-x_j+x-x_{j+1})+\frac{\mathrm{d}f''(\xi_j)}{\mathrm{d}x}\cdot(x-x_j)(x-x_{j+1})\right]_{x=x_j}\\&=-\frac{f''(\xi_j)}{2}h=O(h)\quad (j=0,1,\cdots,n-1)\end{aligned} \quad (5\text{-}50)$$

或

$$\begin{aligned}R_{h_1}'(x_j)&=\left[\frac{1}{2}f''(\xi_j)(x-x_{j-1})(x-x_j)\right]'_{x=x_j}\\&=\frac{f''(\xi_j)}{2}h=O(h)\quad (j=1,2,\cdots,n)\end{aligned} \quad (5\text{-}51)$$

同样，中心差商公式可由 $L_{h_2}(x)$ 在$[x_{j-1}, x_{j+1}]$的余项导数表出

$$\begin{aligned}R_{h_2}'(x_j)&=\left[\frac{f'''(\xi_j)}{3!}(x-x_{j-1})(x-x_j)(x-x_{j+1})\right]'_{x=x_j}\\&=\frac{1}{6}f'''(\xi_j)\left\{\left[(x-x_{j-1})(x-x_{j+1})\right]_{x=x_j}+0+0\right\}\\&=-\frac{1}{6}f'''(\xi_j)h^2=O(h^2)\quad (j=1,2,\cdots,n-1)\end{aligned} \quad (5\text{-}52)$$

对比上面两式，可知二点求导公式中，中心差商精度高一阶。

考察舍入误差。从导数的定义和余项公式看，h 越小截断误差就越小，但从舍入误差角度看，h 小到一定程度后，会由于微分公式分子的两相近数相减损失了有效数字而使舍入误差增大，即 h 越小舍入误差越大。

2. 二阶导数

对抛物线插值公式求二次导数，亦即对式（5-49）求导，即

$$L''_{h_2}(x)=\frac{1}{2h^2}\left(2f_{j+1}-4f_j+2f_{j-1}\right)$$

$$f''\left(x_j\right)=\frac{f_{j+1}-2f_j+f_{j-1}}{h^2}\quad\left(j=1,2,\cdots,n-1\right)\tag{5-53}$$

例 5-5　已知函数 $f(x)$，如下表所示

x	1.3	1.4	1.5	1.6	1.7
$f(x)$	3.6693	4.0552	4.4817	4.9530	5.4740

计算 x=1.5 处函数的一阶、二阶导数。

解　取 h=0.2，则

一阶导数

向前差分　$$f'(1.5)=\frac{f(1.7)-f(1.5)}{0.2}=4.9615$$

向后差分　$$f'(1.5)=\frac{f(1.5)-f(1.3)}{0.2}=4.0620$$

中心差分　$$f'(1.5)=\frac{f(1.7)-f(1.3)}{2\times0.2}=4.5118$$

二阶导数

$$f''(1.5)=\frac{f(1.7)-2f(1.5)+f(1.3)}{0.2^2}=4.4975$$

取 h=0.1，则

一阶导数

向前差分　$$f'(1.5)=\frac{f(1.6)-f(1.5)}{0.1}=4.7130$$

向后差分　$$f'(1.5)=\frac{f(1.5)-f(1.4)}{0.1}=4.2650$$

中心差分　$$f'(1.5)=\frac{f(1.6)-f(1.4)}{2\times0.1}=4.4890$$

二阶导数

$$f''(1.5)=\frac{f(1.6)-2f(1.5)+f(1.4)}{0.1^2}=4.4800$$

事实上，表中给出的值就是函数 $f(x)=\mathrm{e}^x$ 的对应点上的值，而 $f(1.5)=f'(1.5)=f''(1.5)=\mathrm{e}^{1.5}=4.4817$。可以看到，步长越小，结果精度越高，中心差分优于向前差分和向后差分。

5.5.2　样条求导法

1. 利用辛普森积分的三转角方程求导法

由定积分定义

$$f_{j+1}-f_{j-1}=\int_{x_{j-1}}^{x_{j+1}}f'(x)\mathrm{d}x \quad (j=1,2,\cdots,n-1) \tag{5-54}$$

用辛普森公式代替右端积分，得

$$\begin{aligned}f_{j+1}-f_{j-1}&=\frac{h}{3}\left[f'(x_{j-1})+4f'(x_j)+f'(x_{j+1})\right]-\frac{h^5}{90}\left[f'(x)\right]_{x=\eta_j}^{(4)}\\&=\frac{h}{3}\left[f'(x_{j-1})+4f'(x_j)+f'(x_{j+1})\right]-\frac{h^5}{90}f^{(5)}(\eta_j)\end{aligned}$$

$$(x_{j-1}<\eta_j<x_{j+1},\ j=1,2,\cdots,n-1)$$

上式的 $f'(x_j)\ (j=0,1,\cdots,n)$ 是待求的，记为

$$m_j=f'(x_j) \quad (j=0,1,\cdots,n)$$

略去前式误差项，得关于 m_j 的三对角方程组

$$m_{j-1}+4m_j+m_{j+1}=\frac{3}{h}(f_{j+1}-f_{j-1}) \quad (j=1,2,\cdots,n-1) \tag{5-55}$$

此式即样条插值法中的三转角方程组，它是 $n-1$ 个条件 $(j=1,2,\cdots,n-1)$，$n+1$ 个未知数 $m_j\ (j=0,1,\cdots,n)$ 的方程组，只需再给定两个边界条件即可得出 m_j，其余项为

$$R'(x_j)=-\frac{h^5}{90}f^{(5)}(\eta_j)=O(h^5) \tag{5-56}$$

下面给出一种不要求边界条件的解法。先用中心差商公式计算 m_1、m_{n-1}

$$m_1=\frac{f_2-f_0}{2h}=f_1',\quad m_{n-1}=\frac{f_n-f_{n-2}}{2h}=f_{n-1}' \tag{5-57}$$

合并到式（5-55），使之成为 $n+1$ 个方程、$n+1$ 个未知数的封闭方程组，其形式为

$$\begin{bmatrix} 1 & 0 & 1 & & & & & \\ & 0 & 4 & 1 & & & & \\ & & 1 & 4 & 1 & & & \\ & & & \ddots & \ddots & \ddots & & \\ & & & & 1 & 4 & 1 & \\ & & & & & 1 & 4 & 0 \\ & & & & & 1 & 0 & 1 \end{bmatrix} \cdot \begin{bmatrix} m_0 \\ m_1 \\ m_2 \\ \vdots \\ m_{n-2} \\ m_{n-1} \\ m_n \end{bmatrix} = \begin{bmatrix} \frac{3}{h}(f_2 - f_0) - 4f_1' \\ \frac{3}{h}(f_3 - f_1) - f_1' \\ \frac{3}{h}(f_4 - f_2) \\ \vdots \\ \frac{3}{h}(f_{n-2} - f_{n-4}) \\ \frac{3}{h}(f_{n-1} - f_{n-3}) - f_{n-1}' \\ \frac{3}{h}(f_n - f_{n-2}) - 4f_{n-1}' \end{bmatrix}$$

可解出 $m_0 \sim m_n$，此时 m_1, m_{n-1} 的精度为 $O(h^2)$，其他 m_j 的精度为 $O(h^5)$。

2. 三弯矩方程求导法

从三弯矩方程中解出 $M_j = S''(j)$ 并代入求导公式。

（1）节点上 $(j = 1, 2, \cdots, n)$

$$S_j'(j) = \frac{1}{6}M_{j-1} + \frac{1}{3}M_j - f_{j-1} + f_j \tag{5-58}$$

$$S''(j) = M_j \tag{5-59}$$

（2）任意点 $t \in [j-1, j]$ $(j = 1, 2, \cdots, n)$

$$S_j'(t) = \left[\frac{1}{6} - \frac{1}{2}(t-j)^2\right]M_{j-1} + \left[\frac{1}{2}(t-j+1)^2 - \frac{1}{6}\right]M_j - f_{j-1} + f_j \tag{5-60}$$

$$S_j''(t) = -(t-j)M_{j-1} + (t-j+1)M_j \tag{5-61}$$

$S_j'(t)$、$S_j''(t)$ 的插值余项分别为

$$R_s'(t) \leqslant \frac{5}{384}\left\|f^{(4)}\right\|_\infty \cdot h^3 = O(h^3) \tag{5-62}$$

$$R_s''(t) \leqslant \frac{1}{24}\left\|f^{(4)}\right\|_\infty \cdot h^2 = O(h^2) \tag{5-63}$$

上面求导方法与插值求导不同的是需要解三对角方程组，先用插值求导法求出区间边界点的导数，然后可一次得到其余 $n-1$ 个节点的导数（无需逐点套用求导公式计算一点导数），而且精度比插值求导法高得多。

第 6 章　最小二乘拟合

6.1 基 本 概 念

多数情况下，地球物理探测环境繁杂、干扰多，野外采集得到的原始数据既包含有用信息也包含各种相干和随机噪声。因此，地球物理的实测原始数据中的异常经常会受到随机干扰的影响，使得原本的曲线变得锯齿状不便解读，通常我们希望找到一条能够体现原始异常曲线趋势的光滑曲线，代替原曲线来进行数据解译，为此需要对原始数据进行平滑（熊彬等，2020）。此外，实际地球物理数据中的异常往往是区域异常与局部异常的综合反映，其中深部基底或区域构造引起区域异常，而浅部地质体产生局部异常。因此，为了更好地解释资料，我们希望绘出原曲线的趋势曲线以得到区域异常，并由原始曲线和趋势曲线的差值得到局部异常，这就需要作分离区域异常和局部异常的最佳滤波或趋势分析（吴颉尔和王平心，2016）。上述处理可采用最小二乘拟合方法解决，前者使用其中的局部滑动平均法，后者则要作整体最小二乘拟合。我们称能体现原始曲线趋势的曲线为拟合曲线，构造拟合曲线的方法称为拟合法，其数学意义就是求简单函数 $\varphi(x)$，使之在某种意义下能最好地反映大批量观测数据 f_i 的趋势。这时节点上的拟合值 $\varphi(x_i)$ 与观测值 f_i 可以不相等，二者之差称为偏差，可记作

$$r_i = \varphi\left(x_i\right) - f_i \quad (i = 0,1,\cdots,n)$$

一般地，构造 $\varphi(x)$ 最简单的拟合条件为

$$\Phi = \sum_{i=0}^{n} r_i^2 = \min \tag{6-1}$$

其意义为构造 $\varphi(x)$，使得在所有节点上的偏差的平方和最小，因此，该拟合方法被称为最小二乘法（赖炎连和贺国平，2008）。用最小二乘法求拟合曲线时，必须要选择函数类型来确定拟合函数 $\varphi(x)$ 的形式，其中多项式是基本的，也是最简单的拟合函数类型，把它记为 $\varphi_m(x)$，下标 m 表示最高次数。当然拟合函数也可以有其他选择，会在后边进行描述。

6.2 代数多项式拟合

将 6.1 节中的 $\varphi_m(x)$ 取

$$\varphi_m(x) = \sum_{j=0}^{m} a_j x^j \tag{6-2}$$

$\varphi_m(x)$ 为拟合函数，并将求系数 $a_j(j=0,1,\cdots,m)$ 的方法称为代数多项式拟合，式（6-2）称为代数多项式，$a_j(j=0,1,\cdots,m)$ 称为拟合系数，$x^j(j=0,1,\cdots,m)$ 称为拟合基函数，其线性无关。

6.2.1　代数多项式拟合的构造方法

由式（6-1）和式（6-2）得

$$\Phi = \sum_{i=0}^{n}\left[\sum_{j=0}^{m} a_j x_i^j - f_i\right]^2 \tag{6-3}$$

Φ 可以视为关于 $a_0, a_1, \cdots, a_m$ 的多元函数，令其最小。因此代数多项式的构造问题可以转换为多元函数的极值问题。使函数取极小值的自变量的值必定满足导数等于零的方程，因此，使得 Φ 最小的 $a_0, a_1, \cdots, a_m$ 必须满足方程组

$$\frac{\partial \Phi}{\partial a_k} = 0 \quad (k = 0,1,\cdots,m) \tag{6-4}$$

则有正则方程组，也被称为最小二乘法方程或者正规方程组：

$$\begin{pmatrix} \sum x_i^0 & \sum x_i^1 & \sum x_i^2 & \cdots & \sum x_i^m \\ \sum x_i^1 & \sum x_i^2 & \sum x_i^3 & \cdots & \sum x_i^{m+1} \\ \vdots & \vdots & \vdots & & \vdots \\ \sum x_i^m & \sum x_i^{m+1} & \sum x_i^{m+2} & \cdots & \sum x_i^{2m} \end{pmatrix} \begin{pmatrix} a_0 \\ a_1 \\ \vdots \\ a_m \end{pmatrix} = \begin{pmatrix} \sum f_i \\ \sum x_i f_i \\ \vdots \\ \sum x_i^m f_i \end{pmatrix} \tag{6-5}$$

其中 $\sum$ 是 $\sum\limits_{i=1}^{n}$ 的缩写。可以证明，方程组的系数行列式不等于 0，故它的解唯一。

下面给出利用多项式进行最小二乘拟合的具体步骤：

（1）计算正则方程组的系数和常数项

$$\sum x_i, \sum x_i^2, \cdots, \sum x_i^{2m}$$

$$\sum f_i, \sum x_i f_i, \sum x_i^2 f_i, \cdots, \sum x_i^m f_i$$

（2）通过正则方程解出 $a_0, a_1, \cdots, a_m$，则最小二乘拟合多项式为

$$a_0 + a_1 x + \cdots + a_m x^m$$

6.2.2　代数多项式拟合的具体计算

1. 直线拟合

给定函数 $y=f(x)$ 在点 $x_1,x_2,\cdots,x_n$ 处的函数值 $y_1,y_2,\cdots,y_n$，求直线 $y=a+bx$，使得

$$\sum_{i=1}^{n}\left(a+bx_i-y_i\right)^2=\min \tag{6-6}$$

该问题为一个最小二乘直线拟合问题，利用 6.2.1 节的构造方法可以得到拟合项，下面整理直线拟合下的简洁公式。

设

$$\Phi(a,b)=\sum_{i=1}^{n}\left(a+bx_i-y_i\right)^2=\min$$

由微积分基本知识，可以得到

$$\begin{cases}\dfrac{\partial\Phi(a,b)}{\partial a}=\displaystyle\sum_{i=1}^{n}2\left(a+bx_i-y_i\right)=0\\[2ex]\dfrac{\partial\Phi(a,b)}{\partial b}=\displaystyle\sum_{i=1}^{n}2\left(a+bx_i-y_i\right)x_i=0\end{cases} \tag{6-7}$$

整理得

$$\begin{cases}na+\left(\displaystyle\sum_{i=1}^{n}x_i\right)b=\displaystyle\sum_{i=1}^{n}y_i\\[2ex]\left(\displaystyle\sum_{i=1}^{n}x_i\right)a+\left(\displaystyle\sum_{i=1}^{n}x_i^2\right)b=\displaystyle\sum_{i=1}^{n}x_iy_i\end{cases} \tag{6-8}$$

即

$$\begin{cases}a=\dfrac{\left(\displaystyle\sum_{i=1}^{n}y_i\right)\left(\displaystyle\sum_{i=1}^{n}x_i^2\right)-\left(\displaystyle\sum_{i=1}^{n}x_i\right)\left(\displaystyle\sum_{i=1}^{n}x_iy_i\right)}{n\left(\displaystyle\sum_{i=1}^{n}x_i^2\right)-\left(\displaystyle\sum_{i=1}^{n}x_i\right)^2}\\[4ex]b=\dfrac{n\left(\displaystyle\sum_{i=1}^{n}x_iy_i\right)-\left(\displaystyle\sum_{i=1}^{n}x_i\right)\left(\displaystyle\sum_{i=1}^{n}y_i\right)}{n\left(\displaystyle\sum_{i=1}^{n}x_i^2\right)-\left(\displaystyle\sum_{i=1}^{n}x_i\right)^2}\end{cases} \tag{6-9}$$

例 6-1　设由实验得到一组数据如下：

x_i	1	2	3	4	5
y_i	0	2	2	5	4

求拟合函数。

解　首先，根据实验数据分布规律可以看出，数据近似于直线型分布，故采用最小二乘直线拟合，设拟合函数 $\varphi_1(x)=a+bx$ ，列表如下：

i	x_i^0	x_i^1	x_i^2	y_i	x_iy_i
0	1	1	1	0	0
1	1	2	4	2	4
2	1	3	9	2	6
3	1	4	16	5	20
4	1	5	25	4	20
$\sum$	5	15	55	13	50

代入公式（6-9），得

$$a=-7/10\,,\quad b=11/10$$

即拟合函数

$$\varphi(x)=\frac{1}{10}(11x-7)$$

2. *m* 次多项式拟合

上面介绍了多项式拟合中的直线拟合的计算方法，更一般的情况为 m 次多项式，下面给出 m 次多项式拟合的具体计算。

例 6-2　设由实验得到一组数据如下：

x_i	0	1	2	3	4	5	6	7
y_i	7.82	7.93	7.98	7.99	7.92	7.91	7.80	7.71

求拟合函数。

解　首先观察实验数据的分布规律，可以看出它们大致按二次抛物线型分布，故可设拟合函数为二次多项式 $\varphi_2(x)=a_0+a_1x+a_2x^2$ ，列表如下：

i	x_i^0	x_i^1	x_i^2	x_i^3	x_i^4	y_i	x_iy_i	$x_i^2y_i$
0	1	0	0	0	0	7.82	0	0
1	1	1	1	1	1	7.93	7.93	7.93
2	1	2	4	8	16	7.98	15.96	31.92
3	1	3	9	27	81	7.99	23.97	71.91
4	1	4	16	64	256	7.92	31.68	126.72

续表

i	x_i^0	x_i^1	x_i^2	x_i^3	x_i^4	y_i	x_iy_i	$x_i^2y_i$
5	1	5	25	125	625	7.91	39.55	197.75
6	1	6	36	216	1296	7.80	48.80	280.80
7	1	7	49	343	2401	7.71	53.97	377.79
Σ	8	28	140	784	4676	63.06	219.86	1074.82

计算正则方程组系数，得到正则方程组为

$$\begin{cases} 8a_0 + 28a_1 + 140a_2 = 63.06 \\ 28a_0 + 140a_1 + 74a_2 = 219.86 \\ 140a_0 + 74a_1 + 4676a_2 = 1074.82 \end{cases}$$

解方程组，得

$$a_0 = 7.82, \quad a_1 = 0.11, \quad a_2 = 0.018$$

即二次拟合多项式为

$$\varphi_2(x) = 7.82 + 0.11x + 0.018x^2$$

6.2.3　非线性拟合

在求最小二乘逼近时，拟合函数一般是未知的，一般通过数据绘图，依据经验大概估计未知函数的图形，作为拟合函数，再进行数据拟合（童孝忠等，2017）。

例 6-3　设由实验得到一组数据如下：

x	0	1	2	3	4
y	1.5	2.5	3.5	5	7.5

通过数据得到如图 6-1 所示的图形，近似估计函数为 $y = ae^{bx}$ 。

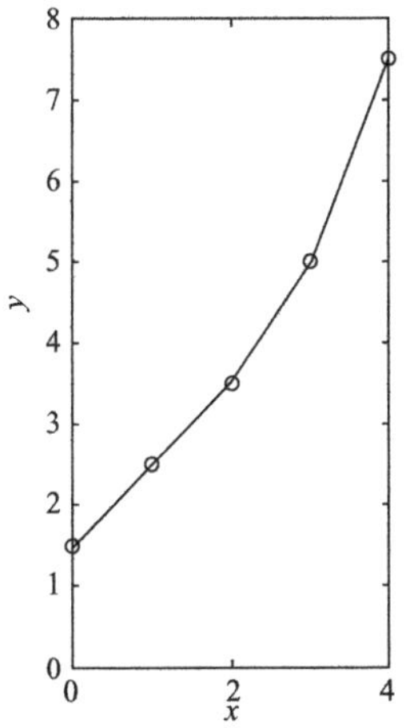

图 6-1　数据拟合图

由最小二乘原理，a 和 b 满足：

$$\varphi(a,b)=\sum_{i=1}^{n}\left(y_i-a\mathrm{e}^{bx_i}\right)^2=\min \tag{6-10}$$

有

$$\begin{cases}\dfrac{\partial\varphi}{\partial a}=2\sum\limits_{i=1}^{n}\left(y_i-a\mathrm{e}^{bx_i}\right)\mathrm{e}^{bx_i}=0\\ \dfrac{\partial\varphi}{\partial b}=2\sum\limits_{i=1}^{n}\left(y_i-a\mathrm{e}^{bx_i}\right)\mathrm{e}^{bx_i}ax_i=0\end{cases} \tag{6-11}$$

从而得到正规方程组：

$$\begin{cases}a\sum\limits_{i=1}^{n}\mathrm{e}^{2bx_i}-\sum\limits_{i=1}^{n}y_i\mathrm{e}^{bx_i}=0\\ a\sum\limits_{i=1}^{n}x_i\mathrm{e}^{2bx_i}-\sum\limits_{i=1}^{n}x_iy_i\mathrm{e}^{bx_i}=0\end{cases} \tag{6-12}$$

这是一个关于 a 和 b 的非线性方程，求解较为困难。这种拟合称为非线性拟合。针对这种拟合，一般先做变量代换，转化为线性拟合计算，最后再做变量代换，得到拟合式。

1. 指数函数拟合

若已知的数据的分布规律近似指数函数曲线（如本节开始的数据），则可以设拟合函数为 $\varphi(a,b)=a\mathrm{e}^{bx}$，两边同时取对数，有

$$\ln\varphi=\ln a+bx$$

作变量代换：

$$S=\ln\varphi,\quad P=\ln a,\quad Q=b,\quad x=t$$

于是有

$$S=P+Qt$$

作变量代换之后，新表达式是一个关于 t 的一次多项式。这时，只要将原数据 x_i,y_i 转换为 t_i,S_i，利用 6.2.2 节中的算法得到系数 P 和 Q，再将 P 和 Q 换算回 a 和 b，代入 $\varphi(a,b)=a\mathrm{e}^{bx}$，得到拟合式。

例 6-4　对本节开始的数据作变换得

x	0	1	2	3	4
$Y=\ln y$	0.4055	0.9163	1.2528	1.6094	2.0149

利用直线 $Y = A + bx$ 拟合上表数据，得

$$Y = 0.4574 + 0.3912x$$

作变量代换：

$$y = Y, \quad a = \mathrm{e}^{0.4574} = 1.5799, \quad b = 0.3912$$

即最终拟合式为

$$y = 1.5799\mathrm{e}^{0.3912x}$$

2. 双曲函数拟合

若已知数据的分布规律近似于一条双曲线，则可设拟合函数为 $\varphi(a,b) = a + b / x$ ，作变量代换

$$t = 1 / x$$

有

$$y = a + bt$$

新表达式仍然是一个关于 t 的一次多项式，同样先将数据转换，得到线性拟合下的系数，再换算回 a 和 b，代入 $\varphi(a,b) = a + b / x$ ，得到拟合式。

6.2.4　数据的平滑

地球物理数据中含有随机干扰，这是由地表物性不均匀引起的，因此任一点的干扰值只和该点附近的信息有关，与远处的情况无关。整体最小二乘拟合可以分离出趋势成分，但是分离不了干扰成分和局部成分。为了消除干扰成分，只需从区间起点开始，取小范围的奇数点作低阶最小二乘拟合，仅计算中点的拟合值，即以中点为计算点；然后在计算点与所选用的节点相对位置固定的条件，同步移到下一点，重复上述过程，如此逐点改正即为局部最小二乘滑动平均，简称圆滑或平滑。圆滑法区间两端各有数点不能修正，叫作“边部损失”，这些点保持原值。如果经过一次平滑后，数据的波动仍比较大，还可以再做平滑，不过平滑次数越多，边界损失越大，并且数据也会完全失去原本的面目。

例 6-5　设在 $x_0 = 0$ 点左右共有五点观测值，如下表所示：

x_i	x_{-2}	x_{-1}	x_0	x_1	x_2
x	−2	−1	0	1	2
y	y_{-2}	y_{-1}	y_0	y_1	y_2

取二次多项式 $\varphi_2(x)=a_0+a_1x+a_2x^2$ 。计算，得表

i	x_i^0	x_i^1	x_i^2	x_i^3	x_i^4	y_i	x_iy_i	$x_i^2y_i$
−2	1	−2	4	−8	16	y_{-2}	$-2y_{-2}$	$4y_{-2}$
−1	1	−1	1	−1	1	y_{-1}	$-y_{-1}$	y_{-1}
0	1	0	0	0	0	y_0	0	0
1	1	1	1	−1	1	y_1	y_1	y_1
2	1	2	4	8	16	y_2	$2y_2$	$4y_2$
$\sum$	5	0	10	0	34			

计算正则方程组系数，得到正则方程组为

$$\begin{cases}5a_0+10a_2=\sum\limits_{i=-2}^{2}y_i\\10a_1=\sum\limits_{i=-2}^{2}x_iy_i\\10a_0+34a_2=\sum\limits_{i=-2}^{2}x_i^2y_i\end{cases}$$

解方程得

$$a_0=\frac{-3y_{-2}+12y_{-1}+17y_0+12y_1-3y_2}{35}$$

$$a_1=\frac{-2y_{-2}-y_{-1}+y_1+2y_2}{10}$$

$$a_2=\frac{2y_{-2}-y_{-1}-2y_0-y_1+2y_2}{14}$$

由于 $\varphi_2(0)=a_0$ ，于是可以得到 $f(x)$ 在 x_0 处的改正值为

$$\varphi_2\left(x_0\right)=\frac{-3y_{-2}+12y_{-1}+17y_0+12y_1-3y_2}{35} \tag{6-13}$$

若平滑处理数据 $\left(x_i,y_i\right)(i=0,1,2,\cdots,n)$ ，则有五点二次平滑公式：

$$\hat{y}_i=\frac{-3y_{i-2}+12y_{i-1}+17y_i+12y_{i+1}-3y_{i+2}}{35} \tag{6-14}$$

五点二次平滑公式利用平滑点的数据及其前两个测量点和后两个测量点的数据，共五点的数据作二次三项式拟合，取拟合多项式在待平滑点的拟合值作为平滑后的取值。此外还可以求出一阶导数 $\hat{y}_i'$ 和二阶导数 $\hat{y}_i''$ ：

$$\hat{y}_i'=\frac{-2y_{i-2}-y_{i-1}+y_{i+1}+2y_{i+2}}{10} \tag{6-15}$$

$$\hat{y}_i''=\frac{2y_{i-2}-y_{i-1}-2y_i-y_{i+1}+2y_{i+2}}{7} \tag{6-16}$$

6.3　正交多项式拟合

首先介绍多项式序列在一组节点上的离散正交性。

定义 6-1　若多项式序列$\left\{P_j\left(x_i\right):j=0,1,\cdots,m\right\}$在$n+1$个节点$x_i(i=0,1,\cdots,n)$上满足

$$\sum_{i=0}^{n}P_j\left(x_i\right)P_k\left(x_i\right)=\begin{cases}0, & j\neq k\\ \sum\limits_{i=0}^{n}P_k^2\left(x_i\right), & j=k\end{cases} \tag{6-17}$$

则称$\left\{P_j\left(x_i\right):j=0,1,\cdots,m\right\}$是一组在$x_i(i=0,1,\cdots,n)$上的正交多项式。

6.3.1　正交多项式拟合的构造方法

以$m+1$个线性无关的j次正交多项式$P_j\left(x_i\right)(j=0,1,\cdots,m)$作为拟合基函数，构成$m$次拟合多项式

$$Q_m(x)=\sum_{j=0}^{m}a_jP_j(x) \tag{6-18}$$

则有

$$\Phi=\sum_{i=0}^{n}\left[\sum_{j=0}^{m}a_jP_j\left(x_i\right)-f_i\right]^2 \tag{6-19}$$

由式（6-19）可得法方程

$$\sum_{j=0}^{m}\left[\sum_{i=0}^{n}P_j\left(x_i\right)P_k\left(x_i\right)\right]a_j=\sum_{i=0}^{n}P_kf_i\quad(k=0,1,\cdots,m) \tag{6-20}$$

由式（6-20）可知，式$\sum\limits_{j=0}^{m}$中只有$j=k$的一项非零，因此可将上式简化为

$$\sum_{i=0}^{n}P_k^2\left(x_i\right)a_k=\sum_{i=0}^{n}P_k\left(x_i\right)f_i\quad(k=0,1,\cdots,m) \tag{6-21}$$

即

$$a_k = \frac{\sum_{i=0}^{n} P_k(x_i) f_i}{\sum_{i=0}^{n} P_k^2(x_i)} \quad (k = 0,1,\cdots,m) \tag{6-22}$$

由此可见，选用正交多项式，在求取拟合系数时无需解法方程，不受病态方程影响。

下面介绍等距点正交多项式。

以 $x = 0,1,\cdots,n$ 表示 $n+1$ 个等距节点，选用如下正交多项式构造拟合函数

$$P_{j,n}(x) = \sum_{s=0}^{j} (-1)^s C_j^s C_{j+s}^s \frac{x^{(s)}}{n^{(s)}} \quad (j = 0,1,\cdots,m) \tag{6-23}$$

其中，$x^{(s)}$ 为选排列记号（亦称为阶乘积），表示每次从 x 个元素中按一定排列顺序取出 s 个元素不同取法的总数；C_j^s 为组合记号（也可记为$\begin{pmatrix} j \\ s \end{pmatrix}$），表示每次从 j 个元素中不考虑排列顺序每次取出 s 个元素的取法数目，由排列组合定义知

$$x^{(s)} = \frac{x!}{(x-s)!} = x(x-1)\cdots(x-s+1) \tag{6-24}$$

$$C_j^s = \frac{j!}{(j-s)!s!} \tag{6-25}$$

由式（6-24）知 $x^{(s)} = (x+1-1)(x+1-2)\cdots(x+1-s)$ 是 x 的 s 次多项式，因而 $P_{j,n}(x)$ 的下标 j 表示 $P_{j,n}(x)$ 是 x 的 j 次多项式，下标 n 是构成 $P_{j,n}(x)$ 的等距点总数减 1。

将式（6-23）展开，其前几个多项式为

$$\begin{aligned}
&P_{0,n}(x) = 1 \\
&P_{1,n}(x) = 1 - 2\cdot\frac{x}{n} = -\left(1 - 2\frac{n-x}{n}\right) \\
&P_{2,n}(x) = 1 - 6\cdot\frac{x}{n} + 6\frac{x(x-1)}{n(n-1)} = 1 - \frac{6}{n(n-1)}x(n-x) \\
&P_{3,n}(x) = 1 - 12\cdot\frac{x}{n} + 30\frac{x(x-1)}{n(n-1)} - 20\frac{x(x-1)(x-2)}{n(n-1)(n-2)} \\
&P_{4,n}(x) = 1 - 20\cdot\frac{x}{n} + 90\frac{x(x-1)}{n(n-1)} - 140\frac{x(x-1)(x-2)}{n(n-1)(n-2)} + 70\frac{x(x-1)(x-2)(x-3)}{n(n-1)(n-2)(n-3)}
\end{aligned} \tag{6-26}$$

易验证其满足下面正交条件

$$\sum_{x=0}^{n} P_{l,n}(x) P_{m,n}(x) = 0 \quad (l = 0,1,\cdots,m-1) \tag{6-27}$$

关于正交性的理论证明，可通过 $P_{j,n}(x)$ 的建立过程自然解决。$P_{j,n}(x)$ 的建立比较复杂，文中从略。将式（6-23）代入式（6-22），得

$$a_k = \begin{cases} \dfrac{1}{n+1}\sum_{x=0}^{n} f_x & (k=0) \\ \sum_{x=0}^{n} P_{k,n}(x) f_x \Big/ \sum_{x=0}^{n} P_{k,n}^2(x) & (k=1,2,\cdots,m) \end{cases} \tag{6-28}$$

则 m 次正交拟合多项式 $Q_m(x)$ 为

$$Q_m(x) = \sum_{j=0}^{m} a_j P_{j,n}(x) \tag{6-29}$$

拟合公式具有如下几个特点：

（1）由式（6-28）得，a_k 只与 $P_{k,n}(x)$ 有关，与其他基函数 $P_{j,n}(x)\ (j \neq k)$ 都无关，因此改变拟合多项式的次幂时，只需在后面增减相应的系数项，其他项不变便可构成新的拟合多项式，即

$$Q_{m+1}(x) = Q_m(x) + a_{m+1} P_{m+1,n}(x) \tag{6-30}$$

（2）记 $Q_m(x)$ 的拟合误差为 Φ_m，可以证明

$$\Phi_{m+1} < \Phi_m \tag{6-31}$$

即收敛，故当 $\Phi_m > \varepsilon$（$\mathcal{E}$ 为给定精度）时，可利用式（6-30）作 $Q_{m+1},\cdots$ 直至满足精度要求为止。由于存在关系 $\Phi_{m+1} < \Phi_m$，因而 Φ 可以达到任意小，直至为零，但这不是我们的希望，因为趋势曲线包含了全部的随机误差，因此既要逐步减小 Φ，又要适可而止。

（3）由式（6-26）可知，

$$P_{0,n}(x) = 1 = P_{0,n}(n-x)$$

$$P_{1,n}(x) = 1 - 2\frac{x}{n} = -\left(1 - 2\frac{n-x}{n}\right) = -P_{1,n}(n-x)$$

$$P_{1,n}\left(\frac{n}{2}\right) = 0 \quad (n\text{为偶数})$$

$$P_{2,n}(x) = 1 - \frac{6x}{n} + 6\frac{x(x-1)}{n(n-1)} = 1 - \frac{6x(n-x)}{n(n-1)} = P_{2,n}(n-x)$$

故

$$P_{k,n}(x) = \begin{cases} P_{k,n}(n-x) & (k\text{偶数}) \\ -P_{k,n}(n-x) & \left(k\text{奇数},\dfrac{n}{2}\text{为整数时}P_{k,n}\left(\dfrac{n}{2}\right)=0\right) \end{cases}$$

利用上式，式（6-28）在 $(k=1,2,\cdots,m)$ 可以简化为

当 n 为偶数时

$$a_k = \frac{\sum_{x=0}^{\frac{n}{2}-1} P_{k,n}(x)\left[f_x + (-1)^k f_{n-x}\right] + \frac{1+(-1)^k}{2} P_{k,n}\left(\frac{n}{2}\right) f_{\frac{n}{2}}}{2\sum_{x=0}^{\frac{n}{2}-1} P_{k,n}^2(x) + \frac{1+(-1)^k}{2} P_{k,n}^2\left(\frac{n}{2}\right)} \tag{6-32}$$

当 n 为奇数时

$$a_k = \frac{\sum_{x=0}^{\frac{n-1}{2}} P_{k,n}(x)\left[f_x + (-1)^k f_{n-x}\right]}{2\sum_{x=0}^{\frac{n-1}{2}} P_{k,m}^2(x)} \tag{6-33}$$

采用这种计算方法可以减少一半的计算量。

6.3.2　曲线拟合的具体计算

下面给出曲线拟合的具体计算步骤：

（1）根据实际需求确定拟合误差限 ε。

（2）按实际问题性质确定拟合多项式次数 m。

（3）以第一个节点为原点，以点距为长度单位，将 $n+1$ 个等距实测点顺序记为 $x=0,1,\cdots,n$，对应的观测值记为 $f_x = f_0, f_1, \cdots, f_n$。

（4）将 n 值代入式（6-26），写出 $P_{0,n}(x) \sim P_{m,n}(x)$ 的最简便算式，并计算 $x=0,1,\cdots,n/2$ 点的值；n 为奇数时计算到 $(n-1)/2$。

（5）利用式（6-28）、式（6-32）和式（6-33）计算拟合系数 $a_k(k=0,1,\cdots,m)$。

（6）将 $a_j, P_{j,n}(x)(j=0,1,\cdots,m)$ 代入式（6-29），计算 $x=0,1,\cdots,n$ 点的拟合值 $Q_m(x)$。

（7）计算拟合误差

$$\Phi_m = \sum_{x=0}^{n}\left[Q_m(x) - f_x\right]^2$$

（8）若 $\Phi_m < \varepsilon$，则结束计算，否则计算 Φ_{m+1}

$$\Phi_{m+1} = \Phi_m - a_{m+1}^2 \sum_{x=0}^{n} P_{m+1}^2(x) \tag{6-34}$$

（9）若 $\Phi_{m+1} < \varepsilon$，计算 $x=0,1,\cdots,n$ 点的 $Q_{m+1}(x)$ 值并结束计算，否则重复（8）、

（9），直到满足要求为止。

例 6-6　利用等距点正交多项式求下列数据拟合值，要求 $\varepsilon < 50$。

x	0	1	2	3	4	5	6	7	8	9	10
f	3	87	56	210	238	252	239	211	158	90	−5

解　（1）取 $Q_2(x) = a_0P_{0,10}(x) + a_1P_{1,10}(x) + a_2P_{2,10}(x)$。

（2）因为

$$P_{0,10}(x) = 1,\quad P_{1,10}(x) = 1 - \frac{x}{5},\quad P_{2,10}(x) = 1 - \frac{3}{5}x + \frac{x^2 - x}{15} = 1 - \frac{x}{15}(10 - x)$$

所以

x	0	1	2	3	4	5
$P_{1,10}(x)$	1	$\frac{4}{5}$	$\frac{3}{5}$	$\frac{2}{5}$	$\frac{1}{5}$	0
$P_{2,10}(x)$	1	$\frac{2}{5}$	$-\frac{1}{15}$	$-\frac{2}{5}$	$-\frac{3}{5}$	$-\frac{2}{3}$
$f_x - f_{10-x}$	8	−3	−2	−1	−1	
$f_x + f_{10-x}$	−2	177	314	421	477	

（3）根据公式（6-28）求 a_0, a_1, a_2

$$a_0 = \frac{1}{11}\sum_{x=0}^{10} f_x = \frac{1639}{11} = 149$$

$$2\sum_{x=0}^{4} P_{1,10}^2(x) = \frac{2}{25}(25 + 16 + 9 + 4 + 1) = \frac{22}{5}$$

$$\sum_{x=0}^{4} P_{1,10}(x) f_x - f_{10-x} = 8 + \frac{4}{5}(-3) - \frac{6}{5} - \frac{2}{5} - \frac{1}{5} = \frac{19}{5}$$

$$a_1 = \frac{19}{5}\bigg/\frac{22}{5} = 0.8636$$

$$\sum_{x=0}^{4} P_{2,10}(x) f_x + f_{10-x} + P_{2,10}(5) f_5$$

$$= -2 + \frac{2}{5}\cdot 177 - \frac{314}{15} - \frac{2}{5}\cdot 421 - \frac{3}{5}\cdot 477 - \frac{2}{3}\cdot 252 = -574.73$$

$$2\sum_{x=0}^{4} P_{2,10}^2(x) + P_{2,10}^2(5) = \frac{2}{25}\left(25 + 4 + \frac{1}{9} + 4 + 9\right) = 3.813$$

$$a_2 = -574.73 / 3.813 \approx -150.7168$$

（4）因此 $Q_2(x)=149+0.8636P_{1,10}(x)-150.7168P_{2,10}(x)$，可得

x	0	1	2	3	4	5	6	7	8	9	10
$Q_2(x)$	−1	89	159	209	239	249	239	208	158	87	−4
r_x	−4	2	3	−1	1	-3	0	−3	0	−3	1

$\Phi_2=\sum_{x=0}^{10}r_x^2=59>50$，不满足精度要求，继续计算。

（5）$P_{3,10}(x)=1-\dfrac{6}{5}x+\dfrac{x}{3}(x-1)-\dfrac{x}{36}(x-1)(x-2)$

$$a_3=\frac{1}{4.766}\sum_{x=0}^{4}P_{3,10}(x)\left(f_x-f_{10-x}\right)=\frac{1}{4.766}\left(8+\frac{3}{5}+\frac{22}{15}+\frac{23}{30}+\frac{7}{15}\right)=\frac{11.3}{4.766}=2.3706$$

x	0	1	2	3	4	5
$P_{2,10}(x)$	1	$-\frac{1}{5}$	$-\frac{11}{15}$	$-\frac{23}{30}$	$-\frac{7}{15}$	0
$P_{2,10}^2(x)$	1	0.04	$\frac{121}{225}$	$\frac{529}{900}$	$\frac{49}{225}$	0
$2\sum_{x=0}^{4}P_{3,10}(x)$				4.766		

重新计算

$$\Phi_3=\Phi_2-b_3^2\sum_{x=0}^{4}P_{3,10}^2(x)=59-2.3706^2\cdot4.766=59-27=32<50$$

满足精度要求。

（6）$Q_3(x)=Q_2(x)+2.37062P_{3,10}(x)$，可得

x	0	1	2	3	4	5	6	7	8	9	10
$Q_3(x)$	1	89	158	207	238	249	240	210	159	37	−6

6.3.3　正交多项式拟合的优点

正交多项式拟合有诸多优点，总结如下：

（1）保证收敛，数值稳定，可达到任意高的拟合精度。

（2）可作任意 $m<n$ 阶拟合，故最适于各阶趋势面分析计算。

（3）无需解法方程，计算简便，计算量小。

（4）作更高阶拟合时，可预先估计新的拟合误差，从而求得应提高拟合多项式次

幂的阶数，直接构造能满足拟合精度的阶次的拟合多项式，再求最后的拟合值（前后求二阶拟合值可保证达到预先给定的精度），并省去大量中间拟合计算量。

（5）构造新的拟合多项式及求新的拟合误差，都是在原基础上补充修正部分即可，不需从头重新计算。

（6）原理直观容易理解，计算公式结构规则便于计算机应用。

第 7 章　有限差分法

有限差分法（finite difference method，FDM）是一种求解微分方程数值解的近似方法，其主要原理是对微分方程中的微分项进行直接差分近似，使用某一点周围点的函数值近似表示该点的微分，从而将微分方程转化为代数方程组求解（冯德山等，2017）。在解决偏微分方程问题的不同方法中，有限差分法无疑是一种应用广泛、实现简单、发展成熟的算法，在工程领域有着广泛的应用背景。本章将从有限差分法的原理、基本差分公式、误差估计等方面进行概述，给出其基本的应用方法。

7.1　偏微分方程基本概念

对于一个未知函数$u(x_1,x_2,\cdots,x_n)$，含有偏导数的方程就称为关于函数u的偏微分方程，在涉及时间推进的很多问题中，常常采用 t 作为专门设定的时间变量，这时函数u可写为$u(x_1,x_2,\cdots,x_n,t)$，除时间变量 t 外的其他变量称为空间变量（陆金甫，2004）。下面列举一些常见的偏微分方程的例子。

例 7-1　Laplace（拉普拉斯）方程（调和方程）

$$\Delta u = 0 \tag{7-1}$$

$$\Delta = \sum_{i=1}^{n} \frac{\partial^2}{\partial x_i^2} \tag{7-2}$$

其中，Δ 称为 Laplace 算子，Laplace 算子是二阶的微分算子，定义为$\Delta = \nabla \cdot \nabla$。可以说 Laplace 方程是最基本也是最重要的椭圆形方程。

例 7-2　Poisson（泊松）方程

$$-\Delta u = f \tag{7-3}$$

式中，f 为已知函数，而u为代求的未知函数，很容易注意到，当 f 恒为 0 时，Poisson 方程等价于 Laplace 方程。

例 7-3　波动方程

$$\frac{\partial^2 u}{\partial t^2} - a^2 \Delta u = f(x,t) \tag{7-4}$$

式中，$f(x,t)$ 为给定函数，主要用于解决如声波、电磁波等波动问题，当波的传播仅沿一维的 x 方向时，可转化为经典的弦振动方程

$$\frac{\partial^2 u}{\partial t^2}-a^2\frac{\partial^2 u}{\partial x^2}=f(x,t) \tag{7-5}$$

以此类推可以得到二维及三维的波动方程形式，此处不再展示。

对于常微分方程，通常都可以写出它的通解形式，而对于偏微分方程则很难通过相同的方法写出解，因此，要想在 R^n 的某个区域 Ω 得到偏微分方程的解，特定的条件是必不可少的（刘海飞等，2021）：在 Ω 的边界上 Γ 上给出的关于函数 u 的条件称为边界条件，而在时间维度上 $t=t_0$ 时给出的条件称为初始条件。这两种特定条件都称为定解条件，给定了偏微分方程与定解条件，这两者就组成了一个定解问题（李祺，1991）。

对于单一的偏微分方程来说，没有定解条件的约束无法得出确定的解，以最简单形式的偏微分方程为例

$$\frac{\mathrm{d}^2 u}{\mathrm{d}x^2}=0 \tag{7-6}$$

求解后可以得到 $u=ax+b$，此时的 u 具有无数个解，边界条件的意义就在于确定式中的 a 与 b，而对于不同种类的偏微分方程自然需要采用不同种类的边界条件。

1）第一类边界条件（Dirichlet 边界条件）

Dirichlet（狄利克雷）边界条件是最简单的边界条件，它直接给定函数 u 在边界上的具体值，此类边界条件也称为第一类边界条件。

2）第二类边界条件（Neumann 边界条件）

Neumann（诺依曼）边界条件给定了边界上函数 u 的梯度值，以一维波动方程为例，采用 Neumann 边界条件的初边值问题可写成下式

$$\begin{cases}\dfrac{\partial^2 u}{\partial t^2}-a^2\dfrac{\partial^2 u}{\partial x^2}=f(x,t)\,, \quad x\in(0,L)\,,\ t>0\\ u\big|_{t=0}=g(x)\,, \quad \dfrac{\partial u}{\partial t}\Big|_{t=0}=h(x)\\ \dfrac{\partial u}{\partial x}\Big|_{x=0}=\varphi(t)\,, \quad \dfrac{\partial u}{\partial x}\Big|_{x=L}=\phi(t)\end{cases} \tag{7-7}$$

式中，给出了 $t=0$ 时函数 u 的值及时间梯度值，同时给定了在 $x=0,L$ 处的梯度值。此处混合边界条件的概念，并非是一种单独的边界条件，将式（7-7）在边界 $x=0,L$ 任意一处的梯度值改写成函数本身的值即为混合边界条件。

3）第三类边界条件

第三类边界条件有些类似于第一类与第二类边界条件的结合，第三类边界条件给定的是边界上函数 u 的梯度值与边界值之间的关系，第三类边界条件改写为

$$\begin{cases} \dfrac{\partial u}{\partial t} - a^2 \dfrac{\partial^2 u}{\partial x^2} = f(x,t), \quad x \in (0,L),\ t > 0 \\ u\big|_{t=0} = g(x) \\ \dfrac{\partial u}{\partial x}\Big|_{x=0} = \varphi(t), \quad \left(k\dfrac{\partial u}{\partial x} + u\right)\Big|_{x=L} = \phi(t) \end{cases} \tag{7-8}$$

式中，给定了初始的场值分布以及在边界上的梯度值与其本身的关系。这三类边界条件与偏微分方程结合就可以得到三种不同的边值问题，然后求得任一确定的解。

7.2 有限差分格式

7.2.1 网格剖分

应用有限差分方法求解偏微分方程时，需要进行网格离散，在一维时间域情况下设计算区域为

$$\{(x,t)|-\infty < x < +\infty, t \geqslant 0\} \tag{7-9}$$

即可得到关于 x，t 的二维平面。

由图 7-1 中可见，计算区域被剖分为矩形网格，邻近网格交点即为网格点；平行于 t 轴的网格线间距为空间步长（Δx）；而平行于 x 轴的网格线为时间步长（Δt）；网格点可记为（x_k, t_n）。

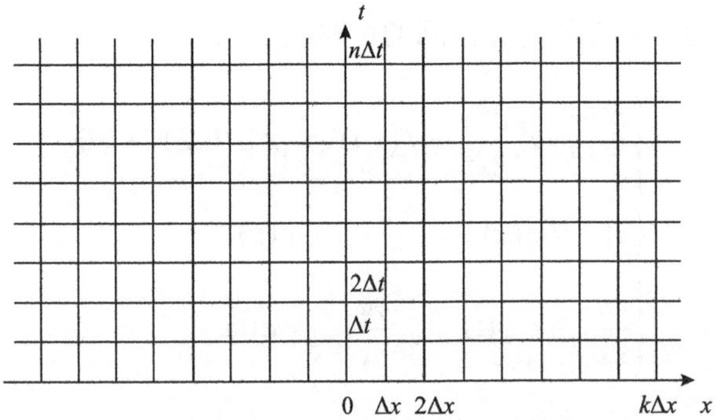

图 7-1 （x, t）区域网格剖分示意图

7.2.2 差分格式

1. 显式差分与隐式差分

采用有限差分法求解偏微分方程至关重要的一步在于差分格式的构造，设偏微分

方程初值问题解 $u(x, t)$为充分光滑的，用泰勒级数展开得到如下共六个差分方程，分别为 t 方向向后差分、中心差分以及 x 方向向前差分、向后差分、中心差分以及二阶差分：

$$\begin{cases}\dfrac{u(x_k,t_{n+1})-u(x_k,t_n)}{\Delta t}=\dfrac{\partial u}{\partial t}\Big|_{x=x_k,t=t_n}+O(\Delta t)\\ \dfrac{u(x_k,t_{n+1})-u(x_k,t_{n-1})}{2\Delta t}=\dfrac{\partial u}{\partial t}\Big|_{x=x_k,t=t_n}+O(\Delta t^2)\\ \dfrac{u(x_{k+1},t_n)-u(x_k,t_n)}{\Delta x}=\dfrac{\partial u}{\partial x}\Big|_{x=x_k,t=t_n}+O(\Delta x)\\ \dfrac{u(x_k,t_n)-u(x_{k-1},t_n)}{\Delta x}=\dfrac{\partial u}{\partial x}\Big|_{x=x_k,t=t_n}+O(\Delta x)\\ \dfrac{u(x_{k+1},t_n)-u(x_{k-1},t_n)}{2\Delta x}=\dfrac{\partial u}{\partial x}\Big|_{x=x_k,t=t_n}+O(\Delta x^2)\\ \dfrac{u(x_{k+1},t_n)-2u(x_k,t_n)+u(x_{k-1},t_n)}{\Delta x^2}=\dfrac{\partial^2 u}{\partial x^2}\Big|_{x=x_k,t=t_n}+O(\Delta x^2)\end{cases} \tag{7-10}$$

以对流方程为例

$$\begin{cases}\dfrac{\partial u}{\partial t}+a\dfrac{\partial u}{\partial x}=0,\quad x\in R\,,\, t>0\\ u\big|_{t=0}=g(x)\end{cases} \tag{7-11}$$

利用方程（7-10）中第 1 式和第 3 式可得

$$\frac{u(x_k,t_{n+1})-u(x_k,t_n)}{\Delta t}+a\frac{u(x_{k+1},t_n)-u(x_k,t_n)}{\Delta x}=\left[\frac{\partial u}{\partial t}+a\frac{\partial u}{\partial x}\right]_k^n+O(\Delta t+\Delta x) \tag{7-12}$$

如式（7-12）所示，若函数 $u(x, t)$是满足对流方程的光滑解，则

$$\left[\frac{\partial u}{\partial t}+a\frac{\partial u}{\partial x}\right]_k^n=0 \tag{7-13}$$

则对流方程（7-11）可写成

$$\frac{u(x_k,t_{n+1})-u(x_k,t_n)}{\Delta t}+a\frac{u(x_{k+1},t_n)-u(x_k,t_n)}{\Delta x}\approx 0 \tag{7-14}$$

进一步简写为如下形式

$$\frac{u_k^{n+1}-u_k^n}{\Delta t}+a\frac{u_{k+1}^n-u_k^n}{\Delta x}=0 \tag{7-15}$$

其中，u_k^n 为$u(x_k,t_n)$的近似值，则将式（7-15）称为式（7-11）的有限差分方程；结合

初始条件，即可在如图 7-1 的网格点上，按照时间逐格推进，并算出各层的值。式（7-15）与初始条件一起即可称为关于偏微分方程（7-11）的一个差分格式，它在时域中可从零时刻开始，逐步求取每一时刻的 u 值，因此称式（7-15）为**显式差分格式**；并且当求取第 $n+1$ 时刻时，仅需第 n 时刻的 u 值，故也称式（7-15）为二层显式格式。

上文中构造的差分格式都为显式的，即在 $n+1$ 时刻的 u 值可用在 n 时刻的 u 值求取得出，但差分格式并不都如此，针对上述对流方程，若采用下式

$$\frac{u_k^n - u_k^{n-1}}{\Delta t} = \left[\frac{\partial u}{\partial t}\right]_k^n + O(\Delta t) \tag{7-16}$$

与方程（7-10）中的第 5 式相结合，则可得到另一种差分格式

$$\frac{u_k^n - u_k^{n-1}}{\Delta t} + a\frac{u_{k+1}^n - u_{k-1}^n}{2\Delta x} = 0 \tag{7-17}$$

式中可见，在同一时刻 n，存在多个未知量，因此不可直接从 $n-1$ 时刻 u 值求出 n 时刻 u 值，称此种格式为**隐式差分格式**。

综上可以看出，显式差分格式可以轻易地求取偏微分方程的初值问题，而隐式差分格式可采用更大的时间步长 Δt。

2. 高阶差分

上述差分格式皆为一阶差分格式，但往往在复杂的偏微分问题中需要构造出高阶差分格式，如式（7-10）中的第 6 式，就称为简单的二阶中心差分格式。针对扩散方程

$$\begin{cases} \dfrac{\partial u}{\partial t} = a\dfrac{\partial^2 u}{\partial x^2}, \quad x \in R\ , t > 0 \\ u\big|_{t=0} = g(x) \end{cases} \tag{7-18}$$

采用式（7-10）中的第 1 式与第 6 式，可得如下差分格式

$$\frac{u_k^{n+1} - u_k^n}{\Delta t} - a\frac{u_{k+1}^n - 2u_k^n + u_{k-1}^n}{\Delta x^2} = 0 \tag{7-19}$$

可见上式同样也为二层显式格式，即可从初始条件依次计算出各个时间层上的函数 u 值。而运用泰勒展开，可得 2 阶、4 阶、6 阶、8 阶、10 阶格式如下

2 阶格式

$$\frac{\partial u_k^n}{\partial t} = a\frac{u_{k+1}^n - 2u_k^n + u_{k-1}^n}{\Delta x^2} \tag{7-20}$$

4 阶格式

$$\frac{\partial u_k^n}{\partial t} = \frac{a}{\Delta x^2}\left(-\frac{1}{12}u_{k+2}^n + \frac{3}{4}u_{k+1}^n - \frac{5}{2}u_k^n + \frac{3}{4}u_{k-1}^n - \frac{1}{12}u_{k-2}^n\right) \tag{7-21}$$

6 阶格式

$$\frac{\partial u_k^n}{\partial t}=\frac{a}{\Delta x^2}\left(\frac{1}{90}u_{k+3}^n-\frac{3}{20}u_{k+2}^n+\frac{3}{2}u_{k+1}^n-\frac{49}{18}u_k^n+\frac{3}{2}u_{k-1}^n-\frac{3}{20}u_{k-2}^n+\frac{1}{90}u_{k-3}^n\right) \quad (7\text{-}22)$$

8 阶格式

$$\begin{aligned}\frac{\partial u_k^n}{\partial t}=\frac{a}{\Delta x^2}\bigg(&-\frac{1}{560}u_{k+4}^n+\frac{8}{315}u_{k+3}^n-\frac{1}{5}u_{k+2}^n+\frac{8}{5}u_{k+1}^n-\frac{205}{72}u_k^n\\&+\frac{8}{5}u_{k-1}^n-\frac{1}{5}u_{k-2}^n+\frac{8}{315}u_{k-3}^n-\frac{1}{560}u_{k-4}^n\bigg)\end{aligned} \quad (7\text{-}23)$$

10 阶格式

$$\begin{aligned}\frac{\partial u_k^n}{\partial t}=\frac{a}{\Delta x^2}\bigg(&\frac{1}{3150}u_{k+5}^n-\frac{5}{1008}u_{k+4}^n+\frac{5}{126}u_{k+3}^n-\frac{5}{21}u_{k+2}^n+\frac{5}{3}u_{k+1}^n-\frac{5269}{1800}u_k^n\\&+\frac{5}{3}u_{k-1}^n-\frac{5}{21}u_{k-2}^n+\frac{5}{126}u_{k-3}^n-\frac{5}{1008}u_{k-4}^n+\frac{1}{3150}u_{k-5}^n\bigg)\end{aligned} \quad (7\text{-}24)$$

以上即展示了以 x_k 为中心的高阶中心差分格式，根据以上公式，即可计算出对应偏微分方程的高阶有限差分格式。

7.3　椭圆型方程的有限差分求解

应用有限差分法求解 Poisson（椭圆型）方程，涉及差分格式的建立。考虑 Poisson 方程

$$\Delta u=\frac{\partial^2 u}{\partial x^2}+\frac{\partial^2 u}{\partial y^2}=f(x,y),\quad (x,y)\in D \quad (7\text{-}25)$$

其中，D 是 xy 平面内的有界区域，其边界用 δD 来表示，假定它是由分段光滑的曲线组成，为方便起见，先取 D 为矩形区域

$$D=\left\{(x,y)\middle|0<x<a,0<y<b\right\}$$

其边界是由四条直线段组成

$$\delta D=\left\{(x,y)\middle|x=0,a,0\leqslant y\leqslant b;y=0,b,0\leqslant x\leqslant a\right\}$$

对 D 剖分网格如下，设 x 轴方向的步长和 y 轴方向的步长分别为 h,k，有

$$h=\frac{a}{I+1},\quad k=\frac{b}{J+1}$$

可将 D 内部网格点和边界点写为

$$D_h = \{(x_i, y_i) | x_i = ih, 1 \leqslant i \leqslant I; y_j = jk, 1 \leqslant j \leqslant J\}$$

$$\delta D = \{(x_i, y_i) | x_i = ih, y_j = jk; i = 0, I+1, j = 0, 1, \cdots, J, J+1$$
$$j = 0, J+1, i = 0, 1, \cdots, I, I+1\}$$

网格剖分情况见图 7-2。

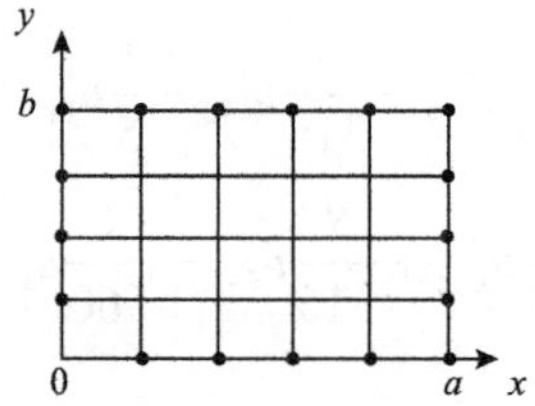

图 7-2 网格剖分示意图

考虑采用五点差分格式。利用泰勒级数展开有

$$\frac{[u(x_i+h, y_j) - 2u(x_i, y_j) + u(x_i-h, y_j)]}{h^2} = \left(\frac{\partial^2 u}{\partial x^2}\right)_{ij} + \frac{h^2}{24}\left[\frac{\partial^4}{\partial x^4}u(\xi_1, y_j) + \frac{\partial^4}{\partial x^4}u(\xi_2, y_j)\right] \tag{7-26}$$

其中，$x_{i-1} \leqslant \xi_1$，$\xi_2 \leqslant x_{i+1}$，同样地

$$\frac{[u(x_i, y_j+k) - 2u(x_i, y_j) + u(x_i, y_j-k)]}{h^2} = \left(\frac{\partial^2 u}{\partial y^2}\right)_{ij} + \frac{k^2}{24}\left[\frac{\partial^4}{\partial y^4}u(x_i, \eta_1) + \frac{\partial^4}{\partial x^4}u(x_i, \eta_2)\right] \tag{7-27}$$

同样其中 $y_{j-1} \leqslant \eta_1$，$\eta_2 \leqslant y_{j+1}$。

利用式（7-26）和式（7-27）可以得到一个式（7-25）的差分方程

$$\Delta_h u_{ij} = \frac{u_{i+1,j} - 2u_{ij} + u_{i-1,j}}{h^2} + \frac{u_{i,j+1} - 2u_{ij} + u_{i,j-1}}{k^2} = f_{ij} \tag{7-28}$$

其中 $f_{ij}=f(x_i, y_j)$，将该差分方程称为五点差分格式，其节点分布见图 7-3，图中可见差分格式（7-28）的截断误差是 $O(h^2+k^2)$，由此可写出逼近 Laplace 方程的五点差分格式

$$\Delta u = \frac{\partial^2 u}{\partial x^2} + \frac{\partial^2 u}{\partial y^2} = 0 \tag{7-29}$$

$$\Delta_h u_{ij} = \frac{u_{i+1,j} - 2u_{ij} + u_{i-1,j}}{h^2} + \frac{u_{i,j+1} - 2u_{ij} + u_{i,j-1}}{k^2} = 0 \tag{7-30}$$

由于计算区域为矩形，因此，可写出 Poisson 方程的第一边值问题的差分逼近为

$$\begin{cases} \Delta_h u_{ij} = f_{ij}, & (x_i, y_j) \in D_h \\ u_{ij} = \alpha_{ij}, & (x_i, y_j) \in \delta D_h \end{cases} \tag{7-31}$$

其中 $u(x, y)=\alpha(x, y)$，当点落在边界上时，$\alpha_{ij}=\alpha(x_i, y_j)$。

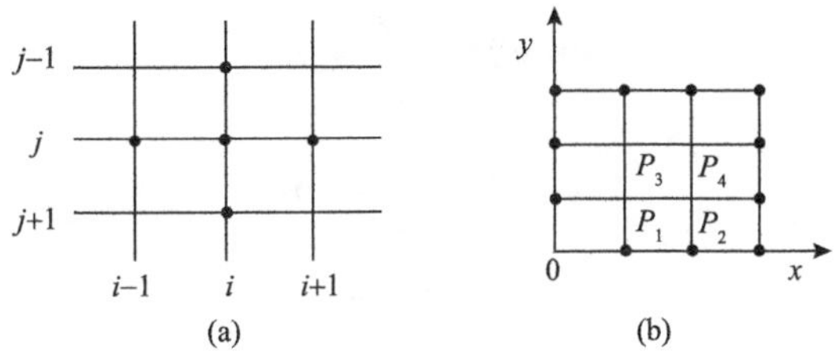

图 7-3 五点差分格式节点示意图

下面考虑一个简单的数值例子，求解 Laplace 方程的第一边值问题

$$\begin{cases} \dfrac{\partial^2 u}{\partial x^2} + \dfrac{\partial^2 u}{\partial y^2} = 0, & (x, y) \in D \\ u(x, y) = \log\left[(1+x)^2 + y^2\right], & (x, y) \in \delta D \end{cases} \tag{7-32}$$

其中 $D=\{(x, y)|0\leqslant x, y\leqslant 1\}$。

取特殊的网格，$h=k=1/3$，此时网格点分布见图 7-3，在内点 P_1, P_2, P_3, P_4 上用差分格式（7-30），在其余边界点上取边界条件

$$\alpha(x, y) = \log\left[(1+x)^2 + y^2\right]$$

的离散，最后可得一个线性方程组

$$\begin{bmatrix} 4 & -1 & -1 & 0 \\ -1 & 4 & 0 & -1 \\ -1 & 0 & 4 & -1 \\ 0 & -1 & -1 & 4 \end{bmatrix} \begin{bmatrix} u_1 \\ u_2 \\ u_3 \\ u_4 \end{bmatrix} = \begin{bmatrix} \alpha_1 + \alpha_8 \\ \alpha_2 + \alpha_3 \\ \alpha_6 + \alpha_7 \\ \alpha_4 + \alpha_5 \end{bmatrix} \tag{7-33}$$

求解此方程组即可得出

$$u_1 = 0.634804, \quad u_2 = 1.059993, \quad u_3 = 0.798500, \quad u_4 = 1.169821$$

7.4 有限差分法求解探地雷达波动方程

接下来将详细介绍有限差分求解地球物理中探地雷达波动方程的过程。

7.4.1　Maxwell 方程组和 Yee 元胞

雷达波在时域内传播规律遵循麦克斯韦（Maxwell）方程，可将 Maxwell 方程组写为

$$\nabla \times \boldsymbol{H} = \frac{\partial \boldsymbol{D}}{\partial t} + \boldsymbol{J} \tag{7-34}$$

$$\nabla \times \boldsymbol{E} = -\frac{\partial \boldsymbol{B}}{\partial t} - \boldsymbol{M} \tag{7-35}$$

$$\nabla \cdot \boldsymbol{D} = \rho_{\mathrm{e}} \tag{7-36}$$

$$\nabla \cdot \boldsymbol{B} = \rho_{\mathrm{m}} \tag{7-37}$$

式中，$\boldsymbol{E}$ 为电场强度（V/m）；$\boldsymbol{D}$ 为电位移（$\mathrm{C/m^2}$）；$\boldsymbol{H}$ 为磁场强度（A/m）；$\boldsymbol{B}$ 为磁通量密度（$\mathrm{Wb/m^2}$）；$\boldsymbol{J}$ 为电流密度（$\mathrm{A/m^2}$）；$\boldsymbol{M}$ 为磁流密度（$\mathrm{V/m^2}$）；ρ_{e} 为电荷密度（$\mathrm{C/m^3}$）；ρ_{m} 为磁荷密度（$\mathrm{Wb/m^3}$）。

在求解电磁场问题时，要确定各个电磁场的量仅依据 Maxwell 方程组的四个式子是不够的，还必须讨论介质的本构关系。对于介质是均匀、线性、各向同性的，其本构关系可表示为

$$\boldsymbol{D} = \varepsilon \boldsymbol{E} \tag{7-38}$$

$$\boldsymbol{B} = \mu \boldsymbol{H} \tag{7-39}$$

式中，ε 是介质的介电常数；μ 是介质的磁导率。在自由空间有

$$\varepsilon = \varepsilon_0 = 8.854 \times 10^{-12}\ \mathrm{F/m},\quad \mu = \mu_0 = 4\pi \times 10^{-7}\ \mathrm{H/m}$$

在推导时域有限差分（finite difference time domain，FDTD）方程时，由于在 FDTD 方程更新过程中满足散度方程，故只需考虑两个旋度方程即可。

考虑到式（7-34）中的电流密度 $\boldsymbol{J}$ 等于导体电流密度 $\boldsymbol{J}_{\mathrm{c}}$ 与施加电流密度 $\boldsymbol{J}_{\mathrm{i}}$ 之和，即为

$$\boldsymbol{J} = \boldsymbol{J}_{\mathrm{c}} + \boldsymbol{J}_{\mathrm{i}}$$

式中，$\boldsymbol{J}_{\mathrm{c}} = \sigma^{\mathrm{e}} \boldsymbol{E}$，$\sigma^{\mathrm{e}}$ 为电导率（S/m）。同样，对于磁流密度有

$$\boldsymbol{M} = \boldsymbol{M}_{\mathrm{c}} + \boldsymbol{M}_{\mathrm{i}}$$

式中，$\boldsymbol{M}_{\mathrm{c}} = \sigma^{\mathrm{m}} \boldsymbol{H}$，$\sigma^{\mathrm{m}}$ 为磁导率（Ω/m）。

将电流密度分解为导体电流密度和施加电流密度，应用本构关系，重写 Maxwell 方程：

$$\nabla \times \boldsymbol{H} = \varepsilon \frac{\partial \boldsymbol{E}}{\partial t} + \sigma^{\mathrm{e}} \boldsymbol{E} + \boldsymbol{J} \tag{7-40}$$

$$\nabla \times \boldsymbol{E} = -\mu \frac{\partial \boldsymbol{H}}{\partial t} - \sigma^{\mathrm{m}} \boldsymbol{H} - \boldsymbol{M} \tag{7-41}$$

式（7-40）和式（7-41）涉及电磁场 $\boldsymbol{E}$ 和 $\boldsymbol{H}$，而未涉及通量密度 $\boldsymbol{D}$ 和 $\boldsymbol{B}$，且方程中出现了四个本构关系参量 ε、μ、σ^{e}、σ^{m}，即仅能描述任意线性、各向同性的介质。

在直角坐标系中，矢量 $\boldsymbol{A}$ 的旋度可用下面行列式表示

$$\nabla\times\boldsymbol{A}=\begin{vmatrix} e_x & e_y & e_z \\ \dfrac{\partial}{\partial x} & \dfrac{\partial}{\partial y} & \dfrac{\partial}{\partial z} \\ A_x & A_y & A_z \end{vmatrix}$$

式（7-40）和式（7-41）由两个矢量方程组成，在三维空间每个矢量方程可以分解为三个标量方程，即 Maxwell 旋度方程可以表示成 6 个标量方程，在直角坐标下，有

$$\frac{\partial H_z}{\partial y}-\frac{\partial H_y}{\partial z}=\varepsilon_x\frac{\partial E_x}{\partial t}+\sigma_x^{\mathrm{e}}E_x+J_x \tag{7-42}$$

$$\frac{\partial H_x}{\partial z}-\frac{\partial H_z}{\partial x}=\varepsilon_y\frac{\partial E_y}{\partial t}+\sigma_y^{\mathrm{e}}E_y+J_y \tag{7-43}$$

$$\frac{\partial H_y}{\partial x}-\frac{\partial H_x}{\partial y}=\varepsilon_z\frac{\partial E_z}{\partial t}+\sigma_z^{\mathrm{e}}E_z+J_z \tag{7-44}$$

$$\frac{\partial E_y}{\partial z}-\frac{\partial E_z}{\partial y}=-\mu_m\frac{\partial H_x}{\partial t}-\sigma_x^{\mathrm{m}}H_x-M_x \tag{7-45}$$

$$\frac{\partial E_z}{\partial x}-\frac{\partial E_x}{\partial z}=-\mu_y\frac{\partial H_y}{\partial t}-\sigma_y^{\mathrm{m}}H_y-M_y \tag{7-46}$$

$$\frac{\partial E_x}{\partial y}-\frac{\partial E_y}{\partial x}=-\mu_z\frac{\partial H_z}{\partial t}-\sigma_z^{\mathrm{m}}H_z-M_z \tag{7-47}$$

FDTD 将待求问题离散为正交的空间网格点，在这些网格点上电场和磁场分量被放置于交错空间离散位置。

首先采用 FDTD 来近似 Maxwell 方程中的空间和时间导数，令 $f(x,y,z,t)$ 代表 $\boldsymbol{E}$ 或 $\boldsymbol{H}$ 在直角坐标系中某一分量，在时间和空间域中的离散取以下符号表示：

$$f(x,y,z,t)=f(i\Delta x,j\Delta y,k\Delta z,n\Delta t)=f^n(i,j,k) \tag{7-48}$$

对 $f(x,y,z,t)$ 关于时间和空间的一阶偏导数取中心差分近似，可得到

$$\begin{cases} \dfrac{\partial f(x,y,z,t)}{\partial x}\bigg|_{x=i\Delta x}\approx\dfrac{f^n\left(i+\dfrac{1}{2},j,k\right)-f^n\left(i-\dfrac{1}{2},j,k\right)}{\Delta x} \\ \dfrac{\partial f(x,y,z,t)}{\partial t}\bigg|_{t=i\Delta t}\approx\dfrac{f^{n+1/2}(i,j,k)-f^{n-1/2}(i,j,k)}{\Delta t} \end{cases} \tag{7-49}$$

上式仅列出了 x 方向的中心差分近似，y 和 z 方向可类似推出。

其次，再构造一组更新方程，以前一时间步的瞬时场分量值来迭代计算下一时间步的瞬时场分量值，由此构造出时间向前推进的时域有限差分算法，以模拟探地雷达（ground penetrating radar，GPR）电磁场在时域的进程。

由于电场分量和磁场分量可以在时间和空间中以交错离散点的方式放置，FDTD 将三维问题的几何结构分解为单元，以构成相应的交错网格。图 7-4 为 $N_x \times N_y \times N_z$ 个 Yee 氏单元构成的交错网格，使用矩形 Yee 氏单元，以单元的大小作为分辨率，用阶跃或阶梯形式来近似拟合表面和内部的几何结构。

图 7-5 为第（i, j, k）位置的 Yee 氏单元中交错空间的场分量分布，其中电场分量放置在 Yee 氏单元各棱的中间，平行于各棱，磁场分量放置在 Yee 氏单元各面的中心，平行于各面的法线。Yee 氏交错网格空间中每一个磁场矢量都被四个电场所环绕形成磁场的旋度，模拟法拉第定律，相邻的 Yee 氏单元中，则表现为每一个电场矢量被四个磁场矢量所环绕，模拟安培定律。

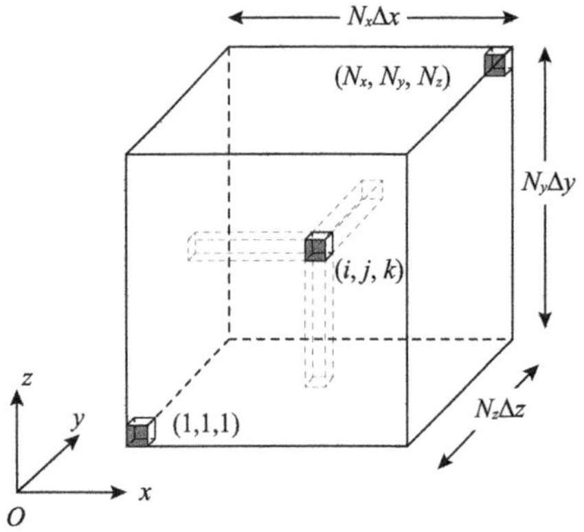

图 7-4　Yee 氏网格单元的三维 FDTD 计算空间

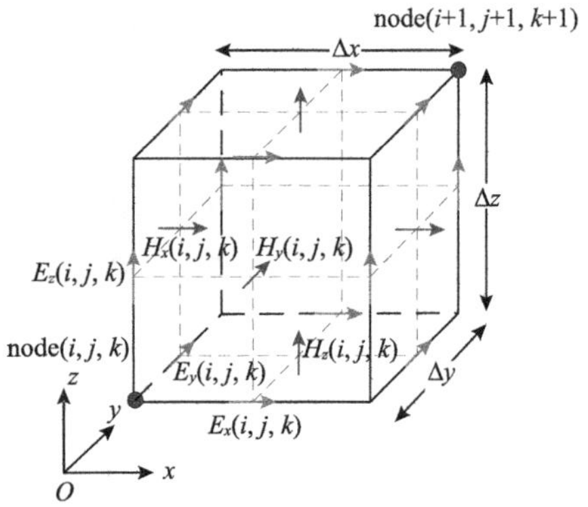

图 7-5　Yee 氏元胞中离散空间的场分量分布

图 7-5 中给出了 Yee 氏单元上标记为（i, j, k）的每一场分量的实际位置。Yee 氏单元在 x, y, z 坐标方向中的尺寸分别为 $\Delta x, \Delta y, \Delta z$，每一个场分量的实际位置与标志（$i, j, k$）的关系如表 7-1 所示。

表 7-1　Yee 氏元胞中 *E*、*H* 各分量实际位置与标记 (i, j, k) 的关系

电磁场分量		空间实际位置		
		x 坐标	y 坐标	z 坐标
E 节点	$E_x(i,j,k)$	$(i-0.5)\Delta x$	$(j-1)\Delta y$	$(k-1)\Delta z$
	$E_y(i,j,k)$	$(i-1)\Delta x$	$(j-0.5)\Delta y$	$(k-1)\Delta z$
	$E_z(i,j,k)$	$(i-1)\Delta x$	$(j-1)\Delta y$	$(k-0.5)\Delta z$

续表

电磁场分量		空间实际位置		
		x 坐标	y 坐标	z 坐标
H 节点	$H_x(i,j,k)$	$(i-1)\Delta x$	$(j-0.5)\Delta y$	$(k-0.5)\Delta z$
	$H_y(i,j,k)$	$(i-0.5)\Delta x$	$(j-1)\Delta y$	$(k-0.5)\Delta z$
	$H_z(i,j,k)$	$(i-0.5)\Delta x$	$(j-0.5)\Delta y$	$(k-1)\Delta z$

FDTD 算法在离散的时间瞬间取样并计算各场值，且电场和磁场取样计算不在相同时刻。对于时间步长 Δt，电场的取样时刻分别为：0，Δt，$2\Delta t$，$3\Delta t$，…，$n\Delta t$。而磁场的取样时刻分别为：$0.5\Delta t$，$1.5\Delta t$，$2.5\Delta t$，…，$(n+0.5)\Delta t$。即电场取样在时间的整数步长时刻，而磁场取样在时间的半整数时间步时刻。

物质参量（介电常数、磁导率、电导率和导磁性）分布在整个 FDTD 网格上，并且与场量相关，因此它们的标记与对应的场量相同。

7.4.2　二维直角坐标时间域有限差分法更新方程

介绍二维时间域有限差分法内容之前，首先给出一个一维时域的 FDTD GPR 求解示例。

例 7-4　一维 FDTD 求解 GPR 电磁波传播问题，求解 E_x 与 H_y 在 z 传播方向的场值变化（图 7-6）。

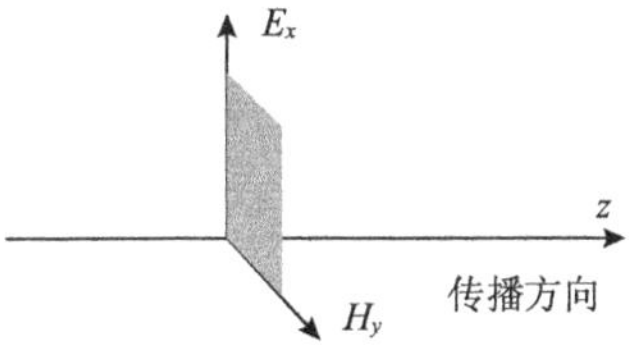

图 7-6　一维情况下 E_x 与 H_y 在 z 传播方向示意图

k 代表空间网格点位置，n 代表时间网格点位置，E_x 与 H_y 关于时间的偏微分方程如下：

$$
\begin{aligned}
\frac{\partial E_x}{\partial t} &= \frac{1}{\varepsilon}\left(-\frac{\partial H_y}{\partial z} - \sigma E_x - J_x\right) \\
\frac{\partial H_y}{\partial t} &= -\frac{1}{\mu}\frac{\partial E_x}{\partial z}
\end{aligned}
\tag{7-50}
$$

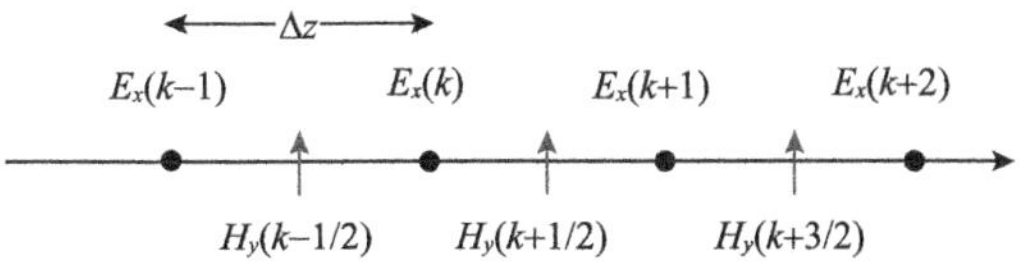

图 7-7　一维情况下 E_x 与 H_y 在 z 传播方向网格点位置示意图

在如图 7-7 所示的传播方向上，E_x 与 H_y 分别位于整网格点与半网格点上，时间的对应关系也是如此，因此将 E_x 与 H_y 在空间方向上的向前差分格式分别表示为

$$\frac{E_x^{n+1}(k)-E_x^n(k)}{\Delta t}=\frac{1}{\varepsilon}\left(-\frac{H_y^{n+1/2}(k+1/2)-H_y^{n+1/2}(k-1/2)}{\Delta z}-\sigma\frac{E_x^{n+1}(k)+E_x^n(k)}{2}-J_x^{n+1/2}(k)\right) \tag{7-51}$$

$$\frac{H_y^{n+1/2}(k+1/2)-H_y^{n-1/2}(k+1/2)}{\Delta t}=\frac{1}{\mu}\left[-\frac{E_x^n(k+1)-E_x^n(k)}{\Delta z}\right]$$

可以发现，求解的电场 E_x 是在第 k 个网格点上，n+1/2 时刻的值；相对应的 H_y 是在第 k+1/2 个网格点，n 时刻的值。将式（7-51）表示为线性方程组 $\boldsymbol{Ax}=\boldsymbol{b}$ 的形式如下：

$$\begin{aligned}
&E_x^{\ n+1}(k)=CA(k)\cdot E_x^{\ n}(k)-\frac{CB(k)}{\Delta z}\cdot\left[H_y^{\ n+1/2}(k)-H_y^{\ n+1/2}(k-1)\right]-CB(k)\cdot J_x^{n+1/2}\\
&H_y^{\ n+1/2}(k)=H_y^{\ n-1/2}(k)-\frac{CQ(k)}{\Delta z}\cdot\left[E_x^{\ n}(k+1)-E_x^{\ n}(k)\right]
\end{aligned} \tag{7-52}$$

式中

$$\begin{cases}
CA(k)=\dfrac{\dfrac{\varepsilon(k)}{\Delta t}-\dfrac{\sigma(k)}{2}}{\dfrac{\varepsilon(k)}{\Delta t}+\dfrac{\sigma(k)}{2}}=\dfrac{1-\dfrac{\sigma(k)\Delta t}{2\varepsilon(k)}}{1+\dfrac{\sigma(k)\Delta t}{2\varepsilon(k)}}\\
CB(k)=\dfrac{1}{\dfrac{\varepsilon(k)}{\Delta t}+\dfrac{\sigma(k)}{2}}=\dfrac{\dfrac{\Delta t}{\varepsilon(k)}}{1+\dfrac{\sigma(k)\Delta t}{2\varepsilon(k)}}\\
CQ(k)=\dfrac{\Delta t}{\mu(k)}
\end{cases} \tag{7-53}$$

在求解区间[0, d]上加载 Mur 一阶吸收边界条件，加载激励源，即可求解区间内网格点上的对应场值，图 7-8 为不同时间步时，空间网格点处的 E_x。

例 7-5　一维层状介质 FDTD GPR 正演实现。

采取一维层状介质来进行正演，如图 7-9 所示。背景地层的相对介电常数 $\varepsilon_r=3$，电导率为 $\sigma=5\text{mS}\cdot\text{m}^{-1}$。目标地层的相对介电常数 $\varepsilon_r=5$，电导率为 $\sigma=10\text{mS}\cdot\text{m}^{-1}$。目标地层的上顶面深度为 0.5m，目标地层厚度为 0.2m。根据所探测的深度，激励源采用主频为 900MHz 的布莱克曼-哈里斯脉冲，且采取自激自收的方式。时窗长度为 20ns。图 7-10 为所得的记录。

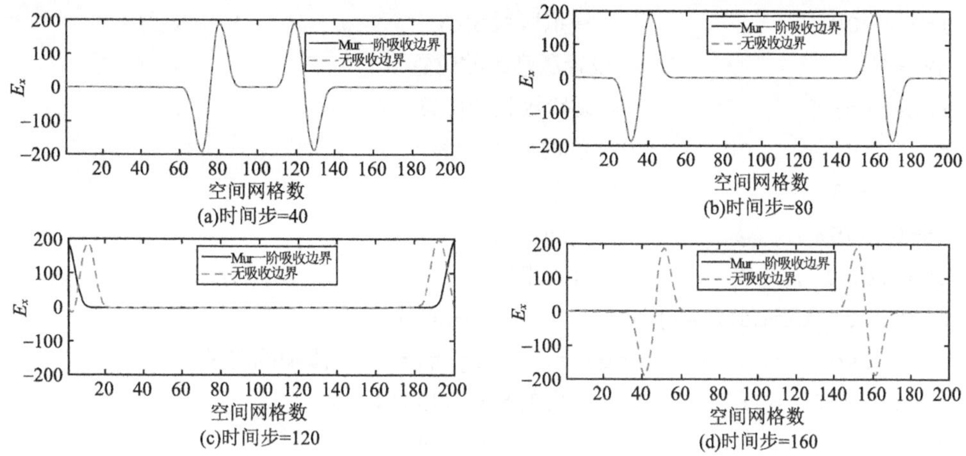

图 7-8　一维情况下 E_x 不同网格点位置场值示意图

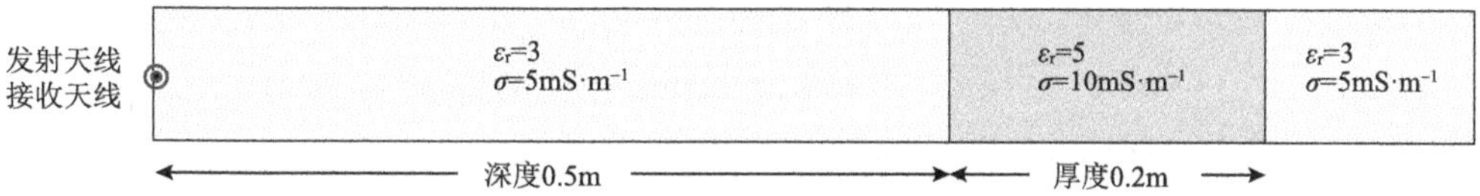

图 7-9　一维层状介质示意图

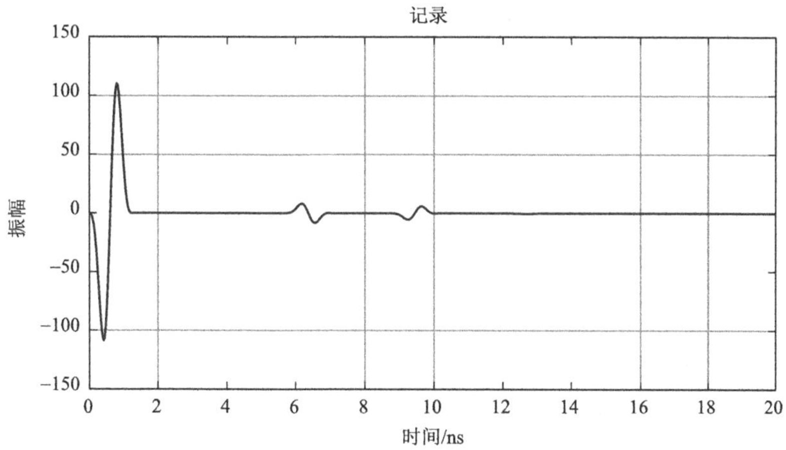

图 7-10　一维层状介质正演波形图

在背景地层中，已知介电常数 $\varepsilon_{\mathrm{r}}=3$ ，则电磁波速度为 $1.7309\times10^{8}\ \mathrm{m/s}$ 。从记录中可以看到，在 5.7ns 左右时初至反射波到达，在 9.5ns 左右时下底面的反射波到达。其中，5.7ns 为双程走时，即单程走时大概为 2.85ns，乘以电磁波速度，得到 0.4933m，这与实际模型中目标地层的埋深 0.5m 是十分吻合的。这证明了一维程序的正确性与有效性，为二维、三维的成功正演打好基础。Matlab 代码展示如下。

代码 7-1　forwar1d 一维 GPR 正演脚本程序

```
clc;clear
```

```
zdim=200;                  % 模拟区域大小
src=2;                    % 设置激励源的位置
rec=src;                   % 设置接收的位置
n_timestep=1000;             % 时间步
freq=9e8;                  % 主频
ds=0.005;                  % 空间步长
dt=2.0e-11;                % 时间步长
t=(0:1:n_timestep-1)*dt;          %时间向量
srcpulse = blackharrispulse(freq,t);    % 激励源向量
eps(1:zdim)=3;             % 介质的相对介电常数
sigma(1:zdim)=0.005;         % 介质的电导率
eps(102:142)=5;            % 异常的相对介电常数
sigma(102:142)=0.01;         % 异常的电导率
[record,u]=fdtd_1d(eps,sigma,srcpulse,ds,t,src,rec);
plot(t*1e9,record,'b-','LineWidth',1);
title('记录','FontSize',12);
xlabel('时间(ns)','FontSize',12);
ylabel('振幅','FontSize',12);
grid on
```

代码结束

代码 7-2　fdtd 一维 GPR 正演主程序

```
function [record,u]=fdtd_1d(ep,sig,f,ds,t,src,rec)
% GPR一维正演程序，采用一阶 Mur 吸收边界的 FDTD 算法
% 输入:
% ep     介电常数向量
% sig    电导率向量
% f      源向量
% dx     空间间隔
% t      时间向量
% src    激励源位置
% rec    接收位置
% 输出
% record  接收信号
% u      所有时刻波场值
%-------------设置初始条件-----------------%
zdim=length(ep);               % 模拟区域大小
```

```
numit=length(t);                 % 时间步
%------------------------------------------%
mu0=pi*4.0e-7;             % 真空磁导率
eps0=8.854e-12;            % 真空介电常数
c0=1.0/sqrt(mu0*eps0);  % 真空中的光速
%------------------------------------------%
eps1(1:zdim)=ep;              % 介质的相对介电常数
sigma(1:zdim)=sig;      % 介质的电导率
mu1(1:zdim)=1;             % 介质的磁导率
%------------------------------------------%
v=c0./sqrt(eps1(1:zdim).*mu1(1:zdim));
%------------------------------------------%
dt=t(2)-t(1);    % 时间步长
%------------------------------------------%
% 布莱克曼-哈里斯脉冲
srcpulse = f;
%---------------系数矩阵------------------%
CA(1:zdim)= (2*eps1(1:zdim)*eps0-
sigma(1:zdim)*dt)./(2*eps1(1:zdim)* ...
   eps0+sigma(1:zdim)*dt);  %CA
CB(1:zdim)=
2*dt./(2*eps1(1:zdim)*eps0+sigma(1:zdim)*dt);   %CB
CQ(1:zdim)= dt./(mu0*mu1(1:zdim));    %CQ
%------------------------------------------%
Ex(1:zdim)=0.0;            % 初始电场数组
Hy(1:zdim-1)=0.0;            % 初始磁场数组
%------------------------------------------%
record=zeros(1,numit);
u=zeros(zdim,numit);
%---循环开始
for n=1:numit
   %---计算磁场
   Hy(1:zdim-1)= Hy(1:zdim-1)-(1/ds)*CQ(1:zdim-1).* ...
      (Ex(2:zdim)-Ex(1:zdim-1));
   %---保留上一时刻的电场值
   Ex_1(1:2)=Ex(1:2);
   Ex_1(zdim-1:zdim)=Ex(zdim-1:zdim);
   %---计算电场
```

```
    Ex(2:zdim-1)=CA(2:zdim-1).*Ex(2:zdim-1)-(1/ds)*CB(2:zdim-
1).* ...
        (Hy(2:zdim-1)-Hy(1:zdim-2));
    %---激励源设置
    Ex(src)=Ex(src)- CB(src)*srcpulse(n)/ ds;
    %---设置边界条件
    % 左边界
    Ex(1)=Ex_1(2)+((v(2)*dt-ds)/(v(2)*dt+ds))* ...
        (Ex(2)-Ex_1(1));
    % 右边界
    Ex(zdim)=Ex_1(zdim-1)+((v(zdim-1)*dt-ds)/ ...
        (v(zdim-1)*dt+ds))*(Ex(zdim-1)-Ex_1(zdim));
    % 采集数据
    record(n)=Ex(rec);
    u(:,n)=Ex;
end
%---循环结束
```

代码结束

在二维情况下，问题的几何形状在某一方向上无变化，而场分量仅在一维方向上分布。仍从 Maxwell 方程出发，推导二维时域 FDM 方程。由于在某一坐标方向中无变化，即与此坐标相关的偏导数不存在。若问题与 z 坐标无关，则方程可以简化为

$$\text{TE 波}\quad \begin{cases} \dfrac{\partial E_x}{\partial t} = \dfrac{1}{\varepsilon}\left(\dfrac{\partial H_z}{\partial y} - \sigma E_x - J_x\right) \\ \dfrac{\partial E_y}{\partial t} = \dfrac{1}{\varepsilon}\left(-\dfrac{\partial H_z}{\partial x} - \sigma E_y - J_y\right) \\ \dfrac{\partial H_z}{\partial t} = \dfrac{1}{\mu}\left(\dfrac{\partial E_x}{\partial y} - \dfrac{\partial E_y}{\partial x}\right) \end{cases} \tag{7-54}$$

$$\text{TM 波}\quad \begin{cases} \dfrac{\partial H_x}{\partial t} = -\dfrac{1}{\mu}\dfrac{\partial E_z}{\partial y} \\ \dfrac{\partial H_y}{\partial t} = \dfrac{1}{\mu}\dfrac{\partial E_z}{\partial x} \\ \dfrac{\partial E_z}{\partial t} = \dfrac{1}{\varepsilon}\left(\dfrac{\partial H_y}{\partial x} - \dfrac{\partial H_x}{\partial y} - \sigma E_z - J_z\right) \end{cases} \tag{7-55}$$

显然，二维情况下电磁场的直角分量可划分为独立的两组，即 E_x 、 E_y 和 H_z 为一组，称为对于 $\boldsymbol{e}_z$ 的 TE 波，记为 TE_z； H_x 、 H_y 和 E_z 为一组，称为对于 $\boldsymbol{e}_z$ 的 TM 波，

记为 TM_z。大多数二维问题均可以分解为两类互相独立的问题，每一类都有各自的场分量，即 TE_z 或 TM_z 模式，这两类问题可以分别求解，问题的全解则可由这两类解的和得到。

在 TE_z 极化模式下，FDTD 算法中场分量分布如图 7-11 所示，该示意图是图 7-5 中 Yee 氏单元沿 z 坐标轴投影到 xy 平面得到的，对应的 TE_z 更新方程为

$$E_x^{n+1}(i,j) = CA(m)\cdot E_x^n(i,j) + \frac{CB(m)}{\Delta y}\cdot[H_z^{n+1/2}(i,j) - H_z^{n+1/2}(i,j-1)] - CB(m)\cdot J_x^{n+1/2} \quad (7\text{-}56)$$

$$E_y^{n+1}(i,j) = CA(m)\cdot E_y^n(i,j) - \frac{CB(i,j)}{\Delta x}\cdot[H_z^{n+1/2}(i,j) - H_z^{n+1/2}(i-1,j)] - CB(m)\cdot J_y^{n+1/2} \quad (7\text{-}57)$$

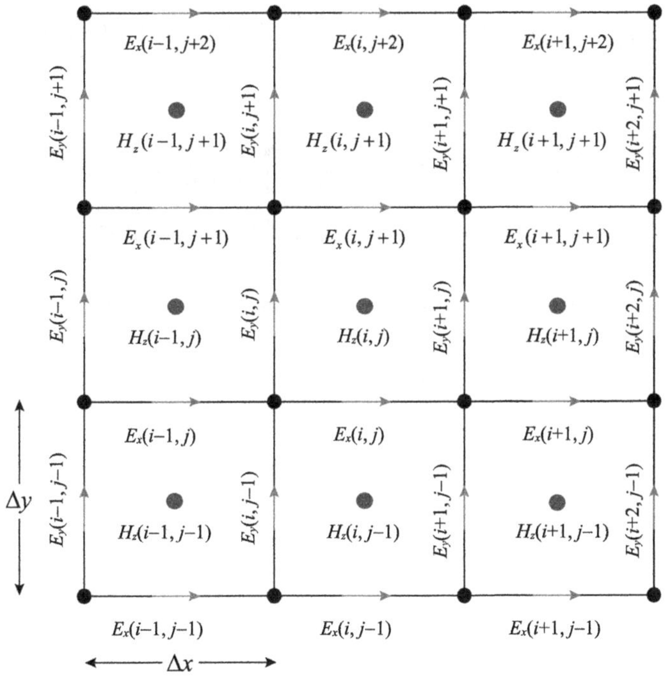

图 7-11　二维 TE_z 模式的 FDTD 场分量分布

$$\begin{aligned} H_z^{n+1/2}(i,j) = H_z^{n-1/2}(i,j) &+ \frac{CQ(m)}{\Delta y}\cdot[E_x^n(i,j+1) - E_x^n(i,j)] \\ &- \frac{CQ(m)}{\Delta x}\cdot[E_y^n(i+1,j) - E_y^n(i,j)] \end{aligned} \quad (7\text{-}58)$$

式中，系数项分别为

$$CA(m) = \frac{\dfrac{\varepsilon(m)}{\Delta t} - \dfrac{\sigma(m)}{2}}{\dfrac{\varepsilon(m)}{\Delta t} + \dfrac{\sigma(m)}{2}} = \frac{1 - \dfrac{\sigma(m)\Delta t}{2\varepsilon(m)}}{1 + \dfrac{\sigma(m)\Delta t}{2\varepsilon(m)}} \quad (7\text{-}59)$$

$$CB(m)=\frac{1}{\dfrac{\varepsilon(m)}{\Delta t}+\dfrac{\sigma(m)}{2}}=\frac{\dfrac{\Delta t}{\varepsilon(m)}}{1+\dfrac{\sigma(m)\Delta t}{2\varepsilon(m)}} \tag{7-60}$$

$$CQ(m)=\frac{\Delta t}{\mu(m)} \tag{7-61}$$

式中，m 为对应的系数坐标，且标号 m 的取值与更新方程左端场分量节点的空间位置相同。

同样地，在 TM_z 极化模式下，FDTD 算法中场分量分布如图 7-12 所示，对应的 TM_z 更新方程为

$$H_x^{n+1/2}(i,j)=H_x^{n-1/2}(i,j)-\frac{CQ(m)}{\Delta y}\cdot[E_z^n(i,j+1)-E_z^n(i,j)] \tag{7-62}$$

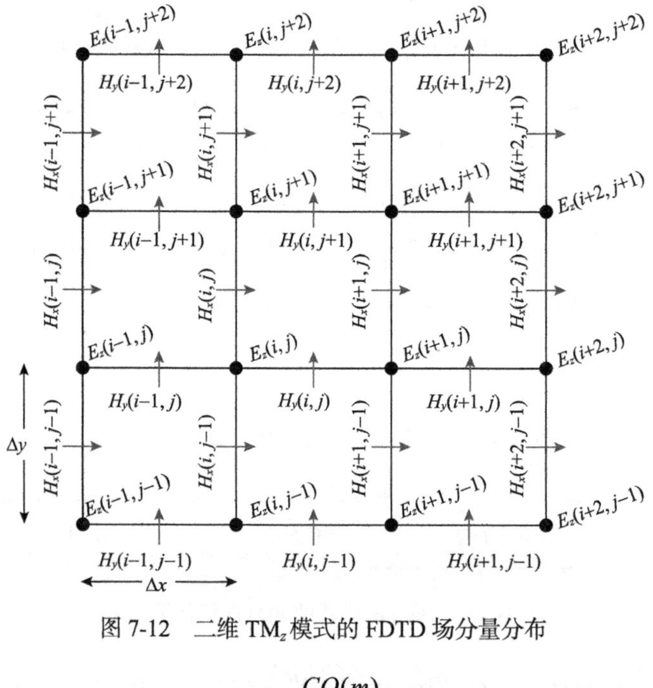

图 7-12　二维 TM_z 模式的 FDTD 场分量分布

$$H_y^{n+1/2}(i,j)=H_y^{n-1/2}(i,j)+\frac{CQ(m)}{\Delta x}\cdot[E_z^n(i+1,j)-E_z^n(i,j)] \tag{7-63}$$

$$\begin{aligned}E_z^{n+1}(i,j)=&CA(m)\cdot E_z^n(i,j)+\frac{CB(m)}{\Delta x}\cdot\left[H_y^{n+1/2}(i,j)-H_y^{n+1/2}(i-1,j)\right]\\&-CB(m)\cdot J_z^{n+1/2}-\frac{CB(m)}{\Delta y}\cdot\left[H_x^{n+1/2}(i,j)-H_x^{n+1/2}(i,j-1)\right]\end{aligned} \tag{7-64}$$

式中，$CA(m)$、$CB(m)$、$CQ(m)$与 TE_z 相同，m 为对应的系数坐标，且标号 m 的取值与更新方程左端场分量节点的空间位置相同。

第 8 章　有限单元法

求解地球物理边值问题其本质就是求解偏微分方程组的过程，传统的求解方式采取变分原理从边值问题中导出变分问题，古典的变分方法虽然可以得到近似的解析解，但对一些复杂问题，解析解难以获取。而有限单元法是一种数值方法，它通过将边值问题建立起相应的泛函，并剖分计算区间进行插值，最后求得泛函的近似解。有限单元法经过几十年的发展，俨然成为了计算地球物理的一类重要数值算法，它适用于各类典型地球物理方法，如弹性波正演、电磁法正演等（葛德彪和魏兵，2014a，2014b）。本章首先从泛函与变分的概念开始，建立起有限单元法求解边值问题的理论构架。然后介绍有限单元法求解探地雷达波动方程的典型案例。

8.1　泛函与变分

变分法是一种求泛函极值的方法。地球物理边值问题与变分问题具有等价性，因此求解变分问题，等价于求解边值问题。本节中首先介绍泛函与变分问题的概念。

所谓泛函，就是函数概念的推广，数学中函数的概念尤为简单清楚，例如，x 是自变量，y 是因变量，则函数可表示为 x 代表的式子，如下

$$y = y(x) \tag{8-1}$$

上式可称 y 为 x 的函数，若存在 F 为 $y=y(x)$的函数，即

$$F[y] = F[y(x)] \tag{8-2}$$

此时称 F 为 y 的泛函数，简称为泛函。泛函的自变量是一个函数，每一个 $y(x)$的函数都有一个 F 与其对应。下面举一个简单的例子对泛函进行说明。

例 8-1　平面中两点之间曲线的弧长。

设在平面中存在不重合的两点 A 和 B，$y(x)$是一通过此两点曲线的方程，则从微分角度上可将曲线的圆弧长定义为

$$\mathrm{d}l = \sqrt{\mathrm{d}x^2 + \mathrm{d}y^2} \tag{8-3}$$

显然从 A 点至 B 点曲线长度为圆弧的积分

$$l=\int_A^B \mathrm{d}l=\int_A^B \sqrt{\mathrm{d}x^2+\mathrm{d}y^2}=\int_A^B \sqrt{1+y'^2}\,\mathrm{d}x=l[y(x)] \tag{8-4}$$

式中，曲线长度 l 即为函数 $y(x)$的函数，称 l 为 y 的泛函。当求两点间最短线 $y=y(x)$的方程时，满足条件

$$\begin{cases} l=\int_A^B \sqrt{1+y'^2}\,\mathrm{d}x \to \min \\ y_A=y(x_A),\quad y_B=y(x_B) \end{cases} \tag{8-5}$$

上述问题称为泛函极值问题，也称为变分问题。可以发现，泛函极值的计算方法与函数极值的计算方法有所类似。

在函数 $y=y(x)$中，自变量 x 的变化量就是微分 $\mathrm{d}x$，而在泛函 $F=F[y(x)]$中，函数 y 是自变量，其变化量是指满足同一边界条件的两个不同的 y 之差，将其表示为

$$\delta y(x)=y_2(x)-y_1(x) \tag{8-6}$$

显然有如下性质：

（1）自变量 y 的变分 δy 是关于 x 的函数；

（2）变分 δy 与微分 $\mathrm{d}y$ 的概念大不一样：微分是由 x 变化引起的 y 的变化；而变分是对应于同一个 x 下，y 的变化引起的变化。

泛函 $F=F[y(x)]$中变化量 ΔF 的定义与微分形式大致相同，如下

$$\Delta F=F[y+\delta y]-F[y] \tag{8-7}$$

类似地，变分 δF 的定义是

$$\delta F=\lim_{\delta y\to 0}\Delta F=\lim_{\delta y\to 0}\frac{F[y+\delta y]-F[y]}{\delta y}\delta y=F'[y]\delta y \tag{8-8}$$

式中，δy 是关于 x 的函数，其趋于 0 的方式有无穷多种，所以依据上式很难求解出 $F'[y]$。为此，借鉴拉格朗日微分的思想，将公式（8-8）中关于 $F'[y]$的求解方式写为

$$F'[y]=\lim_{\alpha\to 0}\frac{F[y+\alpha\cdot\delta y]-F[y+0\cdot\delta y]}{\alpha\partial y} \tag{8-9}$$

于是，变分 δF 的求解公式如下

$$\delta F=F'[y]\delta y=\lim_{\alpha\to 0}\frac{F[y+\alpha\cdot\delta y]-F[y+0\cdot\delta y]}{\alpha\partial y}=\left.\frac{\partial F[y+\alpha\cdot\delta y]}{\partial\alpha}\right|_{\alpha=0} \tag{8-10}$$

类似于求解函数 $y=y(x)$极值的思想，当泛函在 $y_0(x)$上达到极值时，则有

$$\left.\delta F[y(x)]\right|_{y=y_0(x)}=0 \tag{8-11}$$

现对上式进行简单证明，若泛函 $F[y_0(x)+\alpha\delta y]$在 $y_0(x)$时达到极值，则一定也在 $\alpha=0$ 时达

到极值，因此将上式看作关于 α 的函数，根据函数极值的条件有

$$\frac{\partial}{\partial \alpha} F[y_0(x)+\alpha \delta y]\Big|_{\alpha=0}=0 \tag{8-12}$$

因此，泛函达到极值的条件是

$$\delta F[y]=0 \tag{8-13}$$

上式仅仅为泛函极值的必要条件，考虑泛函是否有极值由二阶变分而定，本书不再对该问题展开讨论。

8.2　一维有限单元法

8.1 节介绍了变分问题的概念，为了让读者容易理解，作者将从一维有限单元开始讲解，虽然地球物理中很少涉及一维有限单元问题，但该例子的有限单元法求解变分问题的思路与过程，对于读者理解有限单元方法是非常有帮助的。

例 8-2　设变分问题如下

$$\begin{cases} F[y]=\int_0^1\left(\dfrac{1}{2}y'^2+y\right)\mathrm{d}x \\ y(0)=0,\ \ y(1)=1 \end{cases} \tag{8-14}$$

对应的欧拉方程为

$$\frac{\partial f}{\partial y}-\frac{\mathrm{d}}{\mathrm{d}x}\frac{\partial f}{\partial y'}=1-y''=0 \tag{8-15}$$

对其进行两次积分可得其通解，代入式（8-14）中边界条件可得

$$y=\frac{1}{2}x^2+\frac{1}{2}x \tag{8-16}$$

下面采用有限单元法求解上述变分问题。

第一步　区域剖分，对于积分区间[0,1]，采用等分点 $x_0=0,\cdots,x_n=1$，共 n 个点，将区间剖分成 n 个子区间，每个子区间可称为一个单元，而两端的点称为这个单元的节点。每个单元长度为 $h=(1-0)/n$，区间两端节点函数值即为边界条件，而剖分得到的节点为代求节点，完成剖分后，相当于将连续函数的求解转化为节点上函数值的离散求解。

第二步　插值，插值方法有许多种，这里采用简单的线性插值，在每个单元内假定函数 $y=y(x)$为线性的，且单元越小，函数越接近线性。在第 i 个单元内的函数 $y(x)$及其导数如下

$$
\begin{aligned}
y_i(x) &= \frac{y_i - y_{i-1}}{h}(x - x_{i-1}) + y_{i-1} \\
y_i'(x) &= \frac{y_i - y_{i-1}}{h}
\end{aligned}
\tag{8-17}
$$

这种插值方式称为线性插值。

第三步　单元积分，首先将上述变分问题分解为各单元的积分，则第 i 单元上的积分为

$$
F_i(y) = \int_{x_{i-1}}^{x_i} \frac{1}{2}(y'^2 + y)\mathrm{d}x = \int_{x_{i-1}}^{x_i} \frac{1}{2}\left\{\left[y_i'(x)\right]^2 + y_i(x)\right\}\mathrm{d}x \tag{8-18}
$$

将函数 $y_i(x)$ 与 $y_i'(x)$ 的值代入，整理后可得

$$
F_i(y) = \frac{1}{2h}(y_i - y_{i-1})^2 + \frac{h}{2}(y_i + y_{i-1}) \tag{8-19}
$$

其中，不难发现，式（8-19）只与单元两端端点的函数值有关，将其写作

$$
F_i(y) = F_i(y_i, y_{i-1}) \tag{8-20}
$$

第四步　总体合成，要得到整个计算区域的函数值，需要将上述单元积分求和，可得积分

$$
F[y] = \int_0^1 \left(\frac{1}{2}y'^2 + y\right)\mathrm{d}x = \sum_{i=1}^{n} F_i(y) = \sum_{i=1}^{n} F_i(y_i, y_{i-1}) \tag{8-21}
$$

可见，积分式（8-21）是各节点 x_i 上的函数值 y_i 的函数，将其表示成

$$
F(y) = F(y_1, y_2, \cdots, y_{n-1}) \tag{8-22}
$$

简单来讲，$F(y)$为变量 y 的多元函数。

第五步　求偏导，对泛函 $F[y]$取极值，相当于对上述多元函数 $F(y)$取极值，已知多元函数取极值应满足如下条件

$$
\frac{\partial F(y_1, y_2, \cdots, y_{n-1})}{\partial y_i} = 0, \quad i = 1, 2, \cdots, n-1 \tag{8-23}
$$

不难发现，y_i 项只存在于第 i 个单元和第 i+1 个单元上，因此

$$
\frac{\partial F(y_1, y_2, \cdots, y_{n-1})}{\partial y_i} = \frac{\partial F_i(y_i, y_{i-1})}{\partial y_i} + \frac{\partial F_{i+1}(y_{i+1}, y_i)}{\partial y_i} = 0 \tag{8-24}
$$

将式（8-19）与下式

$$F_{i+1}\left(y_{i+1},y_i\right)=\frac{1}{2h}\left(y_{i+1}-y_i\right)^2+\frac{h}{2}\left(y_{i+1}+y_i\right) \tag{8-25}$$

求偏微商后代入，可得

$$\frac{\partial F}{\partial y_i}=\frac{-y_{i+1}+2y_i-y_{i-1}}{h}+h=0 \tag{8-26}$$

设将区间[0,1]等分为 4 个单元，即 $n=4$，$h=0.25$，$x_0=0$，$x_1=0.25$，$x_2=0.5$，$x_3=0.75$，$x_4=1$，考虑边界条件 $y_0=0$，$y_1=1$，可得方程组

$$\begin{cases}4\left(2y_1-y_2\right)+\dfrac{1}{4}=0\\4\left(-y_1+2y_2-y_3\right)+\dfrac{1}{4}=0\\4\left(-y_2+2y_3-1\right)+\dfrac{1}{4}=0\end{cases} \tag{8-27}$$

整理后将其表示为矩阵方程形式可得

$$\begin{bmatrix}2&-1&0\\-1&2&-1\\0&-1&2\end{bmatrix}\begin{bmatrix}y_1\\y_2\\y_3\end{bmatrix}=\begin{bmatrix}-\dfrac{1}{16}\\-\dfrac{1}{16}\\\dfrac{15}{16}\end{bmatrix} \tag{8-28}$$

第六步　解线性方程组，可得如下结果

$$y_1=0.15625,\ \ y_2=0.375,\ \ y_3=0.65625$$

而对应式（8-16）中 x=0.25，0.5，0.75 的解析解为 $y(0.25)=0.15625$，$y(0.5)=0.375$，$y(0.75)=0.65625$，由于此例子较为简单，有限单元法的数值解与解析解完全相等，没有误差。

总而言之，当面对一维偏微分方程的边值问题时，可考虑采用有限单元法求解，首先建立与微分方程等价的泛函表达形式，即可将其转化为对泛函的极值问题，然后对计算区间进行剖分得到一系列小单元，在每个小单元内作插值后得到泛函积分，再对每个单元上的积分进行求和，这样就能够把连续函数泛函问题离散成节点上函数值的泛函。之后，根据泛函极值的条件即可得出各节点上函数值满足的线性方程组，对这个方程组进行求解即可得到各节点处的函数值，即为偏微分方程的数值解。采用有限单元法求解二维或三维边值问题的思路同样如此。

8.3　自然坐标与等参单元

8.1 节中介绍了将边值问题转化为变分问题，即泛函极值问题。泛函的一般表示形式是函数的积分。而有限单元法是求解泛函极值的一种方法，因此，在计算过程中会出现大量的积分运算，采用一般的方法求解大量积分是非常困难的。因此为了简化这些计算过程，引入了自然坐标和等参单元的概念。

8.3.1　自然坐标

有限单元法将区域剖分成一系列不重叠的小单元，采用单元上的局部坐标进行积分计算。自然坐标就是一种局部坐标，它用一组不超过 1 的无量纲数来确定单元上点的位置。本小节将介绍使用广泛的二维自然坐标的定义、性质及其在积分计算中的应用。

1. 定义

已知平面上的三点按逆时针顺序记为 i，j，m，其坐标一一对应（图 8-1）。这三点组成三角形单元 Δ_{ijm}，其面积用 Δ 表示。三角形中的任意一点 p 与三点的连线将三角形 Δ_{ijm} 分割成了三个小三角形，其面积分别为 Δ_i，Δ_j，Δ_m，点 p 在三角形中的位置也可用下式表示

$$L_i(x,y)=\frac{\Delta_i}{\Delta},\quad L_j(x,y)=\frac{\Delta_j}{\Delta},\quad L_m(x,y)=\frac{\Delta_m}{\Delta} \tag{8-29}$$

其中，L_i，L_j，L_m 是小三角形与三角形整体面积的比值，是无量纲数，将其称为二维自然坐标或面积坐标，它们是只存在于该单元上的局部坐标。

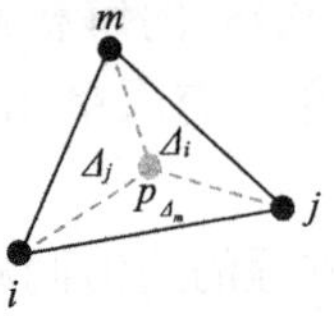

图 8-1　三角形单元示意图

面积坐标的特点如下所述。

（1）由面积坐标的定义易推得

$$\begin{cases} i\text{点：}L_i=1，L_j=0，L_m=0 \\ j\text{点：}L_i=0，L_j=1，L_m=0 \\ m\text{点：}L_i=0，L_j=0，L_m=1 \end{cases} \tag{8-30}$$

（2）该面积坐标存在如下关系式

$$L_i(x,y)+L_j(x,y)+L_m(x,y)=1 \tag{8-31}$$

即三个坐标之和恒为 1，因此只有两个坐标是独立的。

（3）$L_i(x, y)$、$L_j(x, y)$和 $L_m(x, y)$均为 x 和 y 的线性函数，且有

$$\begin{aligned}L_i&=\frac{\varDelta_i}{\varDelta}=\frac{1}{2\varDelta}\begin{vmatrix}x & y & 1\\ x_j & y_j & 1\\ x_m & y_m & 1\end{vmatrix}=\frac{1}{2\varDelta}[(y_j-y_m)x+(x_m-x_j)x+(x_jy_m-x_my_j)]\\ &=\frac{1}{2\varDelta}(a_ix+b_iy+c_i)\end{aligned} \tag{8-32}$$

$$\begin{aligned}L_j&=\frac{\varDelta_j}{\varDelta}=\frac{1}{2\varDelta}\begin{vmatrix}x & y & 1\\ x_m & y_m & 1\\ x_i & y_i & 1\end{vmatrix}=\frac{1}{2\varDelta}[(y_m-y_i)x+(x_i-x_m)y+(x_my_i-x_iy_m)]\\ &=\frac{1}{2\varDelta}(a_jx+b_jy+c_j)\end{aligned} \tag{8-33}$$

$$\begin{aligned}L_m&=\frac{\varDelta_m}{\varDelta}=\frac{1}{2\varDelta}\begin{vmatrix}x & y & 1\\ x_i & y_i & 1\\ x_j & y_j & 1\end{vmatrix}=\frac{1}{2\varDelta}[(y_i-y_j)x+(x_j-x_i)y+(x_iy_j-x_jy_i)]\\ &=\frac{1}{2\varDelta}(a_mx+b_my+c_m)\end{aligned} \tag{8-34}$$

其中

$$a_i=y_j-y_m,\ b_i=x_m-x_j,\ c_i=x_jy_m-x_my_j$$

$$a_j=y_m-y_i,\ b_j=x_i-x_m,\ c_j=x_my_i-x_iy_m$$

$$a_m=y_i-y_j,\ b_m=x_j-x_i,\ c_m=x_iy_j-x_jy_i$$

$\varDelta=\frac{1}{2}\begin{vmatrix}x_i & z_i & 1\\ x_j & z_j & 1\\ x_m & z_m & 1\end{vmatrix}=\frac{1}{2}(a_ib_j-a_jb_i)$，是三角单元 $\varDelta_{ijm}$ 的面积。

不难发现，上述参数是只与顶点坐标有关的常数，因此 L_i，L_j，L_m 是关于 x，y 的线性函数。

2. 插值函数

1）线性插值

设 u 是三角单元中的线性函数，可表示为

$$u = ax + by + c \tag{8-35}$$

式中，a，b，c 是常数，将三顶点的坐标和函数值代入式（8-35）中可解出 a，b，c。

$$\begin{cases} a = \dfrac{1}{2\Delta}\left[(y_i - y_m)u_i + (y_m - y_i)u_j + (y_i - y_j)u_m\right] \\ \quad = \dfrac{1}{2\Delta}(a_i u_i + a_j u_j + a_m u_m) \\ b = \dfrac{1}{2\Delta}\left[(x_m - x_j)u_i + (x_i - x_m)u_j + (x_j - x_i)u_m\right] \\ \quad = \dfrac{1}{2\Delta}(b_i u_i + b_j u_j + b_m u_m) \\ c = \dfrac{1}{2\Delta}\left[(x_j y_m - x_m y_j)u_i + (x_m y_i - x_i y_m)u_j + (x_i y_j - x_j y_i)u_m\right] \\ \quad = \dfrac{1}{2\Delta}(c_i u_i + c_j u_j + c_m u_m) \end{cases} \tag{8-36}$$

其中，各项与式（8-32）～式（8-34）中的相同，将 a，b，c 代入式（8-35）整理可得

$$\begin{aligned} u &= \frac{1}{2\Delta}\left[(a_i x + b_i y + c_i)u_i + (a_j x + b_j y + c_j)u_j + (a_m x + b_m y + c_m)u_m\right] \\ &= N_i u_i + N_j u_j + N_m u_m \end{aligned} \tag{8-37}$$

其中

$$\begin{cases} N_i = \dfrac{1}{2\Delta}(a_i x + b_i y + c_i) \\ N_j = \dfrac{1}{2\Delta}(a_j x + b_j y + c_j) \\ N_m = \dfrac{1}{2\Delta}(a_m x + b_m y + c_m) \end{cases} \tag{8-38}$$

将式（8-38）称为形函数，观察发现，形函数与面积坐标 L 一一对应相等，但采用上述方法推导插值函数比较麻烦，事实上根据面积坐标的定义可直接写出三角单元中的线性插值函数

$$u = L_i u_i + L_j u_j + L_m u_m \tag{8-39}$$

这是因为 L 是关于 x，y 的线性函数，且线性函数的组合也是线性函数，所以 u 也是关于 x，y 的线性函数，又因为在三个节点处上式成立，因此式（8-39）就是所求的插值函数。

2）二次插值

设 u 是单元中的二次函数

$$u(x, y) = a_1 x^2 + a_2 xy + a_3 y^2 + a_4 x + a_5 y + a_6 \tag{8-40}$$

式中，具有 6 个代求系数，因此取三角形三条边的中点并按逆时针排列，将其对应的节点坐标和函数值代入上式进行求解可解出 6 个系数，如图 8-2 所示，但这种做法很麻烦，采用形函数和面积坐标可大大简化计算。

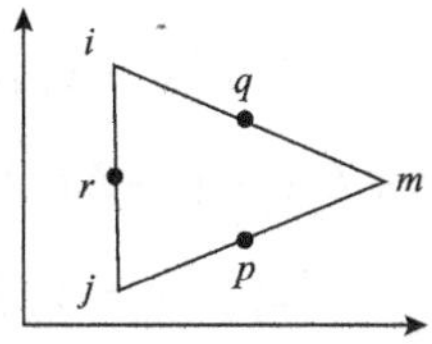

图 8-2　二次插值三角形节点示意图

根据面积坐标的定义，p，q，r 的面积坐标分别是

$$\begin{cases} p: L_i = 0,\quad L_j = \dfrac{1}{2},\quad L_m = \dfrac{1}{2} \\ q: L_i = \dfrac{1}{2},\quad L_j = 0,\quad L_m = \dfrac{1}{2} \\ m: L_i = \dfrac{1}{2},\quad L_j = \dfrac{1}{2},\quad L_m = 0 \end{cases} \tag{8-41}$$

单元内的二次插值函数可表示为

$$u = N_i u_i + N_j u_j + N_m u_m + N_p u_p + N_q u_q + N_r u_r \tag{8-42}$$

同理，式中 $N_i, \cdots, N_r$ 为形函数，它们与面积坐标的关系是

$$\begin{cases} N_i = (2L_i - 1)L_i,\quad N_j = (2L_j - 1)L_j,\quad N_m = (2L_m - 1)L_m \\ N_p = 4L_j L_m,\qquad N_q = 4L_m L_i,\qquad N_r = 4L_i L_j \end{cases} \tag{8-43}$$

显然，这些形函数是关于 x，y 的二次函数，因此 u 也是关于 x，y 的二次函数，根据面积左边值得到这 6 个点形函数的值，再代入式（8-42）中即可得到各点的函数 u 值，显然成立，因此式（8-42）就为所求的二次插值函数。三次插值过程相同，采用了三角形三条边上的三等分点和重心进行计算。推导过程不再展开。

3. 单元积分

现在来计算如下形式的面积坐标单元积分

$$I = \iint_{\Delta} L_i^a L_j^b L_m^c \mathrm{d}x\mathrm{d}y \tag{8-44}$$

其中 a，b，c 是非负整数，为便于积分，将其从 3 个变量化为 2 个变量进行积分，将 x，y 表示成面积坐标的线性函数为

$$\begin{cases} x = L_i \alpha_i + L_j \alpha_j + L_m \alpha_m \\ y = L_i \beta_i + L_j \beta_j + L_m \beta_m \end{cases} \tag{8-45}$$

根据 $x=x_i$，$y=y_i$ 时，$L_i=1$，其余两项都为 0，可得 $\alpha_i=x_i$，$\beta_i=y_i$；同理可得其余 4 项，又由于 $L_i+L_j+L_m=1$，所以上式转化为如下形式

$$\begin{cases} x = L_i x_i + L_j x_j + \left(1 - L_i L_j\right) x_m \\ \quad = \left(x_i - x_m\right) L_i + \left(x_j - x_m\right) L_j + x_m \\ y = L_i y_i + L_j y_j + \left(1 - L_i L_j\right) y_m \\ \quad = \left(y_i - y_m\right) L_i + \left(y_j - y_m\right) L_j + y_m \end{cases} \tag{8-46}$$

对上式求偏导得

$$\begin{aligned} &\frac{\partial x}{\partial L_i} = x_i - x_m,\quad \frac{\partial y}{\partial L_i} = y_i - y_m \\ &\frac{\partial x}{\partial L_j} = x_j - x_m,\quad \frac{\partial y}{\partial L_j} = y_j - y_m \end{aligned} \tag{8-47}$$

根据雅可比变换，有

$$\mathrm{d}x\mathrm{d}y = \begin{vmatrix} \dfrac{\partial x}{\partial L_i} & \dfrac{\partial y}{\partial L_i} \\ \dfrac{\partial x}{\partial L_j} & \dfrac{\partial y}{\partial L_j} \end{vmatrix} \mathrm{d}L_i \mathrm{d}L_j = \begin{vmatrix} x_i - x_m & y_i - y_m \\ x_j - x_m & y_j - y_m \end{vmatrix} \mathrm{d}L_i \mathrm{d}L_j = 2\varDelta \mathrm{d}L_i \mathrm{d}L_j \tag{8-48}$$

其中 $\varDelta$ 是三角形的面积，现在对式（8-44）的积分限作变换处理，由于在每一点对应的 L 为 1，其余两项为 0，因此可将 xy 平面上的任意三角形变换成 L_iL_j 平面上的等腰三角形，如图 8-3 所示，于是积分限的变换是

$$\iint_{\varDelta} (\ )\mathrm{d}x\mathrm{d}y = \int_0^1 \int_0^{1-L_i} (\ )\mathrm{d}L_i \mathrm{d}L_j \tag{8-49}$$

将以上结果代入可得

$$\begin{aligned} I &= \iint_{\varDelta} L_i^a L_j^b L_m^c \mathrm{d}x\mathrm{d}y = 2\varDelta \int_0^1 L_j^a \left[\int_0^{1-L_i} L_j^b \left(1 - L_i - L_j\right)^c \mathrm{d}L_j \right] \mathrm{d}L_i \\ &= 2\varDelta \frac{b!c!}{(b+c+1)!} \int_0^1 L_i^a \left(1 - L_i\right)^{b+c+1} \mathrm{d}L_i = 2\varDelta \frac{a!b!c!}{(a+b+c+2)!} \end{aligned} \tag{8-50}$$

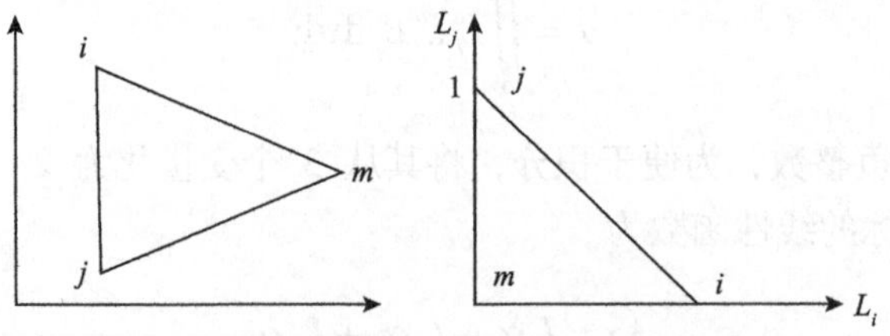

图 8-3　任意三角形与 L_iL_j 平面等腰三角形示意图

按上式计算的积分制 I/Δ 与 a，b，c 的关系列于表 8-1，供积分计算时查找。

表 8-1　I/Δ 与 a，b，c 关系表

$a+b+c$	a	b	c	I/Δ	$a+b+c$	a	b	c	I/Δ
0	0	0	0	1	6	3	3	0	1/560
1	1	0	0	1/3	6	2	2	2	1/8040
2	2	0	0	1/6	7	7	0	0	1/36
2	1	1	0	1/12	7	6	1	0	1/252
3	3	0	0	1/10	7	5	1	1	1/1512
3	2	1	0	1/30	7	5	2	0	1/756
3	1	1	1	1/60	7	4	2	1	1/3780
4	4	0	0	1/15	7	4	3	0	1/1260
4	3	1	0	1/60	7	3	1	3	1/5040
4	2	1	1	1/180	7	3	2	2	1/7560
4	2	2	0	1/90	8	8	0	0	1/45
5	5	0	0	1/21	8	7	1	0	1/360
5	4	1	0	1/105	8	6	1	1	1/2520
5	3	1	1	1/420	8	6	2	0	1/1260
5	3	2	0	1/210	8	5	1	2	1/7560
5	2	2	1	1/630	8	5	3	0	1/2520
6	6	0	0	1/28	8	4	1	3	1/12600
6	5	1	0	1/168	8	4	2	2	1/18900
6	4	1	1	1/840	8	4	4	0	1/3150
6	4	2	0	1/420	8	3	2	3	1/25200
6	3	2	1	1/1680					

8.3.2　等参单元

面积坐标可直接用在三角形单元的积分中，但对于曲线单元，任意四边形单元和任意六面体单元等更复杂形状的单元积分，需用等参单元来处理，本阶主要介绍二维单元的等参单元中的四边形单元和曲边四边形单元。

1. 双线性插值

取图 8-4 所示的正方形单元（母单元），四个顶点的编号及其坐标，构造如下的形函数

$$\begin{cases} N_1 = \dfrac{1}{4}(1-\xi)(1+\eta), \quad N_2 = \dfrac{1}{4}(1-\xi)(1-\eta) \\ N_3 = \dfrac{1}{4}(1+\xi)(1-\eta), \quad N_4 = \dfrac{1}{4}(1+\xi)(1+\eta) \end{cases} \tag{8-51}$$

统一写成如下形式

$$N_i = \frac{1}{4}(1+\xi_i\xi)(1+\eta_i\eta) \tag{8-52}$$

形函数式（8-51）满足

$$N_i(j) = \begin{cases} 1, & i = j \\ 0, & i \neq j \end{cases} \tag{8-53}$$

的要求，其中 j 代表点号。

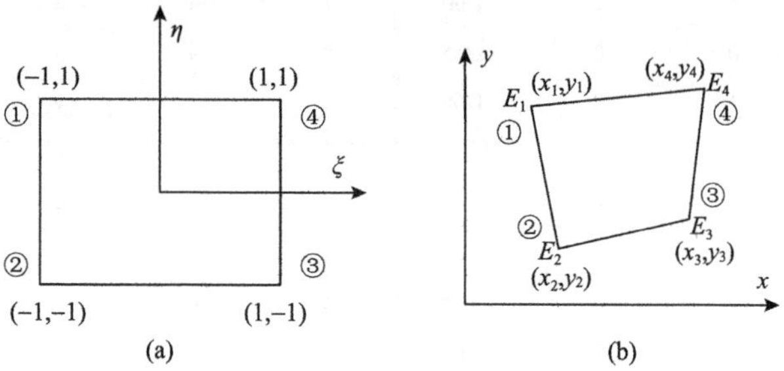

图 8-4　双线性插值四边形母单元与子单元对应关系示意图

将形函数展开

$$N_i = a_1\xi\eta + a_2\xi + a_3\eta + a_4 \tag{8-54}$$

其中，$a_1, \cdots, a_4$ 是常数。图 8-4 中任意四边形单元（子单元）的四个顶点坐标分别是 $(x_1,y_1), \cdots, (x_4, y_4)$，其函数值是 $u_1,\cdots,u_4$，子单元上的 x，y 可表示为

$$\begin{cases} u = N_1u_1 + N_2u_2 + N_3u_3 + N_4u_4 \\ x = N_1x_1 + N_2x_2 + N_3x_3 + N_4x_4 \\ y = N_1y_1 + N_2y_2 + N_3y_3 + N_4y_4 \end{cases} \tag{8-55}$$

将形函数代入，整理可得

$$\begin{cases} u = A_1\xi\eta + A_2\xi + A_3\eta + A_4 \\ x = B_1\xi\eta + B_2\xi + B_3\eta + B_4 \\ y = C_1\xi\eta + C_2\xi + C_3\eta + C_4 \end{cases} \tag{8-56}$$

其中，$A_1, \cdots, C_4$ 是常数。

令 $\eta=c$，这在 $\xi\eta$ 平面上是一条水平线，代入式（8-56）可得

$$u = a_1\xi + a_2, \quad x = b_1\xi + b_2, \quad y = c_1\xi + c_2 \tag{8-57}$$

其中，$a_1, \cdots, c_2$ 是常数，因此 u，x 和 y 都是关于 ξ 的线性函数，当 ξ 从−1 变化到 1 时，u 是线性变化的，xy 平面上的点也沿着一条直线变化。同样，令 $\xi=c$ 时，u，x 和 y 都是关于 η 的线性函数，所以将式（8-51）称为双线性函数，将式（8-55）称为双线性

插值，与母单元 4 条边对应的子单元的 4 条边都是直线。

2. 双二次插值

取图 8-5 所示的正方形单元（母单元），8 个节点的编号及其坐标如图所示，构造如下的形函数

$$\begin{cases} N_1=\dfrac{1}{4}(1-\xi)(1+\eta)(-\xi+\eta-1) \\ N_2=\dfrac{1}{4}(1-\xi)(1-\eta)(-\xi-\eta-1) \\ N_3=\dfrac{1}{4}(1+\xi)(1-\eta)(\xi-\eta-1) \\ N_4=\dfrac{1}{4}(1+\xi)(1+\eta)(\xi+\eta-1) \\ N_5=\dfrac{1}{4}(1+\xi)(1-\eta^2) \\ N_6=\dfrac{1}{4}(1-\xi^2)(1-\eta) \\ N_7=\dfrac{1}{4}(1-\xi^2)(1+\eta) \\ N_8=\dfrac{1}{4}(1-\xi)(1-\eta^2) \end{cases} \tag{8-58}$$

形函数同样满足

$$N_i(j)=\begin{cases}1, & i=j \\ 0, & i\neq j\end{cases}$$

将形函数展开

$$N_i=\alpha_1\xi^2\eta+\alpha_2\xi\eta^2+\alpha_3\xi^2+\alpha_4\eta^2+\alpha_5\xi\eta+\alpha_6\xi+\alpha_7\eta+\alpha_8 \tag{8-59}$$

上式共含 8 个系数。

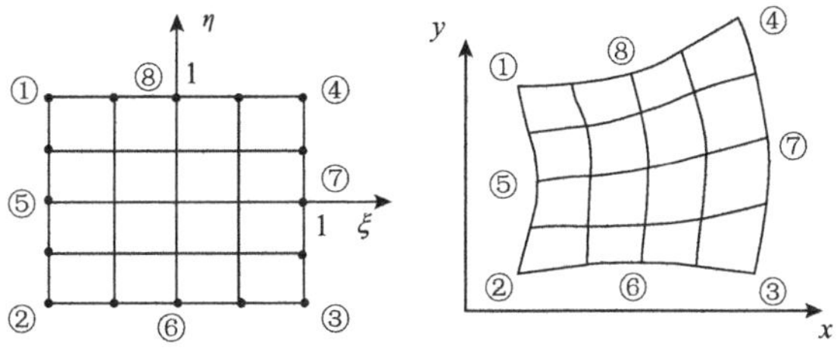

图 8-5　双二次插值四边形母单元与子单元对应关系示意图

与双线性插值类似，子单元上的 u，x，y 可表示成

$$u=\sum_{i=1}^{8}N_iu_i,\quad x=\sum_{i=1}^{8}N_ix_i,\quad y=\sum_{i=1}^{8}N_iy_i \tag{8-60}$$

将形函数代入整理可得

$$\begin{cases} u = A_1\xi^2\eta + A_2\xi\eta^2 + A_3\xi^2 + A_4\eta^2 + A_5\xi\eta + A_6\xi + A_7\eta + A_8 \\ x = B_1\xi^2\eta + B_2\xi\eta^2 + B_3\xi^2 + B_4\eta^2 + B_5\xi\eta + B_6\xi + B_7\eta + B_8 \\ y = C_1\xi^2\eta + C_2\xi\eta^2 + C_3\xi^2 + C_4\eta^2 + C_5\xi\eta + C_6\xi + C_7\eta + C_8 \end{cases} \tag{8-61}$$

其中，$A_1,\cdots,C_8$是常数。令 $\eta=c$，则

$$\begin{cases} u = a_1\xi^2 + a_2\xi + a_3 \\ x = b_1\xi^2 + b_2\xi + b_3 \\ y = c_1\xi^2 + c_2\xi + c_3 \end{cases} \tag{8-62}$$

其中，$a_1,\cdots,c_3$是常数，因此 u，x，y 是关于 ξ 的二次函数，当 ξ 从−1 变化到 1 时，xy 上的点将沿着一条二次曲线移动，同理当 $\xi=c$ 时，u，x，y 是关于 η 的二次函数，所以称式（8-58）为双二次函数，式（8-60）双二次插值。与母单元中正方形对应的子单元的形状将是曲边四边形。

双三次插值就是使用三等分点构造形函数并进行插值，过程与双二次插值类似，此处不再展开讨论。

8.4 二维有限单元法

在上述知识的基础上，本节主要介绍线性插值的三角形单元以及双线性插值和双二次插值的四边形单元有限单元法。

8.4.1 三角形有限单元法

对于二维边值问题，设置函数 $f(x, y)$实际上相当于 xOy 平面上围成的一片区域（为一个二维平面域），而在这片区域内无数个点都具有各自的值，这些值一起构成了投影到 xOy 平面上的一个曲面。如图 8-6 所示，有限单元法就是要找到一个分块线性且连续的平面来尽可能近似该曲面。

首先第一步需要将此区域进行剖分，分为一系列连续的小单元，因该计算域为平面域，与一维有限单元直接剖分区间不同，二维有限单元需要构造合理的几何形状进行剖分，常用的剖分方法是三角形剖分法，就是将该域剖分为许多的三角形，三角形顶点为 P_i，P_j，P_m，相邻两个三角形有一个公共边和两个公共顶点，在计算域的边界处采用直线段来近似曲边。每个三角形就称为一个单元，对应三角形顶点就称为单元节点，每个节点上的值 f_i就称为节点参数。此时就将连续的计算域剖分成了离散的三角形单元，在每个单元上的函数值都为线性变化，即在单元内是均匀变化的。因此，每个单元对应的曲面可近似用 P_i，P_j，P_m 三点的平面来表示。

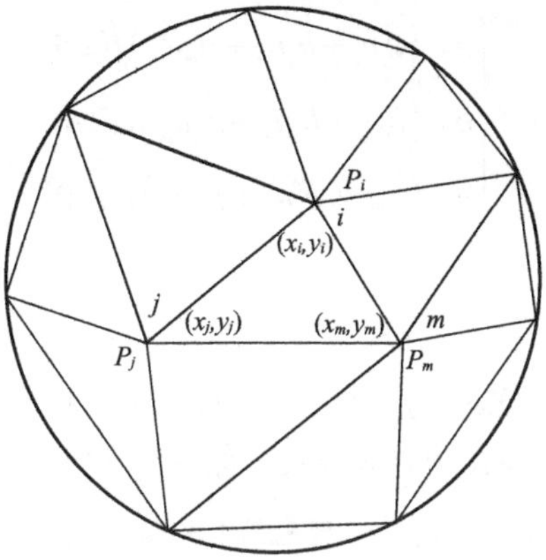

图 8-6　三角形剖分示意图

以二维电场问题的能量泛函为例

$$J(u)=\iint_{\Omega}\frac{1}{2\rho}\left[\left(\frac{\partial u}{\partial x}\right)^2+\left(\frac{\partial u}{\partial y}\right)^2\right]\mathrm{d}x\mathrm{d}y \tag{8-63}$$

式中，u 为关于 x，y 的函数，ρ 为介质的物性参数，同样也是关于 x，y 的函数，采用二维有限单元法求解泛函 u 的流程如下。

第一步　区域剖分。

采用传统的三角形剖分方式进行剖分，一般规定：

（1）当计算域边界为曲线时，采用三角形一个边进行近似；

（2）存在计算域内的介质参数分界线时，三角形单元不得逾越界线；

（3）各三角形之间顶点接着顶点，不允许一个三角形的顶点落在另一三角形的边上；

（4）为尽量保证计算的稳定性，尽量避免出现太尖、太钝的三角形单元；

（5）在函数值 u 变化较大的地方，可加密三角形个数，达到更好的近似效果。

对各三角形单元节点进行逆时针编号，即 i，j，m，其坐标分别为（x_i, y_i），（x_j, y_j），（x_m, y_m），节点函数值则为 u_i，u_j，u_m，除第一类边界条件给定了边界节点上的函数值外，计算域内的节点函数值均为代求值。

第二步　线性插值。

假设各单元函数 $u(x, y)$是线性变化的，将其表示为如下式子

$$u(x,y)=ax+by+c \tag{8-64}$$

式中，a、b、c 为代求系数，由代求的节点函数值决定。将三角形单元节点坐标及函数值代入可得方程组

$$\begin{cases}ax_i+by_i+c=u_i\\ax_j+by_j+c=u_j\\ax_m+by_m+c=u_m\end{cases} \tag{8-65}$$

求解此线性方程组可得系数

$$\begin{cases} a=\left(a_i u_i + a_j u_j + a_m u_m\right)/(2\Delta) \\ b=\left(b_i u_i + b_j u_j + b_m u_m\right)/(2\Delta) \\ c=\left(c_i u_i + c_j u_j + c_m u_m\right)/(2\Delta) \end{cases} \tag{8-66}$$

其中

$$\begin{cases} a_i = y_j - y_m,\ \ a_j = y_m - y_i,\ \ a_m = y_i - y_j \\ b_i = x_m - x_j,\ \ b_j = x_i - x_m,\ \ b_m = x_j - x_i \\ c_i = x_j y_m - x_m y_j,\ \ c_j = x_m y_i - x_i y_m,\ \ c_m = x_i y_j - x_j y_i \end{cases}$$

$$\Delta = \frac{1}{2}\begin{vmatrix} x_i & y_i & 1 \\ x_j & y_j & 1 \\ x_m & y_m & 1 \end{vmatrix} = \frac{1}{2}\left(a_i b_j - a_j b_i\right)$$

式中，Δ为三角单元面积，且不难发现只与节点坐标有关。

第三步　单元分析。

上述过程都是在特定的三角形单元内进行计算的，接下来进行各个单元的分析。

取任意单元 e 进行积分，可得泛函

$$J_e(u) = \iint_e \frac{1}{2\rho_e}\left[\left(\frac{\partial u}{\partial x}\right)^2 + \left(\frac{\partial u}{\partial y}\right)^2\right]\mathrm{d}x\mathrm{d}y \tag{8-67}$$

其中，ρ_e为单元 e 中的物性参数。为将泛函同样进行离散化，首先求得函数 u 关于 x，y 的两个偏导数为

$$\begin{cases} \dfrac{\partial u}{\partial x} = a = \left(a_i u_i + a_j u_j + a_m u_m\right)/(2\Delta) \\ \dfrac{\partial u}{\partial y} = b = \left(b_i u_i + b_j u_j + b_m u_m\right)/(2\Delta) \end{cases} \tag{8-68}$$

由此可得，这两个偏导数同样只与节点坐标及其函数值有关，且在一个单元内为一常数，因此将其提取到积分外可得

$$\begin{aligned} J_e(u) &= \frac{1}{2\rho_e}\left[\left(\frac{\partial u}{\partial x}\right)^2 + \left(\frac{\partial u}{\partial y}\right)^2\right]\iint_e \mathrm{d}x\mathrm{d}y = \frac{\Delta}{2\rho_e}\left[\left(\frac{\partial u}{\partial x}\right)^2 + \left(\frac{\partial u}{\partial y}\right)^2\right] \\ &= \frac{1}{8\rho_e}\left[\left(a_i u_i + a_j u_j + a_m u_m\right)^2 + \left(b_i u_i + b_j u_j + b_m u_m\right)^2\right] \end{aligned} \tag{8-69}$$

不难发现，关于函数 u 的泛函是关于节点函数值的函数，这样就成功将连续的二维函数离散化了，即将泛函求极值问题转化为多元函数求极值问题。接下来求取 $J_e(u)$的偏导数为

$$\begin{cases}\dfrac{\partial J_e(u)}{\partial u_i}=\dfrac{1}{4\Delta\rho_e}\Big[\big(a_ia_i+b_ib_i\big)u_i+\big(a_ia_j+b_ib_j\big)u_j+\big(a_ia_m+b_ib_m\big)u_m\Big]\\ \qquad\qquad =k_{ii}^eu_i+k_{ij}^eu_j+k_{im}^eu_m\\ \dfrac{\partial J_e(u)}{\partial u_j}=k_{ji}^eu_i+k_{jj}^eu_j+k_{jm}^eu_m\\ \dfrac{\partial J_e(u)}{\partial u_m}=k_{mi}^eu_i+k_{mj}^eu_j+k_{mm}^eu_m\end{cases}\tag{8-70}$$

将其表示为矩阵形式为

$$\begin{bmatrix}\dfrac{\partial J_e(u)}{\partial u_i}\\ \dfrac{\partial J_e(u)}{\partial u_j}\\ \dfrac{\partial J_e(u)}{\partial u_m}\end{bmatrix}=\begin{bmatrix}k_{ii}^e & k_{ij}^e & k_{im}^e\\ k_{ji}^e & k_{jj}^e & k_{jm}^e\\ k_{mi}^e & k_{mj}^e & k_{mm}^e\end{bmatrix}\begin{bmatrix}u_i\\ u_j\\ u_m\end{bmatrix}=\big[K\big]_e\big[u\big]_e\tag{8-71}$$

式中，$[K]_e$ 为单元系数矩阵，由于 $k_{rs}=k_{sr}$，因此为一对称矩阵，$[u]_e$ 为单元节点函数组成的列向量。

为了解单元 e 的系数矩阵在整体系数矩阵中的位置，将式（8-71）扩成整个区域 Ω 上的所有节点，可得

$$\begin{bmatrix}\dfrac{\partial J_e(u)}{\partial u_1}\\ \vdots\\ \dfrac{\partial J_e(u)}{\partial u_i}\\ \vdots\\ \dfrac{\partial J_e(u)}{\partial u_j}\\ \vdots\\ \dfrac{\partial J_e(u)}{\partial u_m}\\ \vdots\\ \dfrac{\partial J_e(u)}{\partial u_r}\\ \vdots\\ \dfrac{\partial J_e(u)}{\partial u_n}\end{bmatrix}=\begin{bmatrix}\cdots&\cdots&\cdots&\cdots&\cdots&\cdots&\cdots&\cdots&\cdots&\cdots\\ \cdots&\cdots&\cdots&\cdots&\cdots&\cdots&\cdots&\cdots&\cdots&\cdots\\ \cdots&k_{ii}^e&\cdots&k_{ij}^e&\cdots&k_{im}^e&\cdots&\cdots&\cdots&\cdots\\ \cdots&\cdots&\cdots&\cdots&\cdots&\cdots&\cdots&\cdots&\cdots&\cdots\\ \cdots&k_{ji}^e&\cdots&k_{jj}^e&\cdots&k_{jm}^e&\cdots&\cdots&\cdots&\cdots\\ \cdots&\cdots&\cdots&\cdots&\cdots&\cdots&\cdots&\cdots&\cdots&\cdots\\ \cdots&k_{mi}^e&\cdots&k_{mj}^e&\cdots&k_{mm}^e&\cdots&\cdots&\cdots&\cdots\\ \cdots&\cdots&\cdots&\cdots&\cdots&\cdots&\cdots&\cdots&\cdots&\cdots\\ \cdots&\cdots&\cdots&\cdots&\cdots&\cdots&\cdots&\cdots&\cdots&\cdots\\ \cdots&\cdots&\cdots&\cdots&\cdots&\cdots&\cdots&\cdots&\cdots&\cdots\\ \cdots&\cdots&\cdots&\cdots&\cdots&\cdots&\cdots&\cdots&\cdots&\cdots\end{bmatrix}\begin{bmatrix}u_1\\ \vdots\\ u_i\\ \vdots\\ u_j\\ \vdots\\ u_m\\ \vdots\\ u_r\\ \vdots\\ u_n\end{bmatrix}\tag{8-72}$$

扩展后的系数矩阵为 n 阶方阵，其中 n 为节点总数，$[u]$是由所有节点的函数值组成。

第四步　总体合成。

完成对整体单元的计算后，整个计算域内的泛函 $J(u)$是由各单元的 $J_e(u)$累加合成得到的，因此需进行总体合成的关键步骤，即

$$\frac{\partial J(u)}{\partial u_r}=\frac{\partial\sum_{e}^{N}J_e(u)}{\partial u_r}=\sum_{e}^{N}\frac{\partial J_e(u)}{\partial u_r}=0 \tag{8-73}$$

不难看出，此式子中求取总体矩阵的方式为，先求取各单元上的偏导数矩阵，然后进行合成，将每个矩阵中对应元素加起来可得总体矩阵。为更加清楚地叙述此步骤，以两个三角形单元为例，第①单元节点号为 1、2、3；第②单元节点号为 3、2、5，都为逆时针排列，则合成矩阵如下：

$$\begin{bmatrix}\frac{\partial J_{①}(u)}{\partial u_1}\\ \frac{\partial J_{①}(u)}{\partial u_2}\\ \frac{\partial J_{①}(u)}{\partial u_3}\\ \frac{\partial J_{①}(u)}{\partial u_4}\\ \frac{\partial J_{①}(u)}{\partial u_5}\\ \vdots\end{bmatrix}+\begin{bmatrix}\frac{\partial J_{②}(u)}{\partial u_1}\\ \frac{\partial J_{②}(u)}{\partial u_2}\\ \frac{\partial J_{②}(u)}{\partial u_3}\\ \frac{\partial J_{②}(u)}{\partial u_4}\\ \frac{\partial J_{②}(u)}{\partial u_5}\\ \vdots\end{bmatrix}=\begin{bmatrix}k_{11}^{①} & k_{12}^{①} & k_{13}^{①} & \cdots & \cdots\\ k_{21}^{①} & k_{22}^{①} & k_{23}^{①} & \cdots & \cdots\\ k_{31}^{①} & k_{32}^{①} & k_{33}^{①} & \cdots & \cdots\\ \cdots & \cdots & \cdots & \cdots & \cdots\\ \cdots & \cdots & \cdots & \cdots & \cdots\\ \cdots & \cdots & \cdots & \cdots & \cdots\end{bmatrix}\begin{bmatrix}u_1\\ u_2\\ u_3\\ u_4\\ u_5\\ \vdots\end{bmatrix}+\begin{bmatrix}\cdots & \cdots & \cdots & \cdots & \cdots\\ \cdots & k_{22}^{②} & k_{23}^{②} & k_{25}^{②} & \cdots\\ \cdots & k_{32}^{②} & k_{33}^{②} & k_{35}^{②} & \cdots\\ \cdots & \cdots & \cdots & \cdots & \cdots\\ \cdots & k_{52}^{②} & k_{53}^{②} & k_{55}^{②} & \cdots\\ \cdots & \cdots & \cdots & \cdots & \cdots\end{bmatrix}\begin{bmatrix}u_1\\ u_2\\ u_3\\ u_4\\ u_5\\ \vdots\end{bmatrix} \tag{8-74}$$

将 n 个单元合成，可得

$$\begin{bmatrix}\frac{\partial J_e(u)}{\partial u_1}\\ \frac{\partial J_e(u)}{\partial u_2}\\ \vdots\\ \frac{\partial J_e(u)}{\partial u_n}\end{bmatrix}=\begin{bmatrix}k_{11} & k_{12} & \cdots & k_{1n}\\ k_{21} & k_{22} & \cdots & k_{2n}\\ \vdots & \vdots & & \vdots\\ k_{n1} & k_{n2} & \cdots & k_{nn}\end{bmatrix}\begin{bmatrix}u_1\\ u_2\\ \vdots\\ u_n\end{bmatrix}=\begin{bmatrix}0\\ 0\\ \vdots\\ 0\end{bmatrix} \tag{8-75}$$

简单记为[K][u]=0。系数矩阵[K]在数学意义上是正定矩阵，且非零元素只存在域三角形单元三顶点编号所对应的行和列九个交叉位置上，其余位置均为零元素。所以[K]中存在大量零元素，因此称其为稀疏矩阵。离主对角线最远的非零元素的位置取决于所有三角形单元顶点编号的最大差值 R 的绝对值。

第五步　解线性方程组。

矩阵方程（8-75）实际上是一个线性方程组的求解问题，求解该式即可得到各节点上的函数值，则构造出对应的近似曲面。由于系数矩阵[K]为对称、正定且稀疏的，在计算机上已经有成熟的算法对其进行求解。

综上所述，有限单元法的基本求解思路就是把给定的计算区域剖分为一系列不重叠的单元，并在单元内写出对应的线性表达式，然后综合成整个计算域上的线性近似表达式，从而将变分问题转化为关于节点参数的线性方程组，最后求解即可得到问题的近似解。

采用一个简单的例子来具体说明二维有限单元方法求解边值问题的计算过程，这个例子的解析解是容易求出的，这样便于结果的比较。

例 8-3　设在矩形域$\{(x, y)|0<x<2,0<y<2\}$上给出 Laplace 方程，它的物理意义可以解释为在平面区域上无热源的定常温度场。在区域边界上给出温度值，并给出边界上的绝热条件，定解问题如下：

$$\begin{cases}\Delta u=0, \quad x,y\in(0,2) \\ u\big|_{y=0}=50, \quad u\big|_{y=2}=100 \\ \left.\dfrac{\partial u}{\partial x}\right|_{x=0}=0, \quad \left.\dfrac{\partial u}{\partial x}\right|_{x=2}=0\end{cases} \tag{8-76}$$

对于所给定的区域，用如图 8-7 所示的三角形进行剖分，共有 16 个三角形和 15 个节点，将节点参数整理如下表所示。

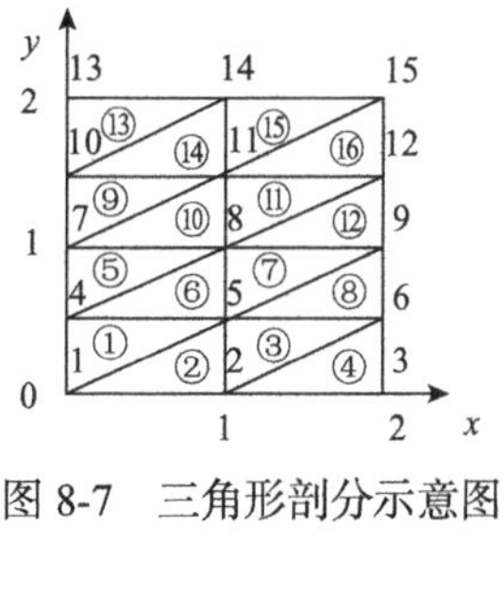

图 8-7　三角形剖分示意图

节点号	(x,y)	节点号	(x,y)	节点号	(x,y)
1	(0,0)	4	(0,0.5)	7	(0,1)
2	(1,0)	5	(1,0.5)	8	(1,1)
3	(2,0)	6	(2,0.5)	9	(2,1)

续表

节点号	(x,y)	节点号	(x,y)	节点号	(x,y)
10	(0, 1.5)	12	(2, 1.5)	14	(1, 2)
11	(1, 1.5)	13	(0, 2)	15	(2, 2)

对于每个单元，规定好顶点 P_i，P_j，P_m，注意需要保证为逆时针方向，分别表示编号为奇数和偶数的单元中的节点排列顺序，对应于每个单元的参数（图 8-8）。

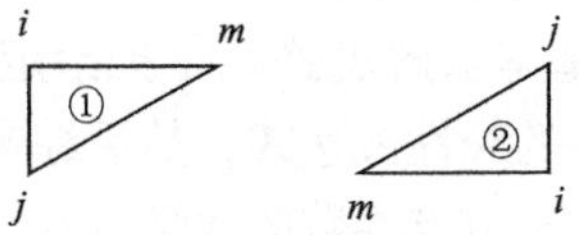

图 8-8　节点顺序示意图

$$a_i = y_j - y_m,\ a_j = y_m - y_i,\ a_m = y_i - y_j$$

$$b_i = x_m - x_j,\ b_j = x_i - x_m,\ b_m = x_j - x_i$$

将每个单元对应于 i，j，m 的节点号和单元参数的计算结果列在下表中。

单元号	节点号			参数					
	i	j	m	a_i	a_j	a_m	b_i	b_j	b_m
①	4	1	5	−0.5	0	0.5	1	−1	0
②	2	5	1	0.5	0	−0.5	−1	1	0
③	5	2	6	−0.5	0	0.5	1	−1	0
④	3	6	2	0.5	0	−0.5	−1	1	0
⑤	7	4	8	−0.5	0	0.5	1	−1	0
⑥	5	8	4	0.5	0	−0.5	−1	1	0
⑦	8	5	9	−0.5	0	0.5	1	−1	0
⑧	6	9	5	0.5	0	−0.5	−1	1	0
⑨	10	7	11	−0.5	0	0.5	1	−1	0
⑩	8	11	7	0.5	0	−0.5	−1	1	0
⑪	11	8	12	−0.5	0	0.5	1	−1	0
⑫	9	12	8	0.5	0	−0.5	−1	1	0
⑬	13	10	14	−0.5	0	0.5	1	−1	0
⑭	11	14	10	0.5	0	−0.5	−1	1	0
⑮	14	11	15	−0.5	0	0.5	1	−1	0
⑯	12	15	11	0.5	0	−0.5	−1	1	0

现在计算单元刚度矩阵，在上述剖分前提下，每个三角形单元面积显然都是相同的，Δ_e=0.25，计算 K_{e1} 和 K_{e2} 可得

$$K_{e1}=\frac{1}{4\varDelta_e}\begin{bmatrix}-0.5 & 1\\ 0 & -1\\ 0.5 & 0\end{bmatrix}\begin{bmatrix}-0.5 & 0 & 0.5\\ 1 & -1 & 0\end{bmatrix}=\frac{1}{4}\begin{bmatrix}5 & -4 & -1\\ -4 & 4 & 0\\ -1 & 0 & 1\end{bmatrix}$$

$$K_{e2}=\frac{1}{4\varDelta_e}\begin{bmatrix}0.5 & -1\\ 0 & 1\\ -0.5 & 0\end{bmatrix}\begin{bmatrix}0.5 & 0 & -0.5\\ -1 & 1 & 0\end{bmatrix}=\frac{1}{4}\begin{bmatrix}5 & -4 & -1\\ -4 & 4 & 0\\ -1 & 0 & 1\end{bmatrix} \quad (8\text{-}77)$$

分析可知，本例中所有编号为奇数的单元中，参数 a 和 b 都是相同的，因此它们的单元刚度矩阵也相同，同理，编号为偶数的单元也一样，因此，所有单元矩阵的刚度矩阵都相同。

①号单元的节点分别对应 4，1，5 号节点，因此将单元刚度矩阵扩展后可得

$$\frac{1}{4}\begin{bmatrix}4 & * & * & -4 & 0 & \\ * & * & * & * & * & \\ * & * & * & * & * & \\ -4 & * & * & 5 & -1 & \\ 0 & * & * & -1 & 1 & \\ & & & & & \ddots\end{bmatrix}$$

其中的“*”以及为未标出元素均为零，同理②号单元的节点对应第 2，5，1 号节点，单元刚度矩阵扩展为

$$\frac{1}{4}\begin{bmatrix}1 & -1 & * & * & 0 & \\ -1 & 5 & * & * & -4 & \\ * & * & * & * & * & \\ * & * & * & * & * & \\ 0 & -4 & * & * & 4 & \\ & & & & & \ddots\end{bmatrix}$$

第③号和第④号单元可类似扩展

$$\frac{1}{4}\begin{bmatrix}* & * & * & * & * & * & \\ * & 4 & * & * & -4 & 0 & \\ * & * & * & * & * & * & \\ * & * & * & * & * & * & \\ * & -4 & * & * & 5 & -1 & \\ * & 0 & * & * & -1 & 1 & \\ & & & & & & \ddots\end{bmatrix},\quad \frac{1}{4}\begin{bmatrix}* & * & * & * & * & * & \\ * & 1 & -1 & * & * & 0 & \\ * & -1 & 5 & * & * & -4 & \\ * & * & * & * & * & * & \\ * & * & * & * & * & * & \\ * & 0 & -4 & * & * & 4 & \\ & & & & & & \ddots\end{bmatrix}$$

其他单元均进行相同操作，并将所有单元刚度矩阵叠加起来得到总刚度矩阵：

$$
\frac{1}{4}\begin{bmatrix}
5 & -1 & 0 & 4 & & & & & & & & & & & \\
-1 & 10 & -1 & 0 & -8 & & & & & & & & & & \\
0 & -1 & 5 & 0 & 0 & -4 & & & & & & & & & \\
-4 & 0 & 0 & 10 & -2 & 0 & -4 & & & & & & & & \\
 & -8 & 0 & -2 & 20 & -2 & 0 & -8 & & & & & & & \\
 & & -4 & 0 & -2 & 10 & 0 & 0 & -4 & & & & & & \\
 & & & -4 & 0 & 0 & 10 & -2 & 0 & -4 & & & & & \\
 & & & & -8 & 0 & -2 & 20 & -2 & 0 & -8 & & & & \\
 & & & & & -4 & 0 & -2 & 10 & 0 & 0 & -4 & & & \\
 & & & & & & -4 & 0 & 0 & 10 & -2 & 0 & -4 & & \\
 & & & & & & & -8 & 0 & -2 & 20 & -2 & 0 & -8 & \\
 & & & & & & & & -4 & 0 & -2 & 10 & 0 & 0 & -4 \\
 & & & & & & & & & -4 & 0 & 0 & 5 & -1 & 0 \\
 & & & & & & & & & & -8 & 0 & -1 & 10 & -1 \\
 & & & & & & & & & & & -4 & 0 & -1 & 5
\end{bmatrix}
$$

8.4.2　四边形有限单元法

有限单元网格剖分时常用剖分方式为三角形单元剖分，但当计算区域简单，如例 8-3 中的矩形区域时，实则可以将两个三角形合并称为一个矩形单元，如图 8-9 所示，因此接下来简单介绍四边形单元剖分的有关计算公式。

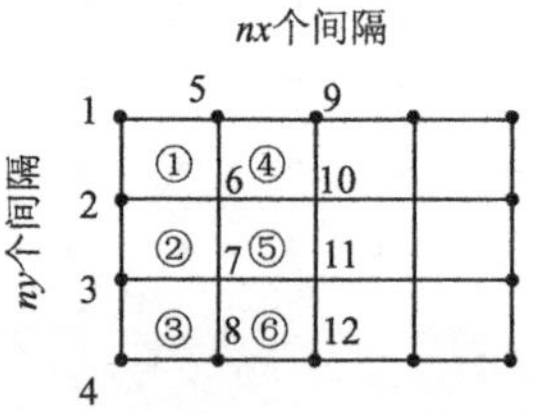

图 8-9　双线性插值节点和单元的排列次序

1. 矩形单元、双线性插值

采用矩形单元对区域进行剖分，每个单元的四个角点为节点，在单元内部进行双线性插值。

1）区域剖分

首先与三角形剖分相同，采用规则的矩形网格对计算区域进行剖分，节点编号和单元编号如图 8-9 所示，各节点的坐标和编号通过单元边长累加即可整理得出，需要注意的是，矩形单元剖分同样采用逆时针顺序的节点编号规范。

2）双线性插值

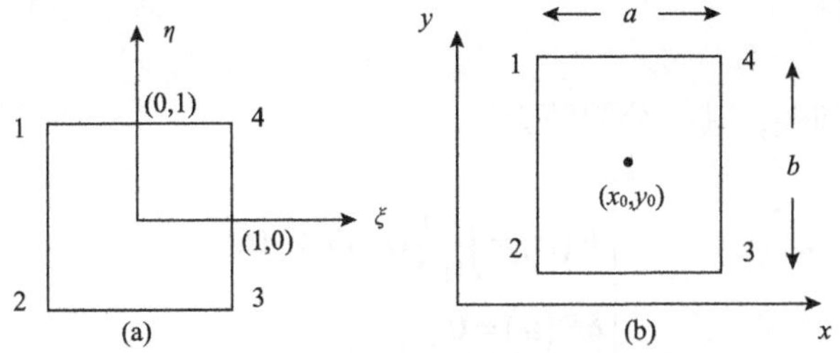

图 8-10　矩形单元双线性插值母单元与子单元的坐标关系

图 8-10（a）为母单元，图 8-10（b）为子单元，两个单元之间的坐标变换关系为

$$x = x_0 + \frac{a}{2}\xi, \quad y = y_0 + \frac{b}{2}\eta \tag{8-78}$$

其中，x_0，y_0是子单元中心点的坐标，a，b是子单元的两个边长，其微分关系表示为

$$\mathrm{d}x = \frac{a}{2}\mathrm{d}\xi, \quad \mathrm{d}y = \frac{b}{2}\mathrm{d}\eta, \quad \mathrm{d}x\mathrm{d}y = \frac{ab}{4}\mathrm{d}\xi\mathrm{d}\eta \tag{8-79}$$

则双线性插值的形函数为

$$N_i^e = \frac{1}{4}(1+\xi_i\xi)(1+\eta_i\eta) \tag{8-80}$$

其中，ξ_i，η_i是点$i(i=1,2,3,4)$的坐标，形函数的分量可写为

$$\begin{cases} N_1^e = \dfrac{1}{4}(1-\xi)(1+\eta) \\ N_2^e = \dfrac{1}{4}(1-\xi)(1-\eta) \\ N_3^e = \dfrac{1}{4}(1+\xi)(1-\eta) \\ N_4^e = \dfrac{1}{4}(1+\xi)(1+\eta) \end{cases} \tag{8-81}$$

上述形函数满足

$$N_i(j) = \begin{cases} 1, & i = j \\ 0, & i \neq j \end{cases} \tag{8-82}$$

则单元 u 中的插值函数是

$$u = N_1u_1 + N_2u_2 + N_3u_3 + N_4u_4 = \sum_{i=1}^{4} N_iu_i \tag{8-83}$$

其中，u_i (i=1,⋯,4)是单元四个顶点的代求函数值。式（8-83）表示的插值函数分别是关于 x，y 的线性函数。

3）单元分析

针对电势边值问题，其变分问题为

$$\begin{cases} F(u)=\int_{\Omega}\frac{1}{2}\sigma(\nabla u)^2\,\mathrm{d}\Omega \\ \delta F(u)=0 \end{cases} \tag{8-84}$$

将上式中的积分分解为各单元中的积分，首先计算单元积分 $F_e(u)$，其中

$$\int_e\frac{1}{2}\sigma(\nabla u)^2\,\mathrm{d}\Omega=\int_e\frac{1}{2}\sigma\left[\left(\frac{\partial u}{\partial x}\right)^2+\left(\frac{\partial u}{\partial y}\right)^2\right]\mathrm{d}x\mathrm{d}y \tag{8-85}$$

式中存在偏导项，u 对 x 的偏导为

$$\frac{\partial u}{\partial x}=\sum_{i=1}^{4}\frac{\partial N_i}{\partial x}u_i=\left(\frac{\partial \boldsymbol{N}}{\partial x}\right)^{\mathrm{T}}\boldsymbol{u}_e=\boldsymbol{u}_e^{\mathrm{T}}\left(\frac{\partial \boldsymbol{N}}{\partial x}\right) \tag{8-86}$$

其中，$\boldsymbol{u}_e=(u_1,\cdots,u_4)^{\mathrm{T}}$，因此

$$\left(\frac{\partial u}{\partial x}\right)^2=\boldsymbol{u}_e^{\mathrm{T}}\left(\frac{\partial \boldsymbol{N}}{\partial x}\right)\left(\frac{\partial \boldsymbol{N}}{\partial x}\right)^{\mathrm{T}}\boldsymbol{u}_e \tag{8-87}$$

同理可得关于 y 的偏导为

$$\left(\frac{\partial u}{\partial y}\right)^2=\boldsymbol{u}_e^{\mathrm{T}}\left(\frac{\partial \boldsymbol{N}}{\partial y}\right)\left(\frac{\partial \boldsymbol{N}}{\partial y}\right)^{\mathrm{T}}\boldsymbol{u}_e \tag{8-88}$$

积分

$$\int_e\frac{1}{2}\sigma(\nabla u)^2\,\mathrm{d}\Omega=\int_e\frac{1}{2}\sigma\left[\left(\frac{\partial u}{\partial x}\right)^2+\left(\frac{\partial u}{\partial y}\right)^2\right]\mathrm{d}x\mathrm{d}y=\frac{1}{2}\boldsymbol{u}_e^{\mathrm{T}}\left(k_{ij}\right)\boldsymbol{u}_e=\frac{1}{2}\boldsymbol{u}_e^{\mathrm{T}}\boldsymbol{K}_e\boldsymbol{u}_e \tag{8-89}$$

其中，$\boldsymbol{K}_e=(k_{ij})=(k_{ji})$，有

$$\begin{aligned} k_{ij}&=\int_e\sigma\left[\left(\frac{\partial N_i}{\partial x}\right)\left(\frac{\partial N_j}{\partial x}\right)+\left(\frac{\partial N_i}{\partial y}\right)\left(\frac{\partial N_j}{\partial y}\right)\right]\mathrm{d}x\mathrm{d}y \\ &=\int_e\sigma\frac{ab}{4}\left[\left(\frac{\mathrm{d}N_i}{\mathrm{d}\xi}\frac{\mathrm{d}\xi}{\mathrm{d}x}\right)\left(\frac{\mathrm{d}N_j}{\mathrm{d}\xi}\frac{\mathrm{d}\xi}{\mathrm{d}x}\right)+\left(\frac{\mathrm{d}N_i}{\mathrm{d}\eta}\frac{\mathrm{d}\eta}{\mathrm{d}y}\right)\left(\frac{\mathrm{d}N_j}{\mathrm{d}\eta}\frac{\mathrm{d}\eta}{\mathrm{d}y}\right)\right]\mathrm{d}\xi\mathrm{d}\eta \end{aligned} \tag{8-90}$$

对式（8-80）求取 ξ 和 η 的微商，并代入上述积分，即可求得 k_{ij}，若单元内 σ 为常数，则具体计算公式如下

$$k_{11}=2\alpha+2\beta\text{，}k_{21}=\alpha-2\beta\text{，}k_{31}=-\alpha-\beta\text{，}k_{41}=-2\alpha+\beta$$
$$k_{44}=k_{33}=k_{22}=k_{11}\text{，}k_{31}=k_{41}\text{，}k_{42}=k_{31}\text{，}k_{43}=k_{21}$$
$$\alpha=\frac{\sigma}{6}\frac{b}{a}\text{，}\beta=\frac{\sigma}{6}\frac{a}{b}$$

若在矩形计算区域中，矩形单元的一个边落在区域左边界上，则边界积分为

$$\begin{aligned}&\int_{\overline{12}}\sigma\frac{\partial u}{\partial n}u\mathrm{d}\varGamma=\sigma\frac{\partial u}{\partial n}\int_{\overline{12}}u\mathrm{d}\varGamma=\boldsymbol{u}_e^{\mathrm{T}}\boldsymbol{P}_e\\&\boldsymbol{P}_e=\frac{1}{2}\sigma\frac{\partial u}{\partial n}b(1,1,0,0)^{\mathrm{T}}\end{aligned}\tag{8-91}$$

同理若落在区域右边界上，有

$$\begin{aligned}&\int_{\overline{34}}\sigma\frac{\partial u}{\partial n}u\mathrm{d}\varGamma=\sigma\frac{\partial u}{\partial n}\int_{\overline{34}}u\mathrm{d}\varGamma=\boldsymbol{u}_e^{\mathrm{T}}\boldsymbol{P}_e\\&\boldsymbol{P}_e=\frac{1}{2}\sigma\frac{\partial u}{\partial n}b(0,0,-1,-1)^{\mathrm{T}}\end{aligned}\tag{8-92}$$

4）总体合成

由式（8-89）和式（8-91）可得单元的 $F_e(u)$，再将其扩展为全部节点组成的矩阵

$$F_e(u)=\frac{1}{2}\boldsymbol{u}_e^{\mathrm{T}}\boldsymbol{K}_e\boldsymbol{u}_e-\boldsymbol{u}_e^{\mathrm{T}}\boldsymbol{P}_e=\frac{1}{2}\boldsymbol{u}_e^{\mathrm{T}}\overline{\boldsymbol{K}}_e\boldsymbol{u}_e-\boldsymbol{u}_e^{\mathrm{T}}\overline{\boldsymbol{P}}_e\tag{8-93}$$

其中，u 为全部节点函数值的列向量，将全部单元相加，可得

$$F(u)=\sum_e F_e(u)=\frac{1}{2}\boldsymbol{u}^{\mathrm{T}}\sum\overline{\boldsymbol{K}}_e\boldsymbol{u}-\boldsymbol{u}^{\mathrm{T}}\sum\overline{\boldsymbol{P}}_e=\frac{1}{2}\boldsymbol{u}^{\mathrm{T}}\boldsymbol{K}\boldsymbol{u}-\boldsymbol{u}^{\mathrm{T}}\boldsymbol{P}\tag{8-94}$$

5）求变分

对式（8-94）求变分并令其为 0，有

$$\delta F(u)=\delta\boldsymbol{u}^{\mathrm{T}}\boldsymbol{K}\boldsymbol{u}-\delta\boldsymbol{u}^{\mathrm{T}}\boldsymbol{P}=\delta\boldsymbol{u}^{\mathrm{T}}(\boldsymbol{K}\boldsymbol{u}-\boldsymbol{P})=0\tag{8-95}$$

由于 δu 不为 0，因此

$$\boldsymbol{K}\boldsymbol{u}=\boldsymbol{P}\tag{8-96}$$

这是含有 N 个单元的 N 个方程的线性代数方程组。

6）解线性方程组

对式（8-96）进行求解即可得到有限单元法计算出的近似解。至此矩形单元双线性插值的求解过程结束。

2. 矩形单元、双二次插值

与双线性插值相同，首先采用矩形单元对区域进行剖分，在单元内进行双二次插

值，在同等的节点数目条件下，双二次插值的精度高于双线性插值。

1）区域剖分

节点编号和单元编号如图 8-11 所示，需要注意的是，双二次插值需要更多的节点参与计算，因此，从双线性插值的 4 个节点增加了四条边的中点成为了 8 个节点。

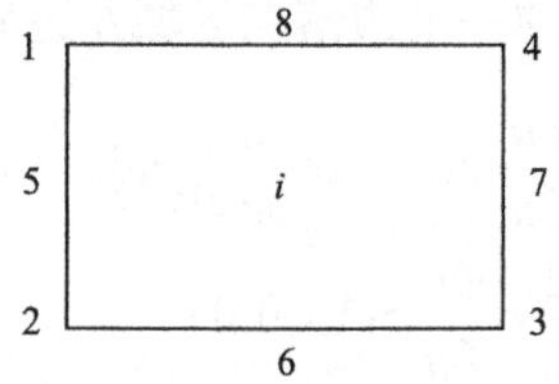

图 8-11　矩形单元双二次插值节点号的次序

2）双二次插值

图 8-12（a）为母单元，图 8-12（b）为子单元，单元中的插值函数是

$$u=\sum_{i=1}^{8}N_iu_i \tag{8-97}$$

显然 $u_i(i=1,\cdots,8)$是单元中 8 个节点的待定函数值。由式（8-97）表示的插值函数分别是 x，y 的二次函数，见式（8-58）。

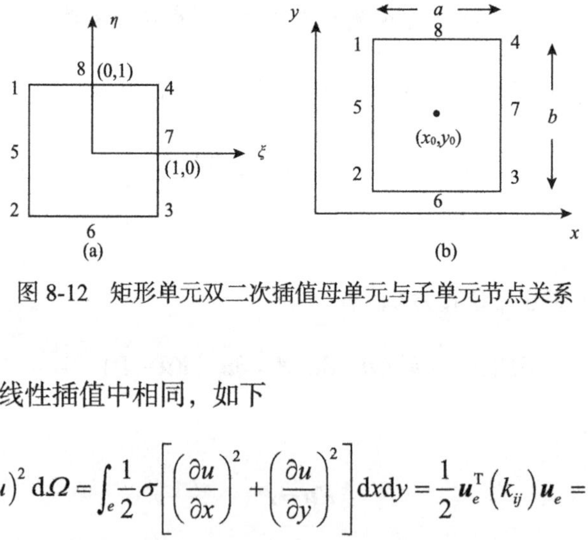

图 8-12　矩形单元双二次插值母单元与子单元节点关系

3）单元分析

单元积分与双线性插值中相同，如下

$$\int_e \frac{1}{2}\sigma(\nabla u)^2\,\mathrm{d}\Omega=\int_e \frac{1}{2}\sigma\left[\left(\frac{\partial u}{\partial x}\right)^2+\left(\frac{\partial u}{\partial y}\right)^2\right]\mathrm{d}x\mathrm{d}y=\frac{1}{2}\boldsymbol{u}_e^{\mathrm{T}}\left(k_{ij}\right)\boldsymbol{u}_e=\frac{1}{2}\boldsymbol{u}_e^{\mathrm{T}}\boldsymbol{K}_e\boldsymbol{u}_e \tag{8-98}$$

其中，$\boldsymbol{K}_e=(k_{ij})=(k_{ji})$，有

$$\begin{aligned}k_{ij}&=\int_e \sigma\left[\left(\frac{\partial N_i}{\partial x}\right)\left(\frac{\partial N_j}{\partial x}\right)+\left(\frac{\partial N_i}{\partial y}\right)\left(\frac{\partial N_j}{\partial y}\right)\right]\mathrm{d}x\mathrm{d}y\\&=\int_e \sigma\frac{ab}{4}\left[\left(\frac{\mathrm{d}N_i}{\mathrm{d}\xi}\frac{\mathrm{d}\xi}{\mathrm{d}x}\right)\left(\frac{\mathrm{d}N_j}{\mathrm{d}\xi}\frac{\mathrm{d}\xi}{\mathrm{d}x}\right)+\left(\frac{\mathrm{d}N_i}{\mathrm{d}\eta}\frac{\mathrm{d}\eta}{\mathrm{d}y}\right)\left(\frac{\mathrm{d}N_j}{\mathrm{d}\eta}\frac{\mathrm{d}\eta}{\mathrm{d}y}\right)\right]\mathrm{d}\xi\mathrm{d}\eta\end{aligned} \tag{8-99}$$

对式（8-58）求取 ξ 和 η 的微商，并代入上述积分，即可求得 k_{ij}，若单元内 σ 为常数，则具体计算公式如下

$$k_{11}=52\alpha+52\beta\,,\ k_{21}=17\alpha+28\beta\,,\ k_{31}=23\alpha+23\beta\,,\ k_{41}=28\alpha+17\beta$$
$$k_{51}=6\alpha-80\beta\,,\ k_{61}=-40\alpha-6\beta\,,\ k_{71}=-6\alpha-40\beta\,,\ k_{81}=-80\alpha+6\beta$$
$$k_{22}=k_{11}\,,\ k_{32}=k_{41}\,,\ k_{42}=k_{31}\,,\ k_{52}=k_{51}\,,\ k_{62}=k_{81}\,,\ k_{72}=k_{71}\,,\ k_{82}=k_{61}\,,\ k_{33}=k_{11}$$
$$k_{43}=k_{21}\,,\ k_{53}=k_{71}\,,\ k_{63}=k_{81}\,,\ k_{73}=k_{51}\,,\ k_{83}=k_{61}\,,\ k_{44}=k_{11}\,,\ k_{54}=k_{71}\,,\ k_{64}=k_{61}$$
$$k_{74}=k_{51}\,,\ k_{84}=k_{81}\,,\ k_{55}=48\alpha+160\beta\,,\ k_{65}=0\,,\ k_{75}=-48\alpha+80\beta\,,\ k_{85}=0$$
$$k_{66}=160\alpha+48\beta\,,\ k_{76}=0\,,\ k_{86}=80\alpha-48\beta\,,\ k_{77}=k_{55}\,,\ k_{87}=0\,,\ k_{88}=k_{66}$$

其中，$\alpha=\dfrac{\sigma}{90}\dfrac{b}{a}$，$\beta=\dfrac{\sigma}{90}\dfrac{a}{b}$。

若单元的一个边落在左边界上，则边界积分

$$\int_{\overline{152}}\sigma\frac{\partial u}{\partial n}u\mathrm{d}\Gamma=\sigma\frac{\partial u}{\partial n}\int_{\overline{152}}u\mathrm{d}\Gamma=\boldsymbol{u}_e^{\mathrm{T}}\boldsymbol{P}_e \tag{8-100}$$

其中，$\boldsymbol{P}_e=\dfrac{1}{6}\sigma E_0 b(1,1,0,0,4,0,0,0)^{\mathrm{T}}$，同理当一条边落在右边界上时，边界积分为

$$\int_{\overline{374}}\sigma\frac{\partial u}{\partial n}u\mathrm{d}\Gamma=\boldsymbol{u}_e^{\mathrm{T}}\boldsymbol{P}_e \tag{8-101}$$

其中，$\boldsymbol{P}_e=\dfrac{1}{6}\sigma E_0 b(0,0,-1,-1,0,0,-4,0)^{\mathrm{T}}$。

4）总体合成

此处总体合成过程与双线性插值中类似，便不再赘述。

5）求变分

同样，求变分过程与双线性插值中类似，不再赘述。

6）解线性方程组

与双线性插值相同，采用合适的方法求解即可，至此，矩形单元的双二次插值计算过程结束。

8.5　有限单元法求解探地雷达波动方程

本节主要介绍将有限单元法应用到时间域探地雷达正演计算中的案例。

8.5.1　微分方程边值问题的弱解形式

上文中介绍的有限单元法是一种解决地球物理边值问题的重要方法，通过对边值

问题的偏微分方程和边界条件的推导，利用变分原理或加权余量法可以将地球物理边值问题转化为有限单元法方程，然后利用有限单元法解泛函极值问题（冯德山等，2017）。本节主要介绍加权余量法的求解过程。

设待求函数 $u(x,y)$ 在图 8-13 所示的区域 Ω 和边界 Γ 上满足的边值问题为

$$\begin{cases} A(u)=0, & u\in\Omega \\ B(u)=0, & u\in\Gamma \end{cases} \tag{8-102}$$

其中，A 和 B 为微分算子，上述方程称为微分方程边值问题。

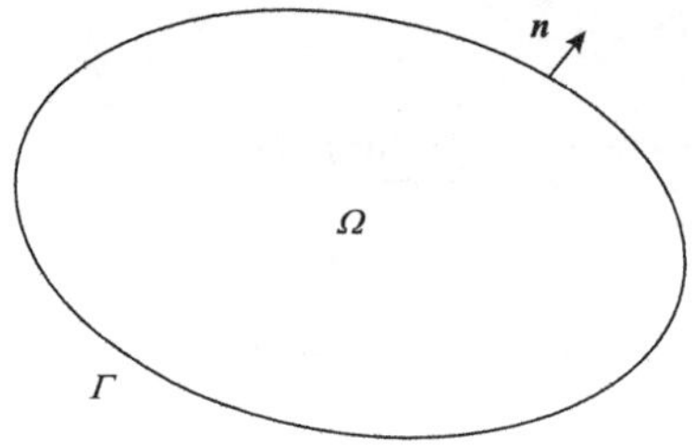

图 8-13　计算区域和边界

上述微分方程边值问题可以转化为相应的积分表述。对于任意函数 $v(x,y)$ 和 $v_1(x,y)$ 有以下积分关系

$$\iint_{\Omega} vA(u)\mathrm{d}\Omega+\oint_{\Gamma} v_1 B(u)\mathrm{d}\Gamma=0 \tag{8-103}$$

上式为微分方程边值等价的积分表示形式。

设函数 v 和 v_1 具有一阶导数，对式（8-103）实施分部积分可得另一积分形式：

$$\iint_{\Omega} C(v)D(u)\mathrm{d}\Omega+\oint_{\Gamma} G(v_1)F(u)\mathrm{d}\Gamma=0 \tag{8-104}$$

式中，C、D、G 和 F 为微分算子，由于分部积分的结果，算子 C、G 含有 v 和 v_1 的一阶导数，而算子 D、F 则比式（8-103）中 A、B 的求导次数要降低一阶，因而，积分形式（8-104）对函数 u 求导的连续性要求比式（8-103）低一阶，但对函数 v 和 v_1 则要求具有一阶导数的连续性。因此积分形式（8-103）称为与微分方程边值问题（8-102）等价的弱解形式。

由于弱解形式是一个积分方程，为了得到它的有限单元数值解，首先将研究区域剖分为许多小单元，在单元内进行插值，选取基函数 $N_j(x,y)$，$j=1,2,\cdots$ 代表单元的节点或者棱边编号，则近似解 $\tilde{u}$ 是各节点的基函数 N_j 的线性组合

$$u\simeq\tilde{u}=\sum N_j\tilde{u}_j \tag{8-105}$$

$\tilde{u}_j$ 为 $\tilde{u}$ 在单元节点处的展开系数，为待求量。事实上近似解 $\tilde{u}$ 并不能严格满足方程（8-102），因此我们得到

$$\begin{cases} r = A(\tilde{u}), & \tilde{u} \in \Omega \\ r_1 = B(\tilde{u}), & \tilde{u} \in \Gamma \end{cases} \tag{8-106}$$

上式左端 r 和 r_1 称为近似解导致的误差或余量。

将近似解 $\tilde{u}$ 代入式（8-103）和式（8-104）中得到

$$\begin{cases} R = \iint\limits_{\Omega} vA(\tilde{u})\mathrm{d}\Omega + \oint\limits_{\Gamma} v_1 B(\tilde{u})\mathrm{d}\Gamma \\ R = \iint\limits_{\Omega} C(v)D(\tilde{u})\mathrm{d}\Omega + \oint\limits_{\Gamma} G(v_1)F(\tilde{u})\mathrm{d}\Gamma \end{cases} \tag{8-107}$$

式中，左端 R 称为加权余量。

为了获得近似解中的待求系数 $\tilde{u}_j$，通过选择适当的权函数 v 和 v_1 为某一局部函数 ω_j 和 $\tilde{\omega}_j$，使加权余量等于零，即

$$\begin{cases} \iint\limits_{\Omega} \omega_j A(\tilde{u})\mathrm{d}\Omega + \oint\limits_{\Gamma} \tilde{\omega}_j B(\tilde{u})\mathrm{d}\Gamma = 0 \\ \iint\limits_{\Omega} C(\omega_j)D(\tilde{u})\mathrm{d}\Omega + \oint\limits_{\Gamma} G(\tilde{\omega}_j)F(\tilde{u})\mathrm{d}\Gamma = 0 \end{cases} \tag{8-108}$$

在有限单元法中可以令 ω_j、$\tilde{\omega}_j$ 为狄拉克函数 δ，$\omega_j = \delta(x - x_j, y - y_j)$，相当于假设在一系列样本点上余量等于零，称为配点法；也可以令 ω_j、$\tilde{\omega}_j$ 等于基函数，$\omega_j = N_j$，称为 Galerkin（伽辽金）方法。上述加权余量方法使得微分方程边值问题由弱解形式转化为矩阵方程组。

由以上推导可知，在使用 Galerkin 方法推导有限单元方程时，首先要获得微分方程的边值问题，然后推导其弱解格式，之后通过剖分，选择合适的插值基函数（形函数），形成有限单元矩阵方程组。

8.5.2　二维标量波动方程时域有限单元解

1. 一维时域有限单元解 GPR 波动方程

同样，在介绍二维有限单元法求解探地雷达波动方程之前，首先给出几个一维有限单元求解的例题如下。

例 8-4　一维有限单元求解 GPR 正演问题。

建立计算区域为真空，两端截断边界为一阶 *ABC* 吸收边界。计算域为 2m，单元长

度 Δx=0.01m，雷克子波面电流位于中心点。雷克子波中心频率为 900MHz，分别采用 Newmark-β 法和中心差分方法，得到单道波形图如图 8-14 所示。Matlab 代码实现展示如下。

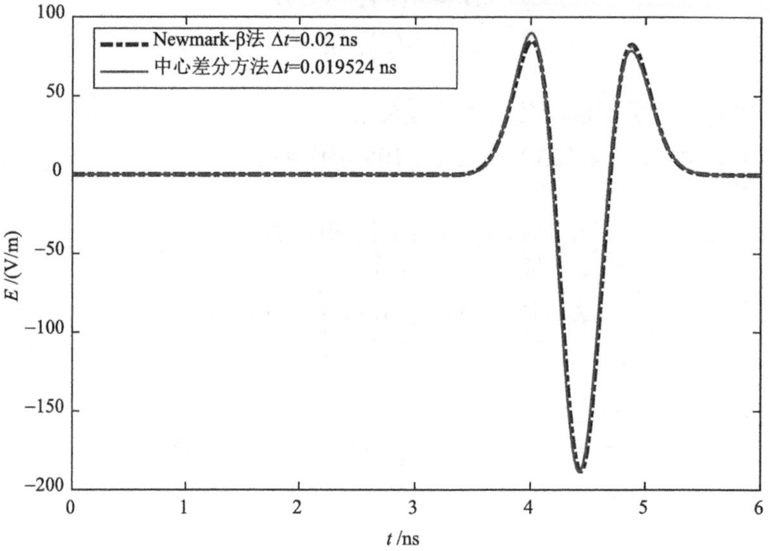

图 8-14　一维 GPR 标量波动方程单道波形图

代码 8-1　计算一维 FETD 正演程序

```
% 文件描述：一维 FETD 仿真，一阶 ABC 边界
% 激励描述：雷克子波
% 激励位置：网格中间
clc;clear;tic;
%% 加载模型参数
Ne=200;
dx=0.01;
ep(1:Ne) = 1;                          %%%模型赋值
sig(1:Ne) = 0;
site=101;                              %源放置位置
%% 天线参数
freq = 900.0*10^6;
n_timestep=320;                        %时间步
dt = 1.924e-11;                        %采样间隔
t=(0:1:n_timestep-1)*dt;
%% 雷克子波对时间的导数
s=ricker_dt(freq,t) ;
%% 单元节点数组
```

```
Nn=(Ne+1);
I2=zeros(2,Ne);
I2(1,:)=1:Nn-1;
I2(2,:)=2:Nn;
%% 生成正演所需结构体
beta=0;
forward=Assembly1D(I2,ep,sig,Nn,dx,dt, beta);
%% 正演
E=fetd1d(forward,site,s);
AA=E(site+100,:);
toc
figure(3);
plot(t*1e9,AA,'LineStyle','-');
xlabel('t (ns)');
ylabel('E (V/m)');
ylim([-200,100])
```

代码结束

代码 8-2　子程序 Assembly1D

```
function  forward=Assembly1D(I2,ep,sig,ND,dx,dt,beta)
% 生成正演所需结构体
% I2     单元局部节点与全域节点编号的映射矩阵
% ep     相对介电常数
% sig    电导率
% ND     节点总数
% dx     单元间隔
% dt     时间间隔
% beta   Newmark-beta 法
%% 常数
ep0=1/(36*pi)*1e-9;
miu=4*pi*1e-7;
ep = ep*ep0;
%% 单元矩阵
Me=[1/3,1/6;1/6,1/3]*dx;
Ke=[1,-1;-1,1]/dx;
%% 刚度矩阵形成
M = sparse(ND,ND); K = sparse(ND,ND); C = sparse(ND,ND);
C_bd=sparse(1,1,sqrt(ep(1)/miu),ND,ND)+ ...
```

```
    sparse(ND,ND,sqrt(ep(end)/miu),ND,ND); % ABC 一阶吸收边界
for i =1:2
    for j=1:2
        Mij=Me(i,j).*ep;
        Cij=Me(i,j).*sig;
        Kij=Ke(i,j)/miu;
        M = M + sparse(I2(i,:),I2(j,:),Mij,ND,ND);
        C = C + sparse(I2(i,:),I2(j,:),Cij,ND,ND);
        K = K + sparse(I2(i,:),I2(j,:),Kij,ND,ND);
    end
end
C=C+C_bd;
if beta==0
    dtmax=2/sqrt(max(abs(eigs(inv(M)*K))));
    forward.dtmax=dtmax;
end
%%  方程组左端项 进行预条件(不完全 LU 分解, 预条件)
A = M/dt^2+C/(2*dt)+beta*K;  %Ax=b 左端项  Newmark method
B1  = 2*M/dt^2-(1-2*beta)*K;
B2  = C/(2*dt)- M/dt^2-beta*K;
[L,U]=ilu(A);                                    %预条件
%% 形成结构体
forward.A = A;
forward.B1= B1;
forward.B2= B2;
forward.L = L;
forward.U = U;
```

代码结束

代码 8-3　子程序 fetd1d

```
function E=fetd1d(forward,site,f)
%  时域有限单元正演主程序
%  输入  forward  正演所需的结构参数
%          site      激励源的位置
%          f         源向量
%  输出  E           输出所有节点所有时刻的电场值
%% 提取正演所需矩阵
A = forward.A;
```

```
L = forward.L;
U = forward.U;
B1 = forward.B1;
B2 = forward.B2;
n = length(f);
ND = size (A,1);
%% 解方程所需参数
tol = 1*10^(-15);      %迭代误差
maxit = 1000;          %迭代次数
%% 场值初始化
E=zeros(ND,n);
E1=zeros(ND,1);        % 当前时刻电场 En
E2=E1;                 % 前一时刻电场 En-1
%% 源初始化
riker = sparse(ND,n);              %源向量
riker(site,:) = f(:);              %载源的位置形成源向量
%% 时间步迭代
for I = 3:n
    I
    %% 方程右端项
    %Ax=b 右端项
    b =-riker(:,I-1)+B1*E1+B2*E2;
    [x,~,~]=bicgstab(A,b,tol,maxit,L,U);    %双共轭梯度法求解方程组
    E2=E1; E1=x;
    E(:,I)=x;
    %% 绘制波场快照
    drawnow
    figure(2)
    plot(x);
    title(['timestep=',num2str(I)])
    xlabel('空间网格数');
    ylabel('E_x');
    ylim([-200,100])
end
```

代码结束

2. 标量波动方程边值问题及其弱解形式

探地雷达二维波动方程存在矢量和标量两种表达形式，本节主要介绍标量形式的

波动方程有限单元解。对于二维 TM 波（E_z, H_x, H_y），设计算域如图 8-15 所示，二维 TM 波的电场标量波动方程为

$$-\frac{\partial}{\partial x}\left(\frac{1}{\mu}\frac{\partial E_z}{\partial x}\right)-\frac{\partial}{\partial y}\left(\frac{1}{\mu}\frac{\partial E_z}{\partial y}\right)+\sigma\frac{\partial E_z}{\partial t}+\varepsilon\frac{\partial^2 E_z}{\partial t^2}+\frac{\partial J_z}{\partial t}=0 \tag{8-109}$$

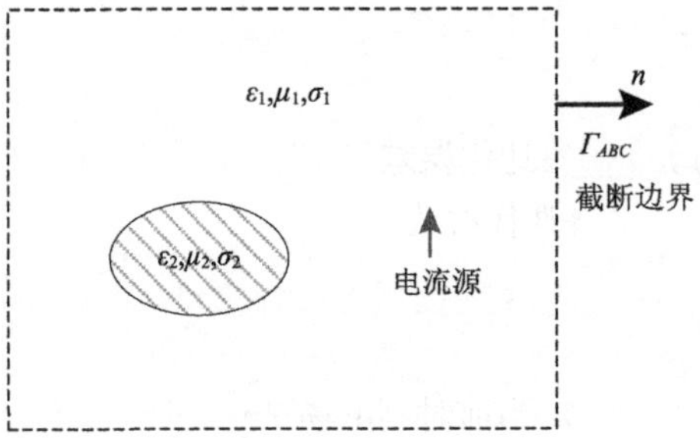

图 8-15 二维 GPR 标量波动方程计算域示意图

对于图 8-15 所示计算域边界，截断边界处为一阶吸收边界属于特殊的第三类边界条件，对于异常体物质表面不需要附加边界条件，只要在有限单元划分时将物体表面设置为节点和棱边即可。上述求解域给定的一阶 *ABC* 吸收边界如下所示

$$\frac{1}{\mu}\boldsymbol{n}\cdot\nabla E_z+\sqrt{\frac{\varepsilon}{\mu}}\frac{\partial E_z}{\partial t}=0 \tag{8-110}$$

因此根据 Galerkin 加权余量方法，当函数 E_z 为非严格解时，将其代入式（8-109）和式（8-110）时，所得结果将不为零，相应的余量为

$$\begin{cases} r=-\dfrac{\partial}{\partial x}\left(\dfrac{1}{\mu}\dfrac{\partial E_z}{\partial x}\right)-\dfrac{\partial}{\partial y}\left(\dfrac{1}{\mu}\dfrac{\partial E_z}{\partial y}\right)+\sigma\dfrac{\partial E_z}{\partial t}+\varepsilon\dfrac{\partial^2 E_z}{\partial t^2}+\dfrac{\partial J_z}{\partial t} \\ r_1=\dfrac{1}{\mu}\boldsymbol{n}\cdot\nabla E_z+\sqrt{\dfrac{\varepsilon}{\mu}}\dfrac{\partial E_z}{\partial t} \end{cases} \tag{8-111}$$

用函数 v、v_1 分别乘以上述余量并沿计算域和边界积分然后相加得到加权余量为

$$\begin{aligned} R=&\iint_{\Omega} v\left[-\frac{\partial}{\partial x}\left(\frac{1}{\mu}\frac{\partial E_z}{\partial x}\right)-\frac{\partial}{\partial y}\left(\frac{1}{\mu}\frac{\partial E_z}{\partial y}\right)+\sigma\frac{\partial E_z}{\partial t}+\varepsilon\frac{\partial^2 E_z}{\partial t^2}+\frac{\partial J_z}{\partial t}\right]\mathrm{d}\Omega \\ &+\int_{\Gamma} v_1\left(\frac{1}{\mu}\boldsymbol{n}\cdot\nabla E_z+\sqrt{\frac{\varepsilon}{\mu}}\frac{\partial E_z}{\partial t}\right)\mathrm{d}\Gamma \end{aligned} \tag{8-112}$$

利用函数乘积的分部积分公式

$$\begin{cases} \displaystyle\iint_{\Omega} v\frac{\partial \varphi}{\partial x}\mathrm{d}x\mathrm{d}y=-\iint_{\Omega}\frac{\partial v}{\partial x}\varphi\mathrm{d}x\mathrm{d}y+\oint_{\Gamma} v\varphi n_x\mathrm{d}\Gamma \\ \displaystyle\iint_{\Omega} v\frac{\partial \varphi}{\partial y}\mathrm{d}x\mathrm{d}y=-\iint_{\Omega}\frac{\partial v}{\partial y}\varphi\mathrm{d}x\mathrm{d}y+\oint_{\Gamma} v\varphi n_y\mathrm{d}\Gamma \end{cases} \tag{8-113}$$

因此，式（8-112）右端第一项可以表示为

$$\iint_{\Omega} v\left[-\frac{\partial}{\partial x}\left(\frac{1}{\mu}\frac{\partial E_z}{\partial x}\right)-\frac{\partial}{\partial y}\left(\frac{1}{\mu}\frac{\partial E_z}{\partial y}\right)\right]\mathrm{d}\Omega=\iint_{\Omega}\left[\frac{\partial v}{\partial x}\left(\frac{1}{\mu}\frac{\partial E_z}{\partial x}\right)+\frac{\partial v}{\partial y}\left(\frac{1}{\mu}\frac{\partial E_z}{\partial y}\right)\right]\mathrm{d}\Omega - \oint_{\Gamma} v\frac{1}{\mu}\boldsymbol{n}\cdot\nabla E_z\mathrm{d}\Gamma \tag{8-114}$$

将上式代入式（8-112）可以得到

$$\begin{aligned}R=&\iint_{\Omega}\left[\frac{\partial v}{\partial x}\left(\frac{1}{\mu}\frac{\partial E_z}{\partial x}\right)+\frac{\partial v}{\partial y}\left(\frac{1}{\mu}\frac{\partial E_z}{\partial y}\right)\right]\mathrm{d}\Omega+\iint_{\Omega}v\sigma\frac{\partial E_z}{\partial t}\mathrm{d}\Omega+\iint_{\Omega}v\varepsilon\frac{\partial^2 E_z}{\partial t^2}\mathrm{d}\Omega\\&+\iint_{\Omega}v\frac{\partial J_z}{\partial t}\mathrm{d}\Omega-\oint_{\Gamma}v\frac{1}{\mu}\boldsymbol{n}\cdot\nabla E_z\mathrm{d}\Gamma+\int_{\Gamma}v_1\left(\frac{1}{\mu}\boldsymbol{n}\cdot\nabla E_z+\sqrt{\frac{\varepsilon}{\mu}}\frac{\partial E_z}{\partial t}\right)\mathrm{d}\Gamma\end{aligned} \tag{8-115}$$

选择试函数 $v_1 = v$，则上式变为

$$\begin{aligned}R=&\iint_{\Omega}\left[\frac{\partial v}{\partial x}\left(\frac{1}{\mu}\frac{\partial E_z}{\partial x}\right)+\frac{\partial v}{\partial y}\left(\frac{1}{\mu}\frac{\partial E_z}{\partial y}\right)\right]\mathrm{d}\Omega\\&+\iint_{\Omega}v\sigma\frac{\partial E_z}{\partial t}\mathrm{d}\Omega+\iint_{\Omega}v\varepsilon\frac{\partial^2 E_z}{\partial t^2}\mathrm{d}\Omega+\iint_{\Omega}v\frac{\partial J_z}{\partial t}\mathrm{d}\Omega+\int_{\Gamma}v\left(\sqrt{\frac{\varepsilon}{\mu}}\frac{\partial E_z}{\partial t}\right)\mathrm{d}\Gamma\end{aligned} \tag{8-116}$$

令上述加权余量等于零，可以得到方程（8-109）和截断边界处一阶吸收边界条件（8-110）的弱解形式

$$\begin{aligned}&\iint_{\Omega}\left(\frac{\partial v}{\partial x}\frac{1}{\mu}\frac{\partial E_z}{\partial x}+\frac{\partial v}{\partial y}\frac{1}{\mu}\frac{\partial E_z}{\partial y}\right)\mathrm{d}\Omega+\iint_{\Omega}v\varepsilon\frac{\partial^2 E_z}{\partial t^2}\mathrm{d}\Omega\\&+\iint_{\Omega}v\sigma\frac{\partial E_z}{\partial t}\mathrm{d}\Omega+\iint_{\Omega}v\frac{\partial J_z}{\partial t}\mathrm{d}\Omega+\int_{\Gamma}v\sqrt{\frac{\varepsilon}{\mu}}\frac{\partial E_z}{\partial t}\mathrm{d}\Gamma=0\end{aligned} \tag{8-117}$$

应用 Matlab、Comsol 等软件可以将区域剖分成多个单元，并将上式中函数用基函数展开，选择试函数为基函数后，可以得到单元矩阵方程。下面以三角形单元和四边形单元为例。

3. 三角单元有限单元分析

1）区域剖分

应用相应的剖分软件，将求解区域划分成三角单元，如图 8-16 所示，图中给出了三角形单元编号（1），（2），…与节点编号 1，2，…，灰色代表异常体位置。计算域为 1m×1m，坐标原点位于中心，表 8-2 给出了全域节点的坐标，表 8-3 给出了单元和全域节点编号以及对应介质属性的关系，表 8-4 给出了计算域边界棱边对应的全域节点编号及其所属单元编号。

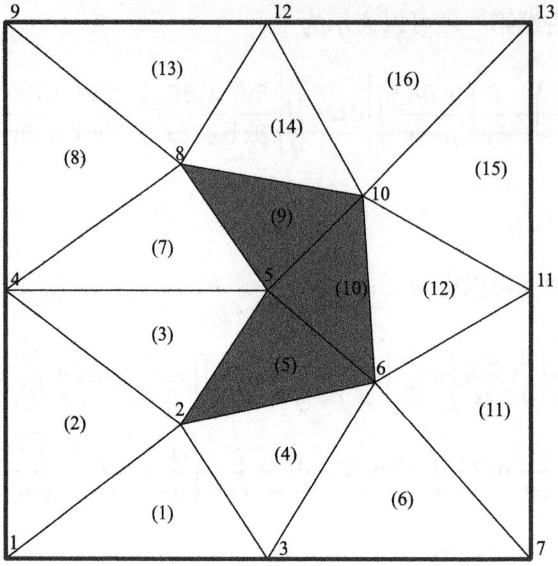

图 8-16　计算区域剖分图

表 8-2　全域节点的坐标

节点编号 n	x 坐标 node（n, 1）	y 坐标 node（n, 2）
1	−0.500	−0.500
2	−0.164	−0.250
3	0	−0.500
4	−0.500	0
5	0	0
6	0.204	−0.170
7	0.500	−0.500
8	−0.164	0.235
9	−0.500	0.500
10	0.181	0.177
11	0.500	0
12	0	0.500
13	0.500	0.500

表 8-3　单元和全域节点编号以及对应介质属性的关系

单元编号 e	节点 1 elem（e,1）	节点 2 elem（e,2）	节点 3 elem（e,3）	相对介电常数 elem（e,4）	电导率 elem（e,5）
（1）	1	3	2	3	0
（2）	4	1	2	3	0

续表

单元编号 e	节点 1 elem（e,1）	节点 2 elem（e,2）	节点 3 elem（e,3）	相对介电常数 elem（e,4）	电导率 elem（e,5）
(3)	4	2	5	3	0
(4)	3	6	2	3	0
(5)	5	2	6	5	0.001
(6)	3	7	6	3	0
(7)	8	4	5	3	0
(8)	9	4	8	3	0
(9)	8	5	10	5	0.001
(10)	6	10	5	5	0.001
(11)	7	11	6	3	0
(12)	11	10	6	3	0
(13)	12	9	8	3	0
(14)	12	8	10	3	0
(15)	11	13	10	3	0
(16)	13	12	10	3	0

表 8-4　计算域边界棱边对应的全域节点编号及其所属单元编号

边界棱边编号 edge	棱边端点 1 abc（edge,1）	棱边端点 2 abc（edge,2）	棱边所属单元 abc（edge,3）
1	3	1	1
2	1	4	2
3	7	3	6
4	4	9	8
5	11	7	11
6	9	12	13
7	12	13	16
8	13	11	15

事实上，上述表 8-2～表 8-4 中的信息特别重要，只有获取相关信息，才能进行下一步的单元分析，完成有限单元计算。

2）三角形单元线性插值

如图 8-6 所示，二维求解区域已被剖分成许多个三角形单元，在某一个三角形单元内，三个顶点分别为 P_i 、 P_j 、 P_m ，节点按逆时针方向编号依次为 i、j、m ，其节点坐标依次为 (x_i,y_i) 、 (x_j,y_j) 、 (x_m,y_m) ，节点函数值依次为 E_i 、 E_j 、 E_m ，这三点组成三角形单元为 Δ_{ijm} ，其面积用 Δ 表示。将节点下标 i，j，k 用 1，2，3 表示，可直接写出三角单元中线性插值函数为

$$E_e(x,y)=N_1^e(x,y)E_1+N_2^e(x,y)E_2+N_3^e(x,y)E_3=\sum_{j=1}^{3}N_j^eE_j \tag{8-118}$$

其中， $N_1^e(x,y)=L_i(x,y)$ ， $N_2^e(x,y)=L_j(x,y)$ ， $N_3^e(x,y)=L_m(x,y)$ 。

3）单元分析

计算域划分单元之后，式（8-117）中的积分可以写成各个单元积分之和

$$\begin{aligned}&\sum_{e=1}^{N_e}\iint_{\Omega^e}\left(\frac{\partial v}{\partial x}\frac{1}{\mu}\frac{\partial E_z}{\partial x}+\frac{\partial v}{\partial y}\frac{1}{\mu}\frac{\partial E_z}{\partial y}\right)\mathrm{d}\Omega+\sum_{e=1}^{N_e}\iint_{\Omega^e}v\varepsilon\frac{\partial^2E_z}{\partial t^2}\mathrm{d}\Omega\\&+\sum_{e=1}^{N_e}\iint_{\Omega^e}v\sigma\frac{\partial E_z}{\partial t}\mathrm{d}\Omega+\sum_{e=1}^{N_e}\iint_{\Omega^e}v\frac{\partial J_z}{\partial t}\mathrm{d}\Omega+\sum_{e=1}^{N_e}\int_{\Gamma^e}v\sqrt{\frac{\varepsilon}{\mu}}\frac{\partial E_z}{\partial t}\mathrm{d}\Gamma=0\end{aligned} \tag{8-119}$$

根据 Galerkin 法，用插值函数（8-118）展开场值函数 E（为方便表示，用 E 表示 E_z），取权函数 $v=N_i^e$ ，其中，i=1,2,3。那么对于任一单元 e，有如下单元积分

$$\begin{aligned}&\iint_{\Omega^e}\left[\frac{\partial N_i^e}{\partial x}\frac{1}{\mu}\left(\sum_{j=1}^{3}E_j\frac{\partial N_j^e}{\partial x}\right)+\frac{\partial N_i^e}{\partial y}\frac{1}{\mu}\left(\sum_{j=1}^{3}E_j\frac{\partial N_j^e}{\partial y}\right)\right]\mathrm{d}\Omega\\&+\iint_{\Omega^e}N_i^e\varepsilon\frac{\partial^2}{\partial t^2}\left(\sum_{j=1}^{3}E_jN_j^e\right)\mathrm{d}\Omega+\iint_{\Omega^e}N_i^e\sigma\frac{\partial}{\partial t}\left(\sum_{j=1}^{3}E_jN_j^e\right)\mathrm{d}\Omega\\&+\iint_{\Omega^e}N_i^e\frac{\partial J_z}{\partial t}\mathrm{d}\Omega+\int_{\Gamma^e}N_i^e\sqrt{\frac{\varepsilon}{\mu}}\frac{\partial}{\partial t}\left(\sum_{j=1}^{3}E_jN_j^e\right)\mathrm{d}\Gamma=0,\quad i=1,2,3\end{aligned} \tag{8-120}$$

上式可以表示为

$$\begin{aligned}&\sum_{j=1}^{3}E_j\iint_{\Omega^e}\frac{1}{\mu}\left(\frac{\partial N_i^e}{\partial x}\frac{\partial N_j^e}{\partial x}+\frac{\partial N_i^e}{\partial y}\frac{\partial N_j^e}{\partial y}\right)\mathrm{d}\Omega+\sum_{j=1}^{3}\frac{\partial^2E_j}{\partial t^2}\iint_{\Omega^e}\varepsilon N_i^eN_j^e\mathrm{d}\Omega\\&+\sum_{j=1}^{3}\frac{\partial E_j}{\partial t}\iint_{\Omega^e}\sigma N_i^eN_j^e\mathrm{d}\Omega+\iint_{\Omega^e}N_i^e\frac{\partial J_z}{\partial t}\mathrm{d}\Omega+\sum_{j=1}^{3}\frac{\partial E_j}{\partial t}\int_{\Gamma^e}\sqrt{\frac{\varepsilon}{\mu}}N_i^eN_j^e\mathrm{d}\Gamma=0\end{aligned} \tag{8-121}$$

假设单元足够小，其中介质参数在单元内可以近似为均匀与积分无关，因此可以将上式各积分记为

$$
\begin{cases}
K_{ij}^e = \dfrac{1}{\mu_e}\displaystyle\iint_{\Omega^e}\left(\dfrac{\partial N_i^e}{\partial x}\dfrac{\partial N_j^e}{\partial x}+\dfrac{\partial N_i^e}{\partial y}\dfrac{\partial N_j^e}{\partial y}\right)\mathrm{d}\Omega \\
M_{ij}^e = \varepsilon_e \displaystyle\iint_{\Omega^e} N_i^e N_j^e \mathrm{d}\Omega \\
C_{ij}^e = \sigma_e \displaystyle\iint_{\Omega^e} N_i^e N_j^e \mathrm{d}\Omega \\
B_{ij}^e = \sqrt{\dfrac{\varepsilon_e}{\mu_e}} \displaystyle\int_{\Gamma^e} N_i^e N_j^e \mathrm{d}\Gamma \\
f_i^e = \displaystyle\iint_{\Omega^e} N_i^e \dfrac{\partial J_z}{\partial t}\mathrm{d}\Omega
\end{cases}
\tag{8-122}
$$

代入式（8-121）得

$$
\sum_{j=1}^{3} M_{i,j}^e \frac{\partial^2 E_j^e}{\partial t^2}+\sum_{j=1}^{3} C_{i,j}^e \frac{\partial E_j^e}{\partial t}+\sum_{j=1}^{2} B_{i,j}^e \frac{\partial E_j^e}{\partial t}+\sum_{j=1}^{3} K_{i,j}^e E_j^e + f_i^e = 0 \tag{8-123}
$$

因此，将单元插值基函数代入式（8-122），首先对 K_{ij}^e 进行分析，形函数的导数有如下表达式

$$
\begin{aligned}
\frac{\partial N_i^e}{\partial x} &= \frac{\partial\left[\dfrac{1}{2\Delta}(a_i x + b_i y + c_i)\right]}{\partial x} = \frac{a_i}{2\Delta}, \\
\frac{\partial N_i^e}{\partial y} &= \frac{\partial\left[\dfrac{1}{2\Delta}(a_i x + b_i y + c_i)\right]}{\partial y} = \frac{b_i}{2\Delta},
\end{aligned}
\qquad i=1,2,3 \tag{8-124}
$$

因此单元矩阵 $\boldsymbol{K}_e$ 的表达式为

$$
\boldsymbol{K}_e = \frac{1}{4\Delta\mu_e}\begin{pmatrix}
a_i^2+b_i^2 & a_i a_j + b_i b_j & a_i a_m + b_i b_m \\
a_j a_i + b_j b_i & a_j^2 + b_j^2 & a_j a_m + b_j b_m \\
a_m a_i + b_m b_i & a_m a_j + b_m b_j & a_m^2 + b_m^2
\end{pmatrix} \tag{8-125}
$$

根据参考文献，我们可以得到插值函数 N_i^e 在三角单元区域内积分的一般公式

$$
\iint_{\Delta}\left(N_1^e\right)^a\left(N_2^e\right)^b\left(N_3^e\right)^c = 2\Delta\frac{a!b!c!}{(a+b+c+2)!} \tag{8-126}
$$

因此单元矩阵 $\boldsymbol{M}_e$ 和 $\boldsymbol{C}_e$ 分别为

$$
\boldsymbol{M}_e = \frac{\Delta}{12}\varepsilon_e\begin{bmatrix} 2 & 1 & 1 \\ 1 & 2 & 1 \\ 1 & 1 & 2 \end{bmatrix} \tag{8-127}
$$

$$C_e = \frac{\Delta}{12}\sigma_e \begin{bmatrix} 2 & 1 & 1 \\ 1 & 2 & 1 \\ 1 & 1 & 2 \end{bmatrix} \tag{8-128}$$

对于边界积分 $B_{ij}^e = \sqrt{\frac{\varepsilon_e}{\mu_e}} \int_{\Gamma^e} N_i^e N_j^e \mathrm{d}\Gamma$，仅涉及沿边界棱边的积分，根据插值基函数的性质，节点基函数在自身的对边上等于零。

因此如果单元 e 的节点 1 和 2 位于边界上，那么节点 3 对应的形函数为零，此时我们相当于仅在由节点 1 至节点 2 组成的线段上进行积分，此时节点 1 和节点 2 形成的基函数与一维线性单元基函数相同，此时 i，j 的取值范围为[1, 2]。根据第 7 章中的积分结果，我们可以得到单元边界积分的表达式

$$\boldsymbol{B}^e = \sqrt{\frac{\varepsilon_e}{\mu_e}} l_{\text{edge}} \begin{bmatrix} 2 & 1 \\ 1 & 2 \end{bmatrix} \tag{8-129}$$

其中，l_{edge} 表示棱边的长度。

对于最后一项线电流源而言，电流密度为

$$J_z = I_0(t)\delta(x - x_0)\delta(y - y_0) \tag{8-130}$$

假设线电流源放置于单元 e 的节点 2 处，此时 $x_2^e = x_0$，$y_2^e = y_0$，根据节点基函数的性质，基函数在自身节点处等于 1，在非自身节点处等于 0，因此对于激励源矢量有

$$\begin{aligned} f_2^e &= \iint_{\Omega^e} N_2^e(x,y)\frac{\partial J_z}{\partial t}\mathrm{d}\Omega = \frac{\mathrm{d}I_0(t)}{\mathrm{d}t}\iint_{\Omega^e} N_2^e(x,y)\delta(x - x_2^e)\delta(y - y_2^e)\mathrm{d}\Omega \\ &= \frac{\mathrm{d}I_0(t)}{\mathrm{d}t} N_2^e(x_2^e, y_2^e) = \frac{\mathrm{d}I_0(t)}{\mathrm{d}t} \end{aligned} \tag{8-131}$$

此时式（8-123）可以表示为单元矩阵的形式为

$$\boldsymbol{M}_e \ddot{\boldsymbol{E}}_e + \boldsymbol{C}_e \dot{\boldsymbol{E}}_e + \boldsymbol{K}_e \boldsymbol{E}_e + \boldsymbol{f}_e = 0 \tag{8-132}$$

式中，$\boldsymbol{M}_e$ 为单元质量矩阵，$\boldsymbol{C}_e$ 为单元阻尼矩阵（表示由电导率的单元矩阵 $\boldsymbol{C}^e$ 与边界单元矩阵 $\boldsymbol{B}^e$ 之和），$\boldsymbol{K}_e$ 为单元刚度矩阵，$\boldsymbol{f}_e$ 为单元源向量，$\boldsymbol{E}_e$ 为单元节点场值列向量，$\dot{\boldsymbol{E}}_e$ 为时间的一次导数，$\ddot{\boldsymbol{E}}_e$ 为时间的二次导数。

4）总体合成

将单元列向量 $\boldsymbol{E}_e$、$\dot{\boldsymbol{E}}_e$、$\ddot{\boldsymbol{E}}_e$ 及激励源列向量扩展成全体节点的列向量 $\boldsymbol{E}$、$\dot{\boldsymbol{E}}$、$\ddot{\boldsymbol{E}}$ 和 $\boldsymbol{f}$。将 3×3 的系数矩阵 $\boldsymbol{M}_e$、$\boldsymbol{C}_e$ 和 $\boldsymbol{K}_e$ 扩展成 $N\times N$（N 表示节点总数）的矩阵 $\boldsymbol{M}$、$\boldsymbol{C}$ 和 $\boldsymbol{K}$，即

$$\boldsymbol{M}\ddot{\boldsymbol{E}} + \boldsymbol{C}\dot{\boldsymbol{E}} + \boldsymbol{K}\boldsymbol{E} + \boldsymbol{f} = 0 \tag{8-133}$$

这是含有 N 个元的 N 个方程联合的常微分方程组。式中，$\boldsymbol{M}$ 为质量矩阵，$\boldsymbol{C}$ 为阻尼矩阵，$\boldsymbol{K}$ 为刚度矩阵，$\dot{\boldsymbol{E}}$ 为时间的一次导数，$\ddot{\boldsymbol{E}}$ 为时间的二次导数。

最后，采用合适的时间离散方法，如中心差分法和纽马克 β 法（Newmark-β method），对上式进行时间离散。

5）解线性方程组

在时间离散得到的每一个时间步，都需要对上述方程进行线性方程组的求解，采用合适的方法即可，至此完成了三角形有限单元法求解探地雷达波动方程计算流程的介绍。矢量波动方程的计算过程与此大致相似，此处不作展开。

4. 四边形单元有限单元分析

1）区域剖分

应用相应的剖分软件，将求解区域划分成任意四边形单元，如图 8-17 所示，图中给出了四边形单元编号（1），（2），…与节点编号 1, 2, …，灰色代表异常体位置，粗实线代表棱边。设计计算域为 3m×3m，坐标原点位于中心，表 8-5 给出了全域节点的坐标，表 8-6 给出了单元和全域节点编号及对应介质属性的关系，表 8-7 给出了计算域边界棱边对应的全域节点编号及其所属单元编号。

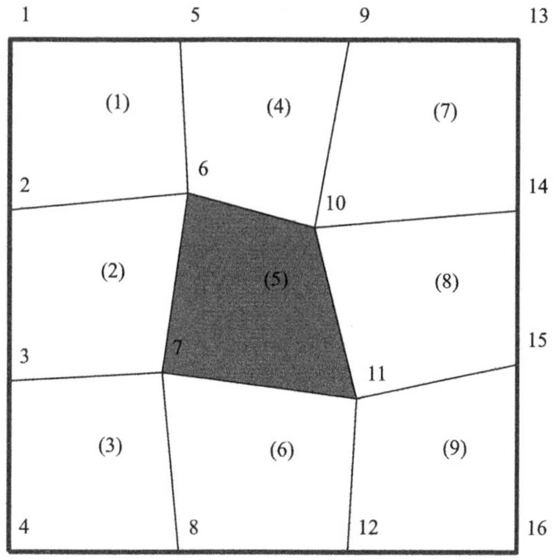

图 8-17　计算区域剖分图

表 8-5　全域节点的坐标

节点编号 n	x 坐标 node（n,1）	y 坐标 node（n,2）
1	0	3
2	0	2
3	0	1
4	0	0
5	1	3

续表

节点编号 n	x 坐标 node（n,1）	y 坐标 node（n,2）
6	1.050	2.100
7	0.900	1.050
8	1	0
9	2	3
10	1.800	1.900
11	2.050	0.900
12	2	0
13	3	3
14	3	2
15	3	1.100
16	3	0

表 8-6　单元和全域节点编号及对应介质属性的关系

单元编号 e	节点 1 elem（e,1）	节点 2 elem（e,2）	节点 3 elem（e,3）	节点 4 elem（e,4）	相对介电常数 elem（e,5）	电导率 elem（e,6）
（1）	2	1	5	6	3	0
（2）	3	2	6	7	3	0
（3）	4	3	7	8	3	0
（4）	6	5	9	10	3	0
（5）	7	6	10	11	5	0.001
（6）	8	7	11	12	3	0
（7）	10	9	13	14	3	0
（8）	11	10	14	15	3	0
（9）	12	11	15	16	3	0

表 8-7　计算域边界棱边对应的全域节点编号及其所属单元编号

边界棱边编号 edge	棱边端点 1 abc（edge,1）	棱边端点 2 abc（edge,2）	棱边所属单元 abc（edge,3）
1	1	2	1
2	2	3	2
3	3	4	3
4	4	8	3
5	8	12	6
6	12	16	9
7	16	15	9

续表

边界棱边编号 edge	棱边端点 1 abc（edge,1）	棱边端点 2 abc（edge,2）	棱边所属单元 abc（edge,3）
8	15	14	8
9	14	13	7
10	13	9	7
11	9	5	4
12	5	1	1

上述表 8-5～表 8-7 中的信息特别重要，只有获取相关信息，才能进行下一步的单元分析，完成有限单元计算。

2）四边形单元双线性插值

四边形子单元上的电场值可以表示为

$$E_e(x,y)=N_1^eE_1+N_2^eE_2+N_3^eE_3+N_4^eE_4=\sum_{j=1}^{4}N_j^eE_j \tag{8-134}$$

同理子单元上的坐标可表示为

$$x=N_1^ex_1+N_2^ex_2+N_3^ex_3+N_4^ex_4=\sum_{j=1}^{4}N_j^ex_j \tag{8-135}$$

$$y=N_1^ey_1+N_2^ey_2+N_3^ey_3+N_4^ey_4=\sum_{j=1}^{4}N_j^ey_j \tag{8-136}$$

对单元进行积分时，首先对面积元 $\mathrm{d}x\mathrm{d}y$ 进行变换，把它变成 $\mathrm{d}\xi\mathrm{d}\eta$，根据雅可比变换有

$$\mathrm{d}x\mathrm{d}y=\begin{vmatrix}\dfrac{\partial x}{\partial \xi} & \dfrac{\partial y}{\partial \xi}\\ \dfrac{\partial x}{\partial \eta} & \dfrac{\partial y}{\partial \eta}\end{vmatrix}\mathrm{d}\xi\mathrm{d}\eta=|\boldsymbol{J}|\mathrm{d}\xi\mathrm{d}\eta \tag{8-137}$$

其中，$|\boldsymbol{J}|$ 是雅可比变换行列式，由式（8-135）和式（8-136）得

$$\frac{\partial x}{\partial \xi}=\sum_{i=1}^{4}\frac{\partial N_i^e}{\partial \xi}x_i,\quad \frac{\partial x}{\partial \eta}=\sum_{i=1}^{4}\frac{\partial N_i^e}{\partial \eta}x_i$$

$$\frac{\partial y}{\partial \xi}=\sum_{i=1}^{4}\frac{\partial N_i^e}{\partial \xi}y_i,\quad \frac{\partial y}{\partial \eta}=\sum_{i=1}^{4}\frac{\partial N_i^e}{\partial \eta}y_i$$

因此，雅可比矩阵表示为

$$\boldsymbol{J}=\begin{bmatrix}\dfrac{\partial x}{\partial \xi} & \dfrac{\partial y}{\partial \xi}\\ \dfrac{\partial x}{\partial \eta} & \dfrac{\partial y}{\partial \eta}\end{bmatrix}=\begin{bmatrix}\dfrac{\partial N_1}{\partial \xi} & \dfrac{\partial N_2}{\partial \xi} & \dfrac{\partial N_3}{\partial \xi} & \dfrac{\partial N_4}{\partial \xi}\\ \dfrac{\partial N_1}{\partial \eta} & \dfrac{\partial N_2}{\partial \eta} & \dfrac{\partial N_3}{\partial \eta} & \dfrac{\partial N_4}{\partial \eta}\end{bmatrix}\begin{bmatrix}x_1 & y_1\\ x_2 & y_2\\ x_3 & y_3\\ x_4 & y_4\end{bmatrix} \tag{8-138}$$

根据式（8-52），有

$$\begin{aligned}
&\frac{\partial N_1^e}{\partial \xi}=-\frac{1}{4}(1+\eta), \quad \frac{\partial N_1^e}{\partial \eta}=\frac{1}{4}(1-\xi)\\
&\frac{\partial N_2^e}{\partial \xi}=-\frac{1}{4}(1-\eta), \quad \frac{\partial N_2^e}{\partial \eta}=-\frac{1}{4}(1-\xi)\\
&\frac{\partial N_3^e}{\partial \xi}=\frac{1}{4}(1+\eta), \quad \frac{\partial N_3^e}{\partial \eta}=-\frac{1}{4}(1+\xi)\\
&\frac{\partial N_4^e}{\partial \xi}=\frac{1}{4}(1+\eta), \quad \frac{\partial N_4^e}{\partial \eta}=\frac{1}{4}(1+\eta)
\end{aligned} \tag{8-139}$$

将上式代入式（8-138），有

$$\boldsymbol{J}=\frac{1}{4}\begin{bmatrix}-(1+\eta) & -(1-\eta) & 1-\eta & 1+\eta\\ 1-\xi & -(1-\xi) & -(1+\xi) & 1+\xi\end{bmatrix}\begin{bmatrix}x_1 & y_1\\ x_2 & y_2\\ x_3 & y_3\\ x_4 & y_4\end{bmatrix}=\frac{1}{4}\begin{bmatrix}\alpha\eta+c_1 & \beta\eta+c_2\\ \alpha\xi+c_3 & \beta\xi+c_4\end{bmatrix} \tag{8-140}$$

其中

$$\alpha=-x_1+x_2-x_3+x_4,\quad \beta=-y_1+y_2-y_3+y_4,\quad c_1=-x_1-x_2+x_3+x_4$$

$$c_2=-y_1-y_2+y_3+y_4,\quad c_3=x_1-x_2-x_3+x_4,\quad c_4=y_1-y_2-y_3+y_4$$

因此，雅可比变换行列式可写为

$$|\boldsymbol{J}|=\frac{1}{16}\begin{vmatrix}\alpha\eta+c_1 & \beta\eta+c_2\\ \alpha\xi+c_3 & \beta\xi+c_4\end{vmatrix}=A\xi+B\eta+C=J(\xi,\eta) \tag{8-141}$$

其中，$A=(\beta c_1-\alpha c_2)/16$，$B=(\alpha c_4-\beta c_3)/16$，$C=(c_1c_2-c_2c_4)/16$，因此，雅可比行列式$|\boldsymbol{J}|$是$\xi$，$\eta$的线性函数，用$J(\xi,\eta)$表示，它只与单元的4个顶点坐标有关。

3）单元分析

计算域划分单元之后，式（8-117）中的积分可以写成各个单元积分之和

$$\begin{aligned}
&\sum_{e=1}^{N_e}\iint_{\Omega^e}\left(\frac{\partial v}{\partial x}\frac{1}{\mu}\frac{\partial E_z}{\partial x}+\frac{\partial v}{\partial y}\frac{1}{\mu}\frac{\partial E_z}{\partial y}\right)\mathrm{d}\Omega+\sum_{e=1}^{N_e}\iint_{\Omega^e}v\varepsilon\frac{\partial^2 E_z}{\partial t^2}\mathrm{d}\Omega\\
&+\sum_{e=1}^{N_e}\iint_{\Omega^e}v\sigma\frac{\partial E_z}{\partial t}\mathrm{d}\Omega+\sum_{e=1}^{N_e}\iint_{\Omega^e}v\frac{\partial J_z}{\partial t}\mathrm{d}\Omega+\sum_{e=1}^{N_e}\int_{\Gamma^e}v\sqrt{\frac{\varepsilon}{\mu}}\frac{\partial E_z}{\partial t}\mathrm{d}\Gamma=0
\end{aligned} \tag{8-142}$$

根据 Galerkin 法，用插值函数（8-118）展开场值函数 E（为方便表示，用 E 表示 E_z），取权函数$v=N_i^e$，其中，i=1,2,3,4。那么对于任一单元 e，有如下单元积分

$$
\begin{aligned}
&\iint_{\Omega^e}\left[\frac{\partial N_i^e}{\partial x}\frac{1}{\mu}\left(\sum_{j=1}^{4}E_j\frac{\partial N_j^e}{\partial x}\right)+\frac{\partial N_i^e}{\partial y}\frac{1}{\mu}\left(\sum_{j=1}^{4}E_j\frac{\partial N_j^e}{\partial y}\right)\right]\mathrm{d}\Omega \\
&+\iint_{\Omega^e}N_i^e\varepsilon\frac{\partial^2}{\partial t^2}\left(\sum_{j=1}^{4}E_jN_j^e\right)\mathrm{d}\Omega+\iint_{\Omega^e}N_i^e\sigma\frac{\partial}{\partial t}\left(\sum_{j=1}^{4}E_jN_j^e\right)\mathrm{d}\Omega \\
&+\iint_{\Omega^e}N_i^e\frac{\partial J_z}{\partial t}\mathrm{d}\Omega+\int_{\Gamma^e}N_i^e\sqrt{\frac{\varepsilon}{\mu}}\frac{\partial}{\partial t}\left(\sum_{j=1}^{4}E_jN_j^e\right)\mathrm{d}\Gamma=0,\ \ i=1,2,3,4
\end{aligned}
\tag{8-143}
$$

上式可以表示为

$$
\begin{aligned}
&\sum_{j=1}^{4}E_j\iint_{\Omega^e}\frac{1}{\mu}\left(\frac{\partial N_i^e}{\partial x}\frac{\partial N_j^e}{\partial x}+\frac{\partial N_i^e}{\partial y}\frac{\partial N_j^e}{\partial y}\right)\mathrm{d}x\mathrm{d}y+\sum_{j=1}^{4}\frac{\partial^2E_j}{\partial t^2}\iint_{\Omega^e}\varepsilon N_i^eN_j^e\mathrm{d}x\mathrm{d}y \\
&+\sum_{j=1}^{4}\frac{\partial E_j}{\partial t}\iint_{\Omega^e}\sigma N_i^eN_j^e\mathrm{d}x\mathrm{d}y+\iint_{\Omega^e}N_i^e\frac{\partial J_z}{\partial t}\mathrm{d}x\mathrm{d}y+\sum_{j=1}^{4}\frac{\partial E_j}{\partial t}\int_{\Gamma^e}\sqrt{\frac{\varepsilon}{\mu}}N_i^eN_j^e\mathrm{d}\Gamma=0
\end{aligned}
\tag{8-144}
$$

假设单元足够小，其中介质参数在单元内可以近似为均匀与积分无关，因此可以将上式各积分记为

$$
\begin{cases}
K_{ij}^e=\dfrac{1}{\mu_e}\displaystyle\iint_{\Omega^e}\left(\frac{\partial N_i^e}{\partial x}\frac{\partial N_j^e}{\partial x}+\frac{\partial N_i^e}{\partial y}\frac{\partial N_j^e}{\partial y}\right)\mathrm{d}x\mathrm{d}y \\
M_{ij}^e=\varepsilon_e\displaystyle\iint_{\Omega^e}N_i^eN_j^e\mathrm{d}x\mathrm{d}y \\
C_{ij}^e=\sigma_e\displaystyle\iint_{\Omega^e}N_i^eN_j^e\mathrm{d}x\mathrm{d}y \qquad (i,j=1,2,3,4) \\
B_{ij}^e=\sqrt{\dfrac{\varepsilon_e}{\mu_e}}\displaystyle\int_{\Gamma^e}N_i^eN_j^e\mathrm{d}\Gamma \\
f_i^e=\displaystyle\iint_{\Omega^e}N_i^e\frac{\partial J_z}{\partial t}\mathrm{d}x\mathrm{d}y
\end{cases}
\tag{8-145}
$$

代入式（8-121），得

$$
\sum_{j=1}^{4}M_{i,j}^e\frac{\partial^2E_j^e}{\partial t^2}+\sum_{j=1}^{4}C_{i,j}^e\frac{\partial E_j^e}{\partial t}+\sum_{j=1}^{2}B_{i,j}^e\frac{\partial E_j^e}{\partial t}+\sum_{j=1}^{4}K_{i,j}^eE_j^e+f_i^e=0 \quad (i=1,2,3,4) \tag{8-146}
$$

首先对 K_{ij}^e 进行分析，由于 N_i 是 x，y 的隐函数，需要变换才能计算 $\dfrac{\partial N_i^e}{\partial x}$ 和 $\dfrac{\partial N_i^e}{\partial y}$ 。由隐函数求导规则，有如下表达式

$$
\frac{\partial N_i^e}{\partial \xi}=\frac{\partial N_i^e}{\partial x}\frac{\partial x}{\partial \xi}+\frac{\partial N_i^e}{\partial y}\frac{\partial y}{\partial \xi}
$$

$$\frac{\partial N_i^e}{\partial \eta}=\frac{\partial N_i^e}{\partial x}\frac{\partial x}{\partial \eta}+\frac{\partial N_i^e}{\partial y}\frac{\partial y}{\partial \eta}$$

写成矩阵形式，有

$$\begin{bmatrix}\dfrac{\partial N_i^e}{\partial \eta}\\ \dfrac{\partial N_i^e}{\partial \xi}\end{bmatrix}=\begin{bmatrix}\dfrac{\partial x}{\partial \eta} & \dfrac{\partial y}{\partial \eta}\\ \dfrac{\partial x}{\partial \xi} & \dfrac{\partial y}{\partial \xi}\end{bmatrix}\begin{bmatrix}\dfrac{\partial N_i^e}{\partial x}\\ \dfrac{\partial N_i^e}{\partial y}\end{bmatrix}=\boldsymbol{J}\begin{bmatrix}\dfrac{\partial N_i^e}{\partial x}\\ \dfrac{\partial N_i^e}{\partial y}\end{bmatrix} \tag{8-147}$$

$\boldsymbol{J}$ 是雅可比矩阵，对上式求逆

$$\begin{bmatrix}\dfrac{\partial N_i^e}{\partial x}\\ \dfrac{\partial N_i^e}{\partial y}\end{bmatrix}=\boldsymbol{J}^{-1}\begin{bmatrix}\dfrac{\partial N_i^e}{\partial \eta}\\ \dfrac{\partial N_i^e}{\partial \xi}\end{bmatrix} \tag{8-148}$$

其中，$\boldsymbol{J}^{-1}$ 是雅可比矩阵的逆矩阵：

$$\boldsymbol{J}^{-1}=\frac{1}{|\boldsymbol{J}|}\begin{bmatrix}\dfrac{\partial y}{\partial \eta} & -\dfrac{\partial y}{\partial \xi}\\ -\dfrac{\partial x}{\partial \eta} & \dfrac{\partial x}{\partial \xi}\end{bmatrix} \tag{8-149}$$

$|\boldsymbol{J}|$ 是雅可比行列式，将式（8-149）代入式（8-148）得

$$\begin{aligned}\frac{\partial N_i^e}{\partial x}&=\frac{1}{|\boldsymbol{J}|}\left(\frac{\partial y}{\partial \eta}\frac{\partial N_i^e}{\partial \xi}-\frac{\partial y}{\partial \xi}\frac{\partial N_i^e}{\partial \eta}\right)=\frac{1}{|\boldsymbol{J}|}F_{ix}(\xi,\eta)\\ \frac{\partial N_i^e}{\partial y}&=\frac{1}{|\boldsymbol{J}|}\left(-\frac{\partial x}{\partial \eta}\frac{\partial N_i^e}{\partial \xi}+\frac{\partial x}{\partial \xi}\frac{\partial N_i^e}{\partial \eta}\right)=\frac{1}{|\boldsymbol{J}|}F_{iy}(\xi,\eta)\end{aligned}\quad (i=1,2,3,4) \tag{8-150}$$

其中，$F_{ix}(\xi,\eta)=\dfrac{\partial y}{\partial \eta}\dfrac{\partial N_i}{\partial \xi}-\dfrac{\partial y}{\partial \xi}\dfrac{\partial N_i}{\partial \eta}$，$F_{iy}(\xi,\eta)=-\dfrac{\partial x}{\partial \eta}\dfrac{\partial N_i}{\partial \xi}+\dfrac{\partial x}{\partial \xi}\dfrac{\partial N_i}{\partial \eta}$，根据式（8-138）和式（8-139），可计算上式的$\dfrac{\partial x}{\partial \xi}$，$\dfrac{\partial x}{\partial \eta}$，$\dfrac{\partial y}{\partial \xi}$，$\dfrac{\partial y}{\partial \eta}$和$\dfrac{\partial N_i^e}{\partial \xi}$，$\dfrac{\partial N_i^e}{\partial \eta}$，因此可得 K_{ij}^e 的表达式为

$$K_{i,j}^e=\frac{1}{\mu_e}\int_{-1}^{1}\int_{-1}^{1}\frac{F_{ix}(\xi,\eta)F_{jx}(\xi,\eta)+F_{iy}(\xi,\eta)F_{jy}(\xi,\eta)}{|\boldsymbol{J}|}\mathrm{d}\xi\mathrm{d}\eta \tag{8-151}$$

上式中的被积函数是 ξ 、η 的函数，可以采用高斯数值积分计算。

根据式（8-137），我们可以得到 $M_{i,j}^e$、$C_{i,j}^e$ 的积分表达式如下

$$M_{i,j}^e = \varepsilon_e \int_{-1}^{1}\int_{-1}^{1} N_i^e(\xi,\eta) N_j^e(\xi,\eta) |\boldsymbol{J}| \mathrm{d}\xi \mathrm{d}\eta \tag{8-152}$$

$$C_{i,j}^e = \sigma_e \int_{-1}^{1}\int_{-1}^{1} N_i^e(\xi,\eta) N_j^e(\xi,\eta) |\boldsymbol{J}| \mathrm{d}\xi \mathrm{d}\eta \tag{8-153}$$

对于边界积分 $B_{ij}^e = \sqrt{\dfrac{\varepsilon_e}{\mu_e}} \int_{\Gamma^e} N_i^e N_j^e \mathrm{d}\Gamma$ ，仅涉及沿边界棱边的积分，根据插值基函数的性质，如果单元 e 的节点 1 和 2 位于边界上，此时形函数可以化简为

$$\begin{cases} N_1^e = \dfrac{1}{2}(1+\eta) \\ N_2^e = \dfrac{1}{2}(1-\eta) \\ N_3^e = 0 \\ N_4^e = 0 \end{cases} \tag{8-154}$$

事实上，不论单元的哪条边落在边界上，均能得到如式（8-155）所示的形函数表达式，因此，对于边界积分，可以构造一维线性插值的形函数来表示，直线单元示意图见图 8-18。

$$N_1 = \frac{1}{2}(1-\xi), \ N_2 = \frac{1}{2}(1+\xi) \tag{8-155}$$

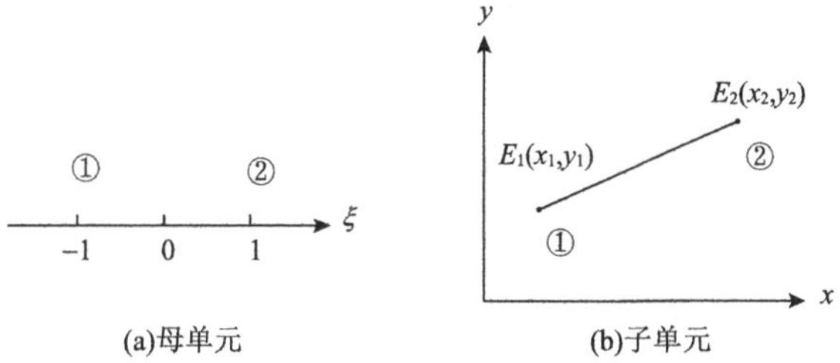

图 8-18　线性插值的直线单元

根据插值基函数可得

$$E = N_1 E_1 + N_2 E_2, \quad x = N_1 x_1 + N_2 x_2, \quad y = N_1 y_1 + N_2 y_2 \tag{8-156}$$

因为

$$\mathrm{d}\Gamma = \sqrt{\mathrm{d}x^2 + \mathrm{d}y^2}$$

$$\mathrm{d}x = x_1 \frac{\mathrm{d}N_1}{\mathrm{d}\xi} + x_2 \frac{\mathrm{d}N_2}{\mathrm{d}\xi} = \frac{x_2 - x_1}{2} \mathrm{d}\xi$$

$$\mathrm{d}y = y_1 \frac{\mathrm{d}N_1}{\mathrm{d}\xi} + y_2 \frac{\mathrm{d}N_2}{\mathrm{d}\xi} = \frac{y_2 - y_1}{2} \mathrm{d}\xi$$

所以有

$$\mathrm{d}\Gamma = \sqrt{\mathrm{d}x^2 + \mathrm{d}y^2} = \frac{l_{\text{edge}}}{2}\mathrm{d}\xi$$

其中，$l_{\text{edge}} = \sqrt{(x_2 - x_1)^2 + (y_2 - y_1)^2}$，为棱边的长度。

因此可以得到单元边界积分的表达式

$$B_{i,j}^e = \sqrt{\frac{\varepsilon_e}{\mu_e}}\int_1^{-1} N_i(\xi) N_j(\xi) \frac{l_{\text{edge}}}{2}\mathrm{d}\xi \quad (i, j=1, 2) \tag{8-157}$$

其矩阵形式为

$$\boldsymbol{B}_e = \sqrt{\frac{\varepsilon_e}{\mu_e}} l_{\text{edge}} \begin{bmatrix} 2 & 1 \\ 1 & 2 \end{bmatrix} \tag{8-158}$$

其中，l_{edge} 表示棱边的长度。可以发现四边形单元的边界积分形式与三角形单元的相同。

对于最后一项线电流源而言，电流密度为

$$J_z = I_0(t)\delta(x - x_0)\delta(y - y_0) \tag{8-159}$$

假设线电流源放置于单元 e 的节点 2 处，此时 $x_2^e = x_0$， $y_2^e = y_0$，根据节点基函数的性质，基函数在自身节点处等于 1，在非自身节点处等于 0，因此，对于激励源矢量有

$$\begin{aligned} f_2^e &= \iint_{\Omega^e} N_2^e(x, y)\frac{\partial J_z}{\partial t}\mathrm{d}\Omega = \frac{\mathrm{d}I_0(t)}{\mathrm{d}t}\iint_{\Omega^e} N_2^e(x, y)\delta(x - x_2^e)\delta(y - y_2^e)\mathrm{d}\Omega \\ &= \frac{\mathrm{d}I_0(t)}{\mathrm{d}t} N_2^e(x_2^e, y_2^e) = \frac{\mathrm{d}I_0(t)}{\mathrm{d}t} \end{aligned} \tag{8-160}$$

此时式（8-146）可以表示为单元矩阵的形式为

$$\boldsymbol{M}_e \ddot{\boldsymbol{E}}_e + \boldsymbol{C}_e \dot{\boldsymbol{E}}_e + \boldsymbol{K}_e \boldsymbol{E}_e + \boldsymbol{f}_e = 0 \tag{8-161}$$

式中，$\boldsymbol{M}_e$ 为单元质量矩阵，$\boldsymbol{C}_e$ 为单元阻尼矩阵（表示由电导率的单元矩阵 $\boldsymbol{C}^e$ 与边界单元矩阵 $\boldsymbol{B}_e$ 之和），$\boldsymbol{K}_e$ 为单元刚度矩阵，$\boldsymbol{f}_e$ 为单元源向量，$\boldsymbol{E}_e$ 为单元节点场值列向量，$\dot{\boldsymbol{E}}_e$ 为时间的一次导数，$\ddot{\boldsymbol{E}}_e$ 为时间的二次导数。

如果四边形单元为矩形单元（设单元的边长为 l_x^e，l_y^e），则上述单元矩阵可以解析地求得，其中

$$\boldsymbol{M}_e = \varepsilon_e \frac{l_x^e l_y^e}{36} \begin{bmatrix} 4 & 2 & 1 & 2 \\ 2 & 4 & 2 & 1 \\ 1 & 2 & 4 & 2 \\ 2 & 1 & 2 & 4 \end{bmatrix}$$

$$
\boldsymbol{K}_e = \frac{l_y^e}{6\mu_e l_x^e}\begin{bmatrix} 2 & 1 & -1 & -2 \\ 1 & 2 & -2 & -1 \\ -1 & -2 & 2 & 1 \\ -2 & -1 & 1 & 2 \end{bmatrix} + \frac{l_x^e}{6\mu_e l_y^e}\begin{bmatrix} 2 & -2 & -1 & 1 \\ -2 & 2 & 1 & -1 \\ -1 & 1 & 2 & -2 \\ 1 & -1 & -2 & 2 \end{bmatrix}
$$

4）总体合成

将单元列向量 $\boldsymbol{E}_e$、$\dot{\boldsymbol{E}}_e$、$\ddot{\boldsymbol{E}}_e$ 及激励源列向量扩展成全体节点的列向量 $\boldsymbol{E}$、$\dot{\boldsymbol{E}}$、$\ddot{\boldsymbol{E}}$ 和 $\boldsymbol{f}$。将 4×4 的系数矩阵 $\boldsymbol{M}_e$、$\boldsymbol{C}_e$ 和 $\boldsymbol{K}_e$ 扩展成 $N\times N$（N 表示节点总数）的矩阵 $\boldsymbol{M}$、$\boldsymbol{C}$ 和 $\boldsymbol{K}$，即

$$
\boldsymbol{M}\ddot{\boldsymbol{E}} + \boldsymbol{C}\dot{\boldsymbol{E}} + \boldsymbol{K}\boldsymbol{E} + \boldsymbol{f} = 0 \tag{8-162}
$$

这是含有 N 个单元的 N 个方程联合的常微分方程组。式中，$\boldsymbol{M}$ 为质量矩阵，$\boldsymbol{C}$ 为阻尼矩阵，$\boldsymbol{K}$ 为刚度矩阵，$\dot{\boldsymbol{E}}$ 为时间的一次导数，$\ddot{\boldsymbol{E}}$ 为时间的二次导数。可以采用中心差分法和 Newmark-β 法对上式进行时间离散。

5）解线性方程组

在时间离散得到的每一个时间步，都需要对上述方程进行线性方程组的求解，采用合适的方法即可，至此完成了四边形有限单元法求解探地雷达波动方程计算流程的介绍。

8.5.3　有限单元法求解步骤

时间域有限单元法是在 Maxwell 偏微分方程或其导出的二阶矢量波动方程的基础上，通过空间上进行有限单元离散插值，时间上进行差分近似，利用 Galerkin 法或里兹法来实现对边值问题求解的一种电磁数值方法，主要包括以下几个步骤：

（1）将求解区域进行离散化，即将求解区域划分成有限单元，单元的类型根据具体求解问题来确定，常见的有三角形单元、四面体单元等；

（2）选择合适的插值函数，根据求解精度的要求和单元类型的选择来确定插值函数，常用的有节点基函数、棱边基函数等；

（3）计算单元的质量矩阵、阻尼矩阵和刚度矩阵，推导有限单元的单元质量矩阵 $\boldsymbol{M}_e$、单元阻尼矩阵 $\boldsymbol{C}_e$ 和单元刚度矩阵 $\boldsymbol{K}_e$，得到单元有限单元方程；

（4）总体组装，组装所有单元质量矩阵、单元阻尼矩阵和单元刚度矩阵，得到总体质量矩阵、阻尼矩阵和刚度矩阵，从而获得整体有限单元方程；

（5）对微分控制方程及其边界条件在时间上进行差分近似；

（6）求解节点的未知场值，选择恰当的吸收边界条件和激励源，根据求解问题的具体情况选择求解有限单元方程的方法；

（7）后处理，得到所需的参数。

有限单元法的中心思想是将求解空间划分为一系列的单元，通过对每个单元采用插值函数可以实现场在单元内的局部特征的近似，通常认为，当插值函数越接近场函

数，则数值解越接近精确解，由于场函数一般情况下比较复杂，如果插值函数的设置也比较复杂，那么就会加大求解难度，同时计算量增大、计算效率降低，通常都是采用阶数较低的有限项多项式来代替复杂的场函数，通过适当加密区域的剖分程度，减小单元尺寸或增加有限单元的节点数，可以弥补舍去高阶项的多项式精度损失，数值解也会逼近精确解。

第 9 章　地球物理反演算法理论与实践

9.1　地球物理反演概论

9.1.1　地球物理反演理论

仅以观测的角度而言，人类对自然事件的发生、发展和演变有了大致的认识，但由于时空上的局限性，仍有许多事物无法被直接观测。对于这些无法观测到的事物，我们仅能通过已有的信息数据来推演可能的原因与机制。到目前为止，人类对地球内部基本结构的认识、矿产资源的了解，探测对象的电阻率、速度、密度、电导率、温度等物性参数的获取，大多来源于地质与地球物理、地球化学资料的反演和解释。这种通过来自对地球表层观测数据资料推测地下可能存在的结构构造或推测产生这些结果的原因或过程，实现数据到模型的映射方式便称为“反演”（姚姚，2002）。由此可见，地球物理反演有助于探寻地球深部、物体内部不可见结构，可以帮助人们理解和解决各种问题，在物理学、地球科学、医学等领域都有广泛的应用（王家映，2002）。为了更好地学习与讨论反演，本章将介绍相关理论及概念。

对于地球物理而言，正演就是模型到数据的映射，即在给定地下某种地质体的形状、产状等物理性质的条件下，依据某种数学物理关系 $\boldsymbol{G}$，求取相应的地球物理场大小、特征及时空变化规律。例如，在重力勘探中，已知地下存在一个密度均匀的球体，其半径剩余质量、中心埋深均已知，求地面任一点的重力异常。如果将地下物性参数定义为 $\boldsymbol{m}$，希望求取的地球物理场或数据定义为 $\boldsymbol{d}$，那么正演过程可以写作

$$\boldsymbol{Gm} = \boldsymbol{d} \tag{9-1}$$

正演公式参数 $\boldsymbol{m}$ 可以是一维或者多维的，而数据 $\boldsymbol{d}$ 则来自地球物理仪器观测数据，也可以是多维或一维的，$\boldsymbol{G}$ 则可以代表一个积分算子或微分算子，也可以是一个矩阵或函数。若 $\boldsymbol{G}$ 为线性算子，则方程（9-1）表示线性问题；若 $\boldsymbol{G}$ 为非线性算子，则表示非线性问题。

反演的目的是根据已有的观测数据资料，通过建立或近似建立一种数学物理关系，求解出地下地质体的形状、产状等物性参数，例如，在重力与磁法勘探过程中，通过观测地球重力场与磁场的变化来确定地质目标体的密度或磁性分布；在电法勘探中，通过观测人工源装置或太阳风、雷电激发的交变电磁场激励下地质目标体产生的二次场来研究其导电性；在地震勘探中，通过记录的地震波及其在传播中遇到地质目

标体而形成的反射波或者折射波来确定其波速特征（赵鹏飞和刘财，2021）。上述反演过程可表示为

$$\boldsymbol{m}=\boldsymbol{G}^{-1}\boldsymbol{d} \tag{9-2}$$

式中，$\boldsymbol{G}^{-1}$ 为 $\boldsymbol{G}$ 广义上的逆。若 $\boldsymbol{G}$ 表示一个积分算子，则 $\boldsymbol{G}^{-1}$ 为一个微分算子；若 $\boldsymbol{G}$ 表示一个矩阵，则 $\boldsymbol{G}^{-1}$ 为它的逆矩阵；若 $\boldsymbol{G}$ 表示一个函数，则 $\boldsymbol{G}^{-1}$ 为它的反函数。显然，正演与反演之间是密不可分的。正演是反演的前提与条件，并且反演的过程中需要多次调用到正演计算，正演计算的精度与效率影响着反演的精度与效率。一般来说只有解决了正演问题，才有可能实现反演问题，但这并不是充要条件，因为反演问题更为复杂，涉及的问题更多。

著名的反演理论学者罗伯特·珀克（Rober L. Parker）于 1970 年在其论文 *Understanding Inverse Theory* 中将反演问题归纳为以下四个方面。

（1）解的存在性：给定一组观测数据后，是否存在一个模型参数满足方程（9-2）。

（2）模型构制：若解的存在性是肯定的，如何构置或建立数学物理模型，使得模型参数能快速方便地求解。

（3）非唯一性：若存在模型参数满足条件，这个参数是唯一的，还是非唯一的。

（4）解的评价：如果解是非唯一的，如何才能从非唯一解中选取有关真实模型的解。

以上四个方面的研究便是反演问题的基本理论。

9.1.2　数学物理模型

在地球物理学中，地球物理场与场源及二者之间的关系是三个基本要素。随着研究对象、勘探方法的不同，场与场源也不同，而将两者联系起来的数学物理关系（也叫数学物理模型）也不断变化（张文生，2022）。所以说数学物理模型是地球物理反演的基础问题，它是运用数学语言和工具对各种物理现象进行描述、归纳和演绎的基础。9.1.1 节已经提到，数学物理模型可以是一个函数或矩阵，也可以是一个积分或微分算子，甚至可以仅代表一个过程，但常见的数学物理模型一般有三种，分别是积分方程形式、微分方程形式和矩阵方程形式。

将式（9-1）表示为积分方程形式：

$$\boldsymbol{d}(x)=\int \boldsymbol{G}(x,\xi)\boldsymbol{m}(\xi)\mathrm{d}\xi \tag{9-3}$$

式中，$\boldsymbol{d}(x)$ 为观测数据，x 表示所在的空间位置，$\boldsymbol{m}(\xi)$ 为描述模型参数的函数，$\boldsymbol{G}(x,\xi)$ 为积分核函数，用于表征数据与参数之间的关系函数。在反演问题中，通常是已知 $\boldsymbol{d}(x)$，求取模型参数函数 $\boldsymbol{m}(\xi)$。由此便将反演问题的求解变为了积分方程的求解。例如，地震勘探中，已知地震记录和子波，求取地下反射序列，便可转换为上式积分形式的方程求解。

此外，在许多地球物理问题中，也可用微分方程来描述二者之间的数学物理模型：

$$\boldsymbol{L}\boldsymbol{u}=\begin{cases}0, & \text{无源空间}\\ g(x), & \text{有源空间}\end{cases} \tag{9-4}$$

式中，$\boldsymbol{u}$ 为观测数据，$g(x)$ 为描述场源的函数，$\boldsymbol{L}$ 为积分算子。对于不同的勘探方法而言，$\boldsymbol{L}$ 表示不同的算子，例如，在重力勘探或磁法勘探中，$\boldsymbol{L}$ 表示为 Laplace 算子，即

$$\boldsymbol{L}=\Delta=\frac{\partial^2}{\partial x^2}+\frac{\partial^2}{\partial y^2}+\frac{\partial^2}{\partial z^2} \tag{9-5}$$

而在均匀各向同性的弹性介质中，$\boldsymbol{L}$ 表示为波动算子，即

$$\boldsymbol{L}=\Delta=-\frac{1}{v^2}\frac{\partial^2}{\partial t^2} \tag{9-6}$$

式中，v 表示纵波速度，t 表示时间。

因此求解地球物理反演问题，还可依据所观测的场确定好微分方程的形式，结合相应的初始条件与边界条件，求出定解问题的解，以获取模型参数。

若数学物理模型 $\boldsymbol{G}$ 为一个 $M\times N$ 阶的矩阵，秩为 r，观测数据 $\boldsymbol{d}$ 为 M 维向量，模型参数 $\boldsymbol{m}$ 为 N 维向量，则方程求解可演变为一个矩阵的求解，即

$$\begin{bmatrix}d_1\\ d_2\\ \vdots\\ d_M\end{bmatrix}=\begin{bmatrix}G_{11} & G_{12} & \cdots & G_{1N}\\ G_{21} & G_{22} & \cdots & G_{2N}\\ \vdots & \vdots & & \vdots\\ G_{M1} & G_{M2} & \cdots & G_{MN}\end{bmatrix}\begin{bmatrix}m_1\\ m_2\\ \vdots\\ m_M\end{bmatrix} \tag{9-7}$$

于是，反演问题的求解便变成了矩阵的求解。在实际反演问题的求解中，我们需要根据具体的条件，选取合适的数学物理模型，使得求解过程方便快速。

对于式（9-7）有以下几种情况：

（1）当 $M=N=r$ 时，该问题称为适定问题，即方程个数与未知量个数相同，方程具有唯一解。

（2）当 $M>N=r$ 时，该问题称为超定问题，即方程个数多于未知量个数，此时方程具有最小方差解，即最接近的解。

例如，求方程组 $\begin{cases}m_1+m_2=3\\ m_1=1\\ m_2=1\end{cases}$ 的解。

显然方程组是超定方程组，$\begin{bmatrix}1 & 1\\ 1 & 0\\ 0 & 1\end{bmatrix}\cdot\begin{bmatrix}m_1\\ m_2\end{bmatrix}=\begin{bmatrix}3\\ 1\\ 1\end{bmatrix}$，$\boldsymbol{G}_{3\times2}\cdot\boldsymbol{m}_{2\times1}=\boldsymbol{d}_{3\times1}$，可求得最小方差

解 $m_1 = 4/3$，$m_2 = 4/3$。

（3）当 $N>M=r$ 时，该问题称为欠定问题，即方程个数小于未知量个数，此时方程有无穷多组解，但通过增加约束条件可以得到 $\boldsymbol{L}_{\mathrm{p}}$ 范数最小长度解。

例如，求方程组 $m_1 + m_2 = 2$ 的解。

显然方程组是欠定方程组，$N = 2 > M = r = 1$，$[1 \quad 1] \cdot \begin{bmatrix} m_1 \\ m_2 \end{bmatrix} = [2]$，$\boldsymbol{G}_{1\times2} \cdot \boldsymbol{m}_{2\times1} = \boldsymbol{d}_{1\times1}$，可求得最小长度解 $m_1 = 1$，$m_2 = 1$。

（4）当 $\min(M, N) > r$，该问题称为混定问题。这时，仅在同时满足两类约束条件（即最小方差和模型最小长度解）的约束下，方程才有解。

9.1.3 地球物理反演特征

1. 问题非线性

在线性代数中，已知满足可加性与齐次性，即可被称为线性。对于线性数学物理模型 $\boldsymbol{G}$ 而言，它应当满足：

$$\begin{cases} \boldsymbol{G}(\boldsymbol{m}_1 + \boldsymbol{m}_2) = \boldsymbol{G}\boldsymbol{m}_1 + \boldsymbol{G}\boldsymbol{m}_2 = \boldsymbol{d} \\ \boldsymbol{G}(\alpha \boldsymbol{m}) = \alpha \boldsymbol{G}\boldsymbol{m} = \boldsymbol{d} \end{cases} \tag{9-8}$$

式中，α 为任意常量参数。对于地球物理问题而言，绝大多数的观测数据与模型参数并不满足线性关系。若以球体的重力异常为例，假设球体是均匀的，其剩余密度为 σ，半径为 R，中心埋深为 D，其在水平地面（$z=0$）上的异常表达式为

$$\Delta g(x,y,0) = f \cdot \frac{4\pi}{3} R^3 \cdot \frac{\sigma D}{(x^2 + y^2 + D^2)^{2/3}} \tag{9-9}$$

式中，f 为万有引力常数。若以上述模型反演求解剩余密度 σ，该模型为线性模型。若反演求解中心埋深 D，则该模型为非线性模型。从这一简单的例子就可以看出，非线性反演问题的求解要比线性问题复杂。因此，如何求解非线性问题将会是地球物理反演的重点。人们为了解决非线性问题，常常是设法将非线性问题转换成线性问题，即所谓的线性化，然后按照解决线性问题的方法去求解，这种方法也称为广义线性反演方法。

2. 解的非唯一性

反演问题解的非唯一性也是地球物理反演中不可避免的问题，引起多解性的原因有很多。

（1）场的等效性：不同的场源分布，可能会引起相同的场分布。例如，磁矩相同，中心埋深相同的大球与小球产生的磁异常是相同的；纵波在地下传播的过程中，只要保持分界面两侧的波速比值相同，就可以得出相同的透射角。

（2）观测数据离散、有限：实际物理场大多是连续分布的，而由于数据采集手段的限制，我们仅能使用离散采样的方式获取数据。此外，数据采集是有限的且具有局限性，这也就表示所采集的数据未必能包含全部有关目标体的信息，这也就造成了反演的非唯一性。

（3）实测数据包含误差：无论是仪器自带的误差，还是人为观测带来的误差，又或者是计算过程中的误差，都是难以避免的。误差随着整个数据的采集、处理、反演过程不断累加，会导致结果与实际情况有较大出入。

（4）反问题解的非唯一性是客观存在的。

由此，我们了解到场的等效性、离散有限的观测数据、误差、反问题本身性质都会使得反演出现多解性。非唯一性对反演来说至关重要，甚至可能直接导致结果的失败，因此如何减少非唯一性带来的影响值得学习与讨论（王彦飞和斯捷潘诺娃，2011）。目前地球物理学中所采取的方式大致分为两类：一类是获取更多地球物理资料，另一类是联合反演。第一类方法是尽可能多地获取各类物性资料，例如，引入地质、钻井、物探化探等资料，以此对问题增加约束，缩小反演解的范围，减少反演的多解性；另一类方法是采用顺序反演或同时反演的联合反演手段，这是因为若仅通过单一的地球物理方法，难以规避该类方法的局限性、位场间的多解性以及实际地质问题的复杂性，且地下各类物性参数间的相关性也为联合反演提供了前提条件。

3. 解的不稳定性

在计算过程中，仪器或人员等不可避免的观测误差引入，对反演问题解会造成不同程度的影响。下面以一个积分方程的计算来解释稳定性：

$$I_n=\int_0^1\frac{x^n}{x+5}\mathrm{d}x\quad(n=0,1,2,\cdots,n)\tag{9-10}$$

根据递推方法，可以求出解 I_n 与误差 E_n 分别为

$$\begin{cases}I_n=\int_0^1\dfrac{x^n+5x^{n-1}-5x^{n-1}}{x+5}\mathrm{d}x\\ \quad=\int_0^1 x^{n-1}\mathrm{d}x-5I_{n-1}\\ \quad=\dfrac{1}{n}-5I_{n-1}\\ E_n=(-5)E_{n-1}=\cdots=(-5)^nE_0\end{cases}\tag{9-11}$$

观察上式可以发现误差是呈指数增长的，这使得最终结果与真实答案大相径庭。因此，提高反演解的稳定性，是反演过程中必须采取的重要手段。

4. 反演算法的正则化

在地球物理问题反演过程中，为了弥补数据中缺乏的信息并减轻问题的不适应

性，一个较好的选择是利用已有的先验信息，增加一个或多个惩罚项来约束反问题，该类方法叫作正则化，目前已有的正则化方法包括吉洪诺夫（Tikhonov）正则化、全变分（total variation，TV）正则化、双参数整形正则化、混合双参数、稀疏结构约束正则化等。

仍以公式（9-1）为例，将地球物理反问题重新表示为

$$\mathbf{G}\boldsymbol{m}=\boldsymbol{d}_{\mathrm{c}} \tag{9-12}$$

其中，$\boldsymbol{d}_{\mathrm{c}}=\boldsymbol{d}+\delta\boldsymbol{d}$ 为包含误差的观测数据，$\delta\boldsymbol{d}$ 为人文干扰导致的不可避免的观测误差。误差的存在就有可能造成反演问题解的极大振荡。苏联科学家 Tikhonov 提出了求解不稳定问题的正则化思想，为寻找地球物理反演问题稳定解提供了思路。正则化的意义就在于使问题在一定的先验条件下成为稳定的，即得到一个平稳的解。假设问题（9-12）是一个线性方程组，在不同的情形中有不同的正则解。若观测数据多于未知模型参数，问题的正则解可表示成

$$\boldsymbol{m}=(\boldsymbol{G}^{\mathrm{T}}\boldsymbol{G})^{-1}\boldsymbol{G}^{\mathrm{T}}\boldsymbol{d}_{\mathrm{c}} \tag{9-13}$$

这是在观测数据 $\boldsymbol{d}_{\mathrm{c}}$ 与理论 $\boldsymbol{d}$ 的方差达到极小的先验前提下得到的解。若观测数据少于或等于未知模型参数，问题的正则解可表示成

$$\boldsymbol{m}=\boldsymbol{G}^{\mathrm{T}}(\boldsymbol{G}^{\mathrm{T}}\boldsymbol{G})^{-1}\boldsymbol{d}_{\mathrm{c}} \tag{9-14}$$

这是在反演的模型参数与其先验估计值的方差达到极小的前提下得到的解。有时虽然观测数据多于未知模型参数，但它们所提供的信息不足以唯一地确定一个稳定的解，或者说方程组中有若干方程是相关的，此时的问题事实上是前两种情形的综合，其问题可以表达为

$$(\boldsymbol{G}^{\mathrm{T}}\boldsymbol{G}+\alpha\boldsymbol{I})\boldsymbol{m}=\boldsymbol{G}^{\mathrm{T}}\boldsymbol{d}_{\mathrm{c}} \tag{9-15}$$

式中，α 为正则化参数，合适的正则化参数选取非常重要，可以采用 GCV 或者 L 曲线法进行判定，其正则解为

$$\boldsymbol{m}=(\boldsymbol{G}^{\mathrm{T}}\boldsymbol{G}+\alpha\boldsymbol{I})^{-1}\boldsymbol{G}^{\mathrm{T}}\boldsymbol{d}_{\mathrm{c}} \tag{9-16}$$

熟悉广义逆反演的可知，式（9-13）、式（9-14）和式（9-16）是问题的最小二乘解、最小范数（长度）解和阻尼最小二乘解。

9.1.4 地球物理反演问题求解

上文已经介绍了地球物理反演问题的基本概念，其实质就是通过已有的先验信息，计算推测出地下目标体的结构构造，但由于反问题研究的对象过于复杂，对介质的属性与结构特点以及观测数据的响应范围都不是充分的了解，而观测数据必然存在

着误差与干扰且是不完备的，这都导致了反问题的解不是唯一的。在所有的求解反问题的算法中，最小二乘法是最基本也是最古典的方法。其基本思想是，使模型体引起的场值理论曲线与实测曲线尽可能地拟合，取拟合得最好的模型体参数作为我们所推断的地质体的产状等参量值。实质在于，将实测异常曲线与一系列已知形状模型体产生的理论异常曲线进行比较，当实测曲线与某一条理论曲线相吻合（拟合）时，我们就将该理论曲线所对应的模型体及其参数作为实际地质体的解释结果。

最小二乘意义下的非线性最优化方法的优点是，它利用整条观测曲线进行解释，因此资料利用得最充分，当个别点受到歪曲时对解释结果影响不大。它比较适用于复杂异常的解释。最小二乘法如运用得当，有可能较直接地获得关于地质体的产状、多种物性和几何参数。目前在重磁异常定量反演解释中，得到了人们比较广泛的应用。该算法的计算步骤是：

（1）输入实测异常值。

（2）选择地质体模型，确定正演公式。

（3）对模型参量（空间位置、几何形状、物性等）给初值。

（4）按正演公式计算该模型体的理论异常。

（5）比较理论异常与实测异常之间的拟合程度，判断是否需要修改模型参量。

（6）若不符合拟合精度要求，则修改模型参量、形成新的参量，然后转向步骤（4），重复步骤（4）、（5）、（6）；若符合要求，则转向（7）。

（7）输出最后模型体的参量作为反演的最优解释结果。

从上述步骤可以看出需要解决如下两个关键问题：

（1）怎样评定异常的拟合程度。

（2）如何修改地质体模型的参量。

对第一个问题，我们采用模型正演曲线与实测曲线在各测点上两者的离差平方和来衡量：

$$\phi = \sum[\Delta \boldsymbol{Z}_i - f(x_i, \boldsymbol{B})]^2 \tag{9-17}$$

式中，ϕ 为目标函数；$\Delta \boldsymbol{Z}_i$ 为实测结果，i 为测点号（$i=1,2,\cdots,n$）；x_i 为观测点坐标；$\boldsymbol{B}$ 为模型体的几何物性参量（共 m 个）；$f(x_i,\boldsymbol{B})$ 为数学表达式，表示代入参量 $\boldsymbol{B}$ 后在 x_i 点上的正演结果。

对第二个问题。假如模型体参量的初值为 $\boldsymbol{B}^{(0)}$，修改量为 $\boldsymbol{\delta}$，修改后的参量为 $\boldsymbol{B}^{(1)}$，则

$$\boldsymbol{B}^{(1)} = \boldsymbol{B}^{(0)} + \boldsymbol{\delta} \tag{9-18}$$

如何求出 $\boldsymbol{\delta}$，使由 $\boldsymbol{B}^{(1)}$ 确定的理论异常与实测异常之间的 ϕ 函数取极小值

$$\phi = \sum_{i=1}^{n}[\Delta \boldsymbol{Z}_i - f(x_i, \boldsymbol{B}^{(1)})]^2 = \min \tag{9-19}$$

关于 $\boldsymbol{\delta}$ 的求解有许多途径，如高斯法（广义最小二乘法）、最速下降法、牛顿法、共轭

梯度法等。其基本出发点是，对非线性函数$\phi(\boldsymbol{B})$逐次线性化，通过合理确定δ^k，保证修正后的$\boldsymbol{B}^{(k+1)}=\boldsymbol{B}^{(k)}+\delta^{(k)}$，使$\phi(\boldsymbol{B}^{(k+1)})=\phi(\boldsymbol{B}^{(k)})$，从而达到使$\phi(\boldsymbol{B})=\min$的求解目的。下面将分别介绍几类具体的算法。

9.2 最小二乘法

本节介绍一种传统的反演方法——最小二乘法（高斯法）。它的基本思想是：目标函数ϕ是各参量的非线性函数，直接求多元非线性函数的极小是困难的，因此可将理论函数$f(x,b)$在给定的初值点邻域内线性化，应用泰勒展开并略去二次及二次以上的项。相当于把一个非线性函数线性化了，并以此作为非线性方程的近似解，其近似程度取决于邻域半径$|\delta_i|$的大小，然后用逐次迭代的方法逼近真解。当改正量小到使二次项可以忽略时便认为接近真值，并停止迭代计算，因此高斯法的实质就是一种非线性函数逐次线性化的估计问题。下面以一个实例介绍高斯法的计算方法。

如图 9-1 所示，设地下某一球形矿体在地面各测点上的重力观测值为g_i，测点坐标为(x_i,y_i)，测点数为n，模型的理论重力场为$g(x_i,y_i)$，模型参量中h代表球心埋深，m代表矿体质量。如何求出一组参量，使下式成立：

$$\phi(m,h)=\sum_{i=1}^{n}[g_i-g(x_i,y_i)]^2=\min \tag{9-20}$$

为使ϕ取极小值，应有

$$\begin{cases}\dfrac{\partial\phi}{\partial m}=\sum\limits_{i=1}^{n}[g_i-g(x_i,y_i)]^2\dfrac{\partial g}{\partial m}=0\\ \dfrac{\partial\phi}{\partial h}=\sum\limits_{i=1}^{n}[g_i-g(x_i,y_i)]^2\dfrac{\partial g}{\partial h}=0\end{cases} \tag{9-21}$$

其中

$$g(x_i,y_i)=f\frac{mh}{(x_i^2+y_i^2+h^2)^{3/2}}$$

式中，f是引力常数。这组求极小的一次偏导数方程称为正则方程。由于g、$\partial g/\partial m$、$\partial g/\partial h$是参量m、h的非线性函数，直接解非线性方程组求ϕ极小是很困难的，常采用间接方法求解。高斯法就是其中一种间接方法，其实质是非线性函数的线性化估计。做法如下。

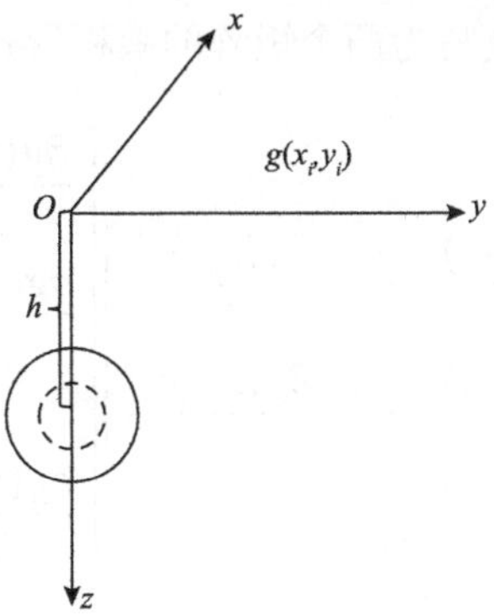

图 9-1　球形矿体示意图

首先给模型参量以初值m_0、h_0，然后将正演场函数在初值附近线性化，即在初值附近将函数作泰勒展开，并且只取前两项，略去二次以上高次项：

$$g(x_i,y_i)\approx g(x_i,y_i,m_0,h_0)+\left.\frac{\partial g}{\partial m}\right|_{\substack{m=m_0\\h=h_0\\(x_i,y_i)}}(m-m_0)+\left.\frac{\partial g}{\partial h}\right|_{\substack{m=m_0\\h=h_0\\(x_i,y_i)}}(h-h_0)$$

令$m-m_0=\delta_1$，$h-h_0=\delta_2$，$g(x_i,y_i,m_0,h_0)$简记为g，线性化函数与观测值之离差平方和记为ϕ，并将线性化函数代入式（9-20）及式（9-21），则有

$$\phi\approx\hat{\phi}=\sum_{i=1}^{n}\left[g_i-\left(g+\frac{\partial g}{\partial m}\delta_1+\frac{\partial g}{\partial h}\delta_2\right)\right]^2 \tag{9-22}$$

$$\begin{cases}\dfrac{\partial\phi}{\partial m}\approx\dfrac{\partial\hat{\phi}}{\partial\delta_1}=\displaystyle\sum_{i=1}^{n}\left[g_i-\left(g+\frac{\partial g}{\partial m}\delta_1+\frac{\partial g}{\partial h}\delta_2\right)\right]^2\frac{\partial g}{\partial m}=0\\ \dfrac{\partial\phi}{\partial h}\approx\dfrac{\partial\hat{\phi}}{\partial\delta_2}=\displaystyle\sum_{i=1}^{n}\left[g_i-\left(g+\frac{\partial g}{\partial m}\delta_1+\frac{\partial g}{\partial h}\delta_2\right)\right]^2\frac{\partial g}{\partial h}=0\end{cases} \tag{9-23}$$

对未知数δ_1，δ_2来说，上述两个方程是线性方程，这就是说已经把非线性函数线性化了。将式（9-23）改写为

$$\begin{cases}\displaystyle\sum_{i=1}^{n}\left(\frac{\partial g}{\partial m}\right)^2\delta_1+\sum_{i=1}^{n}\left(\frac{\partial g}{\partial m}\right)\left(\frac{\partial g}{\partial h}\right)\delta_2=\sum_{i=1}^{n}(g_i-g)\frac{\partial g}{\partial m}\\ \displaystyle\sum_{i=1}^{n}\left(\frac{\partial g}{\partial h}\right)^2\delta_2+\sum_{i=1}^{n}\left(\frac{\partial g}{\partial m}\right)\left(\frac{\partial g}{\partial h}\right)\delta_1=\sum_{i=1}^{n}(g_i-g)\frac{\partial g}{\partial h}\end{cases} \tag{9-24}$$

写成矩阵形式：

$$\begin{bmatrix}\displaystyle\sum_{i=1}^{n}\left(\frac{\partial g}{\partial m}\right)^2 & \displaystyle\sum_{i=1}^{n}\left(\frac{\partial g}{\partial m}\right)\left(\frac{\partial g}{\partial h}\right)\\ \displaystyle\sum_{i=1}^{n}\left(\frac{\partial g}{\partial m}\right)\left(\frac{\partial g}{\partial h}\right) & \displaystyle\sum_{i=1}^{n}\left(\frac{\partial g}{\partial m}\right)^2\end{bmatrix}\begin{bmatrix}\delta_1\\ \delta_2\end{bmatrix}=\begin{bmatrix}\displaystyle\sum_{i=1}^{n}(g_i-g)\frac{\partial g}{\partial m}\\ \displaystyle\sum_{i=1}^{n}(g_i-g)\frac{\partial g}{\partial h}\end{bmatrix} \tag{9-25}$$

第一个矩阵（系数矩阵）可以改写为两个矩阵的乘积形式，即

$$\begin{bmatrix} \frac{\partial g(x_1,y_1)}{\partial m} & \frac{\partial g(x_2,y_2)}{\partial m} & \cdots & \frac{\partial g(x_n,y_n)}{\partial m} \\ \frac{\partial g(x_1,y_1)}{\partial h} & \frac{\partial g(x_2,y_2)}{\partial h} & \cdots & \frac{\partial g(x_n,y_n)}{\partial h} \end{bmatrix} \begin{bmatrix} \frac{\partial g(x_1,y_1)}{\partial m} & \frac{\partial g(x_1,y_1)}{\partial h} \\ \frac{\partial g(x_2,y_2)}{\partial m} & \frac{\partial g(x_2,y_2)}{\partial h} \\ \vdots & \vdots \\ \frac{\partial g(x_n,y_n)}{\partial m} & \frac{\partial g(x_n,y_n)}{\partial h} \end{bmatrix} \tag{9-26}$$

令

$$\boldsymbol{J}^{\mathrm{T}} = \begin{bmatrix} \frac{\partial g(x_1,y_1)}{\partial m} & \frac{\partial g(x_2,y_2)}{\partial m} & \cdots & \frac{\partial g(x_n,y_n)}{\partial m} \\ \frac{\partial g(x_1,y_1)}{\partial h} & \frac{\partial g(x_2,y_2)}{\partial h} & \cdots & \frac{\partial g(x_n,y_n)}{\partial h} \end{bmatrix}$$

则

$$\boldsymbol{J}^{\mathrm{T}}\boldsymbol{J}\begin{bmatrix} \delta_1 \\ \delta_2 \end{bmatrix} = \boldsymbol{J}^{\mathrm{T}}\begin{bmatrix} g_1 - g(x_1,y_1) \\ g_2 - g(x_2,y_2) \\ \vdots \\ g_n - g(x_n,y_n) \end{bmatrix} = \boldsymbol{J}^{\mathrm{T}}(g_i - g)$$

即

$$\boldsymbol{J}^{\mathrm{T}}\boldsymbol{J}\boldsymbol{\delta} = \boldsymbol{J}^{\mathrm{T}}(\boldsymbol{g}_i - \boldsymbol{g}) \tag{9-27}$$

其中，$(\boldsymbol{g}_i - \boldsymbol{g})$是 n 维列向量，移项得

$$\boldsymbol{\delta} = (\boldsymbol{J}^{\mathrm{T}}\boldsymbol{J})^{-1}\boldsymbol{J}^{\mathrm{T}}(\boldsymbol{g}_i - \boldsymbol{g}) \tag{9-28}$$

进而可求出第一次迭代值

$$\begin{bmatrix} m_1 \\ h_1 \end{bmatrix} = \begin{bmatrix} m_0 \\ h_0 \end{bmatrix} + \begin{bmatrix} \delta_1 \\ \delta_2 \end{bmatrix} = \begin{bmatrix} m_0 \\ h_0 \end{bmatrix} + (\boldsymbol{J}^{\mathrm{T}}\boldsymbol{J})^{-1}\boldsymbol{J}^{\mathrm{T}}(\boldsymbol{g}_i - \boldsymbol{g}) \tag{9-29}$$

然后以 m_1 、h_1 为新的初值再重复上述步骤，直到修正值$|\delta_i|$ $(i=1, 2)$小于某一给定允许误差为止。一般情况下，模型体有 m 个参量（记 $b_1,b_2,\cdots,b_m$ ），观测值为 Z_i（ $i=1,2,\cdots,n$; 观测点号），观测点坐标为 (x_i,y_i,z_i) ，模型理论场函数为 $f(x_i,y_i,z_i,b_1,b_2,\cdots,b_m)$ ，简记为 f_i 。离差平方和ϕ有如下形式：

$$\phi = \sum_{i=1}^{n}(Z_i - f_i)^2$$

按上述实例中同样方法，由式（9-23）和式（9-27）可以得出

$$\boldsymbol{J}^{\mathrm{T}}\boldsymbol{J}\boldsymbol{\delta}=\boldsymbol{J}^{\mathrm{T}}(\boldsymbol{Z}-\boldsymbol{f}) \tag{9-30}$$

其中

$$\boldsymbol{J}=\begin{bmatrix}\dfrac{\partial f_1}{\partial b_1} & \dfrac{\partial f_1}{\partial b_2} & \cdots & \dfrac{\partial f_1}{\partial b_m}\\ \dfrac{\partial f_2}{\partial b_1} & \dfrac{\partial f_2}{\partial b_2} & \cdots & \dfrac{\partial f_2}{\partial b_m}\\ \vdots & \vdots & & \vdots\\ \dfrac{\partial f_n}{\partial b_1} & \dfrac{\partial f_n}{\partial b_2} & \cdots & \dfrac{\partial f_n}{\partial b_m}\end{bmatrix}_{n\times m}$$

或记 $\boldsymbol{J}=\left(\dfrac{\partial f_i}{\partial b_j}\right)_{n\times m}$ 为雅可比矩阵，若把式（9-30）中系数矩阵记为 $\boldsymbol{A}$，记右端项为 $\boldsymbol{g}$，则

$$\boldsymbol{A}\boldsymbol{\delta}=\boldsymbol{g} \tag{9-31}$$

这是高斯法的矩阵形式的正则方程组。由式（9-30）移项得

$$\boldsymbol{\delta}=(\boldsymbol{J}^{\mathrm{T}}\boldsymbol{J})^{-1}\boldsymbol{J}^{\mathrm{T}}(\boldsymbol{Z}-\boldsymbol{f})$$

进而构成由第 k 次到第 k+1 次的迭代公式：

$$\boldsymbol{b}^{(k+1)}=\boldsymbol{b}^{(k)}+(\boldsymbol{J}^{\mathrm{T}}\boldsymbol{J})_{(k)}^{-1}\boldsymbol{J}^{(k)}\left(\boldsymbol{Z}-\boldsymbol{f}^{(k)}\right) \tag{9-32}$$

由于非线性函数线性化过程中略去了高次项，因此所求得的解答是线性化函数的解答，是非线性函数的近似解，其近似程度取决于 $|\delta_i|$ 的大小。逐次迭代的结果可以逐步逼近非线性函数的真正解，当修正值小到二次项可以忽略时便接近真值。这就是非线性问题需要反复迭代的原因。

例 9-1　设地下有一球形矿体，在地面上的重力观测结果如下：

X 坐标/m	0	0	0
Y 坐标/m	0	100	200
重力值/ (10^{-6}m·s^{-2})	0.67	0.237	0.06

试用高斯法求其质量 m 和中心埋深 h。

解　（1）取初值：$h=80\text{m}$，$m=10^7\,\text{t}=10^{10}\,\text{kg}$。

（2）系数矩阵：$(\boldsymbol{J}^{\mathrm{T}}\boldsymbol{J})$。

已知重力公式为

$$g = f\frac{mh}{(y^2+h^2)^{3/2}}$$

对 m，h 求偏导数的公式为

$$g'_h = fm\frac{(y^2-2h^2)}{(y^2+h^2)^{5/2}}\ ,\ g'_m = f\frac{h}{(y^2+h^2)^{3/2}}$$

其中，g 为重力异常值（$10^{-6}\text{m}\cdot\text{s}^{-2}$），$f = 6.67\times10^{-11}\text{m}^3\cdot\text{kg}^{-1}\cdot\text{s}^{-2}$。

初值及坐标值分别代入以上各式，得

$$g'_m(y=0)=1.0422\times10^{-10},\ g'_h(0)=-2.6055\times10^{-2},\ g'_m(y=100)=2.5407\times10^{-11}$$

$$g'_h(100)=-5.4222\times10^{-4},\ g'_m(y=200)=5.3387\times10^{-12},\ g'_h(200)=3.9120\times10^{-4}$$

$$\boldsymbol{J}^{\mathrm{T}} = \begin{bmatrix} 1.0422\times10^{-10} & 2.5407\times10^{-11} & 5.3387\times10^{-12} \\ -2.6055\times10^{-2} & -5.4222\times10^{-4} & 3.9120\times10^{-4} \end{bmatrix}$$

$$\boldsymbol{J}^{\mathrm{T}}\boldsymbol{J} = \begin{bmatrix} 1.1536\times10^{-14} & -2.7265\times10^{-12} \\ -2.7265\times10^{-9} & 6.8134\times10^{-4} \end{bmatrix}$$

（3）计算理论值和右端项

$$g(0)=1.0422\text{g.u.},\ g(100)=0.251\text{g.u.},\ g(200)=0.0534\text{g.u.}$$

$$\boldsymbol{g}_{观} - \boldsymbol{g}_{理} = \begin{bmatrix} 0.67-1.0422 \\ 0.24-0.251 \\ 0.06-0.0534 \end{bmatrix} = \begin{bmatrix} -0.3722 \\ -0.011 \\ 0.0066 \end{bmatrix}$$

$$\boldsymbol{J}^{\mathrm{T}}(\boldsymbol{g}_{观} - \boldsymbol{g}_{理}) = \begin{bmatrix} -3.9017\times10^{-8} \\ 9.7181\times10^{-3} \end{bmatrix}$$

（4）计算改正量及第一次迭代值，由公式 $\boldsymbol{J}^{\mathrm{T}}\boldsymbol{J}\boldsymbol{\delta} = \boldsymbol{J}^{\mathrm{T}}(\boldsymbol{g}_{观} - \boldsymbol{g}_{理})$ 得

$$\begin{cases} 1.1536\delta_1 - 2.7265\times10^8\delta_2 = -3.9017\times10^9 \\ -2.7265\delta_1 + 6.8134\times10^8\delta_2 = 9.7181\times10^9 \end{cases}$$

解得

$$\delta_1 = -2\times10^8,\ \delta_2 = 13$$

于是

$$m^{(1)} = m^{(0)} + \delta_1^{(0)} = 10^{10} - 2\times10^8 = 9.8\times10^9$$

$$h^{(1)} = h^{(0)} + \delta_2^{(0)} = 80 + 13 = 93$$

（5）用上述同样做法可求得第二次改正值：

$$\delta_1^{(1)} = 1.2\times10^8, \quad \delta_2^{(1)} = 6.6$$

第二次迭代值为

$$m^{(2)} = 9.92\times10^9, \quad h^{(2)} = 99.6$$

真值为

$$h = 100\text{m}, \quad m = 10^{10}\text{kg}$$

由上述看出，经两次迭代就接近真值。

9.3　梯度类迭代算法

9.3.1　最速下降法

最速下降法又称为梯度法，它是 1847 年由 Cauchy（柯西）提出来的，是求解无约束优化问题最简单也是最古老的方法。时至今日最速下降法的实用性很弱，但它仍是最优化方法的基础，许多优化算法都是它的变形或受它启发而来（胡祥云等，2020）。

首先讨论如何能使目标函数下降，已知目标函数 $\Phi(\boldsymbol{m})$ 是有关变量 $\boldsymbol{m}$ 的函数，我们希望获得某一新的迭代点 $\boldsymbol{m}^{(k+1)}$，使得

$$\Phi(\boldsymbol{m}^{(k+1)}) = \Phi(\boldsymbol{m}^{(k)}) + t^{(k)}p^{(k)}, \quad \Phi(\boldsymbol{m}^{(k+1)}) < \Phi(\boldsymbol{m}^{(k)}) \tag{9-33}$$

此时，

$$\boldsymbol{m}^{(k+1)} - \boldsymbol{m}^{(k)} = \delta^{(k)}, \quad \delta^{(k)} = t^{(k)}\boldsymbol{p}^{(k)} \tag{9-34}$$

其中，$\boldsymbol{p}^{(k)}$ 为方向向量，$t^{(k)}$ 为步长。只要 $\Phi(\boldsymbol{m}^{(k)})$ 不是全局最小值，且函数存在一阶导数，就能通过寻找合适的方向与步长使 $\Phi(\boldsymbol{m})$ 下降。而最速下降法选取的下降方向则是目标函数的负梯度方向 $-\nabla\Phi$，这是因为此时能保证目标函数以最快的速率下降。下面给出证明，已知目标函数 $\Phi(\boldsymbol{m})$ 在 $\boldsymbol{m}^{(k)}$ 处沿 $\boldsymbol{p}^{(k)}$ 方向下降的变化率为

$$\lim_{\alpha\to0}\frac{\Phi(\boldsymbol{m}^{(k+1)}) - \Phi(\boldsymbol{m}^{(k)})}{\alpha} = \lim_{\alpha\to0}\frac{\alpha\nabla\Phi\boldsymbol{p}^{(k)} + o(\alpha)}{\alpha} = \nabla\Phi\boldsymbol{p}^{(k)} = \left\|\nabla\Phi\right\|\left\|\boldsymbol{p}^{(k)}\right\|\cos\theta^{(k)} \tag{9-35}$$

显然，当 $\theta^{(k)} = \pi$ 时，才能使下降速度最快，此时 $\boldsymbol{p}^{(k)}$ 取负梯度方向，这也就是负梯度方向被叫作最速下降方向的原因。确定下降方向后，如何选取下降步长同样重要，此时可把问题写作求一元函数

$$\varphi(t)=\Phi(\boldsymbol{m}^{(k)}+t\boldsymbol{p}^{(k)})\quad(t>0)\tag{9-36}$$

的极小点。当 $\varphi(t)$ 达到极小值时，便实现了在下降方向 $\boldsymbol{p}^{(k)}$ 上的最大下降量。对 $\Phi(\boldsymbol{m}^{(k)}+t\boldsymbol{p}^{(k)})$ 在 $\boldsymbol{m}^{(k)}$ 附近以 $t\boldsymbol{p}^{(k)}$ 为增量作泰勒展开，并忽略二次以上的项，有

$$\varphi(t)=\Phi(\boldsymbol{m}^{(k)})+t\boldsymbol{p}^{(k)\mathrm{T}}\nabla\Phi(\boldsymbol{m}^{(k)})+\frac{t^2}{2}\boldsymbol{p}^{(k)\mathrm{T}}\nabla^2\Phi(\boldsymbol{m}^{(k)})\boldsymbol{p}^{(k)}\tag{9-37}$$

令其梯度为 0，则

$$\varphi'(t)=\boldsymbol{p}^{(k)\mathrm{T}}\nabla\Phi(\boldsymbol{m}^{(k)})+t\boldsymbol{p}^{(k)\mathrm{T}}\nabla^2\Phi(\boldsymbol{m}^{(k)})\boldsymbol{p}^{(k)}=0\tag{9-38}$$

此时搜索步长为

$$t^{(k)}=\frac{\boldsymbol{p}^{(k)\mathrm{T}}\boldsymbol{p}^{(k)}}{\boldsymbol{p}^{(k)\mathrm{T}}\nabla^2\Phi(\boldsymbol{m}^{(k)})\boldsymbol{p}^{(k)}}\tag{9-39}$$

下面给出最速下降法的具体计算步骤：

步 0　选取初始点 $\boldsymbol{m}^{(k)}$，允许误差 $\varepsilon>0$，令 k=0。

步 1　取搜索方向 $\boldsymbol{p}^{(k)}=-\nabla\Phi(\boldsymbol{m}^{(k)})$。

步 2　确定搜索步长。

步 3　令 $\boldsymbol{m}^{(k+1)}=\boldsymbol{m}^{(k)}+t^{(k)}\boldsymbol{p}^{(k)}$，若 $\left\|\boldsymbol{m}^{(k+1)}-\boldsymbol{m}^{(k)}\right\|_2<\varepsilon$，即停止迭代，此时输出 $\boldsymbol{m}^{(k+1)}$ 作为近似最优解；否则，$k=k+1$，转步 1。

例 9-2　试用最速下降法求函数 $f(x_1,x_2)=x_1^2+4x_2^2$ 的极小点。迭代两次，计算各迭代点的函数值、梯度及模，并验证相邻两个搜索方向是正交的。设初始点 $\boldsymbol{X}_0=[1,1]^{\mathrm{T}}$。

解　求函数的梯度、黑塞矩阵的表达式分别为

$$\nabla f(\boldsymbol{X})=\nabla f(x_1,x_2)=\begin{bmatrix}2x_1\\8x_2\end{bmatrix},\quad \boldsymbol{A}=\nabla^2\Phi(\boldsymbol{X})=\begin{bmatrix}2&0\\0&8\end{bmatrix}$$

然后，可求出 $f(\boldsymbol{X}_0)=1^2+4\times1^2=5$，将梯度记为 $\boldsymbol{g}$，则

$$\boldsymbol{g}_0=\nabla f(\boldsymbol{X}_0)=\begin{bmatrix}2x_1\\8x_2\end{bmatrix}=\begin{bmatrix}2\\8\end{bmatrix},\quad \|g_0\|=\sqrt{8^2+2^2}=\sqrt{68}=8.24621$$

因为目标函数为二次的，可以使用式

$$\boldsymbol{X}_{k+1}=\boldsymbol{X}_k-\frac{(\boldsymbol{g}^{(k)})^{\mathrm{T}}\boldsymbol{g}^{(k)}}{(\boldsymbol{g}^{(k)})^{\mathrm{T}}\nabla^2\Phi(\boldsymbol{X})\boldsymbol{g}^{(k)}}$$

所以有

$$\boldsymbol{X}_1=\boldsymbol{X}_0-\frac{(\boldsymbol{g}_0)^{\mathrm{T}}\boldsymbol{g}_0}{(\boldsymbol{g}_0)^{\mathrm{T}}\boldsymbol{A}\boldsymbol{g}_0}\boldsymbol{g}_0=\begin{bmatrix}1\\1\end{bmatrix}-0.13077\begin{bmatrix}2\\8\end{bmatrix}=\begin{bmatrix}0.73846\\-0.04616\end{bmatrix}$$

$$f(\boldsymbol{X}_1)=0.73846^2+4\times(-0.04616)^2=0.55385$$

$$\boldsymbol{g}_1=\nabla f(\boldsymbol{X}_1)=\begin{bmatrix}2\times 0.73846\\8\times(-0.04616)\end{bmatrix}=\begin{bmatrix}1.47692\\-0.36923\end{bmatrix}$$

$$\|\boldsymbol{g}_0\|=\sqrt{1.47692^2+(-0.36923)^2}=1.52237$$

$$\boldsymbol{X}_2=\boldsymbol{X}_1-\frac{(\boldsymbol{g}_1)^{\mathrm{T}}\boldsymbol{g}_1}{(\boldsymbol{g}_1)^{\mathrm{T}}\boldsymbol{A}\boldsymbol{g}_1}\boldsymbol{g}_0=\begin{bmatrix}0.73846\\-0.04616\end{bmatrix}-0.42500\begin{bmatrix}1.47692\\-0.36923\end{bmatrix}=\begin{bmatrix}0.11076\\0.11076\end{bmatrix}$$

$$f(\boldsymbol{X}_2)=0.06134$$

$$\boldsymbol{g}_2=\nabla f(\boldsymbol{X}_2)=\begin{bmatrix}2\times 0.11076\\8\times 0.11076\end{bmatrix}=\begin{bmatrix}0.22152\\-0.88008\end{bmatrix},\ \|\boldsymbol{g}_2\|=\sqrt{0.22152^2+0.88008^2}=0.91335$$

因为$(\boldsymbol{g}_1)^{\mathrm{T}}\boldsymbol{g}_0=0.0000$，$(\boldsymbol{g}_2)^{\mathrm{T}}\boldsymbol{g}_1=0.0000$。由此说明相邻两个搜索方向是正交的。

最速下降法仅利用了函数的一阶导数，从局部上看这的确是下降最快的方法，然而最速下降法的收敛速度有时是很缓慢的，这是由于它产生的序列是线性收敛的（朱长青，2006）。在前几次迭代、距离极小点较远时，收敛速度较快；但接近极小点时，收敛速度就开始变慢。

9.3.2 牛顿法

最速下降法利用的是目标函数的一阶导数，牛顿法则是利用一阶导数和二阶导数，对目标函数进行迭代求解，获取近似极小值（郭科等，2007）。考虑从 x_k 到 x_{k+1} 的迭代过程，在 x_k 处对 $f(x)$ 用与它最密切的二次函数 $Q(x)$ 来近似，把二次函数的极小点作为 x_{k+1}，如图 9-2 所示。

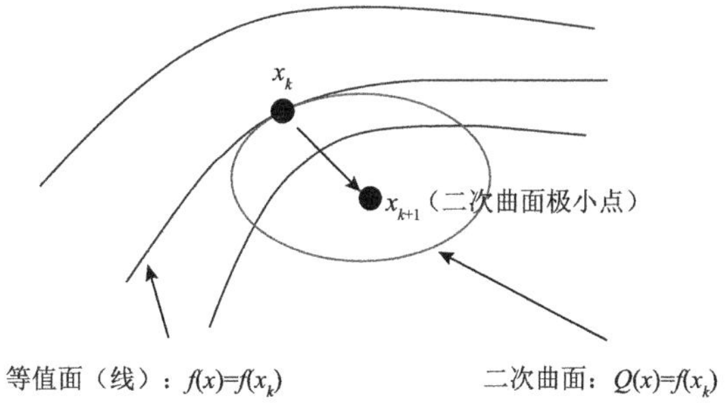

图 9-2　二次函数极小点示意图

设目标函数 $f(x)$ 是二次可微函数，则它在 x_k 处的泰勒展开式为

$$f(x)=f(x_k)+\nabla f(x_k)^{\mathrm{T}}(x-x_k)+\frac{1}{2}(x-x_k)^{\mathrm{T}}\nabla^2 f(x_k)(x-x_k)+o(\|x-x_k\|^2) \tag{9-40}$$

截取泰勒展开式的前三项可得

$$Q(x)=f(x_k)+\nabla f(x_k)^{\mathrm{T}}(x-x_k)+\frac{1}{2}(x-x_k)^{\mathrm{T}}\nabla^2 f(x_k)(x-x_k) \tag{9-41}$$

为求目标函数的极小点，求式（9-41）的一阶导数并使其为零，则有

$$\nabla Q(x)=\nabla f(x_k)+\nabla^2 f(x_k)(x-x_k) \tag{9-42}$$

若 $\nabla^2 f(x_k)$ 正定，则 $\nabla Q(x)$ 的极小点 $\overline{x}$ 为

$$\nabla f(x_k)+\nabla^2 f(x_k)(x-x_k)=0 \tag{9-43}$$

的解，即

$$\overline{x}=x_k-\nabla^2 f(x_k)^{-1}\nabla f(x_k) \tag{9-44}$$

把二次函数的极小点作为 x_{k+1}，则

$$x_{k+1}=x_k-\nabla^2 f(x_k)^{-1}\nabla f(x_k) \tag{9-45}$$

则称迭代公式（9-45）为古典牛顿法的迭代公式。其中

$$d_k=-\nabla^2 f(x_k)^{-1}\nabla f(x_k) \tag{9-46}$$

称为 x_k 处的牛顿法的方向。若 $\nabla^2 f(x_k)$ 正定，则牛顿方向是函数 f 在 x_k 处的一个下降方向，并且是下列线性方程组的解

$$\nabla f(x_k)+\nabla^2 f(x_k)=0 \tag{9-47}$$

为确保算法的下降性，可在古典牛顿法中加入线性搜索，得到牛顿迭代公式如下：

$$x_{k+1}=x_k-\alpha_k\nabla^2 f(x_k)^{-1}\nabla f(x_k) \tag{9-48}$$

按照这种方式求函数 $f(x)$ 极小点的方法称为牛顿法，式（9-48）所示的搜索方向称为牛顿方向。牛顿法的优势在于收敛速度是很快的，具有局部二阶收敛性。当二阶导数及其黑塞矩阵的逆矩阵便于计算时，这一方法非常有效（封建湖和车刚明，1998）。但式（9-48）的迭代公式中每一步迭代均需要求解黑塞矩阵的逆，而在实际运用中计算量过大。与此同时牛顿法的收敛性不稳定，仅当黑塞矩阵正定时，且当初始点足够接近极小点时，才能保证算法收敛。

例 9-3　用牛顿法求函数 $f(x)=x_1^2+x_2^2-x_1x_2-10x_1-4x_2+60$ 的极小值。

解　（1）取初始点 $\boldsymbol{x}^{(0)}=\begin{bmatrix}0\\0\end{bmatrix}$。

（2）计算牛顿方向

$$\nabla f(\boldsymbol{x})=\begin{bmatrix}2x_1-x_2-10\\2x_2-x_1-4\end{bmatrix}_{x=x^{(0)}}=\begin{bmatrix}-10\\-4\end{bmatrix}$$

$$\boldsymbol{H}(\boldsymbol{x}^{(0)})=\begin{bmatrix}\dfrac{\partial^2 f}{\partial x_1^2} & \dfrac{\partial^2 f}{\partial x_1 x_2}\\ \dfrac{\partial^2 f}{\partial x_2 x_1} & \dfrac{\partial^2 f}{\partial x_2^2}\end{bmatrix}_{x=x^{(0)}}=\begin{bmatrix}2 & -1\\-1 & 2\end{bmatrix}\left[\boldsymbol{H}(\boldsymbol{x}^{(0)})\right]^{-1}=\frac{1}{3}\begin{bmatrix}2 & 1\\1 & 2\end{bmatrix}$$

故

$$\boldsymbol{s}^{(0)}=-\left[\boldsymbol{H}(\boldsymbol{x}^{(0)})\right]^{-1}\nabla f(\boldsymbol{x}^{(0)})=-\frac{1}{3}\begin{bmatrix}2 & 1\\1 & 2\end{bmatrix}\begin{bmatrix}-10\\-4\end{bmatrix}=\frac{1}{3}\begin{bmatrix}24\\18\end{bmatrix}=\begin{bmatrix}8\\6\end{bmatrix}$$

（3）极小值

$$\boldsymbol{x}^{1}=\boldsymbol{x}^{(0)}+\alpha^{(0)}\boldsymbol{s}^{(0)}=\begin{bmatrix}0\\0\end{bmatrix}+1\times\begin{bmatrix}8\\6\end{bmatrix}=\begin{bmatrix}8\\6\end{bmatrix},\quad \min f(\boldsymbol{x})=8。$$

9.3.3　拟牛顿法

牛顿法采用了目标函数的二阶导数信息，收敛速度快，但与此同时在每一迭代步都需要求解黑塞矩阵的逆，这对于实际求解而言计算量是巨大的。此外当黑塞矩阵非正定或高度病态时，算法无法保障目标函数的下降与收敛（Neumaier，2001）。虽然修正牛顿法能够在理论上克服这一缺陷，但修正参数 λ_k 难以选取。因此人们在已有算法的基础上克服了上述缺点，设计出了拟牛顿法。

该算法的主要思想是不直接求解黑塞矩阵的逆，而是去近似地构造黑塞矩阵的逆矩阵 $\boldsymbol{G}_k^{-1}$，即利用近似矩阵 $\boldsymbol{H}_k$ 取代 $\boldsymbol{G}_k^{-1}$。为了构造近似矩阵，下面先分析二阶导数 $\boldsymbol{G}^{(k)}$ 与一阶导数 $\boldsymbol{g}^{(k)}$ 的关系。对目标函数 $\Phi(\boldsymbol{m})$ 在从 $\boldsymbol{m}^{(k+1)}$ 处进行二阶近似的泰勒展开：

$$\Phi(\boldsymbol{m})=\Phi(\boldsymbol{m}^{(k+1)})+\nabla\Phi(\boldsymbol{m}^{(k+1)})^{\mathrm{T}}[\boldsymbol{m}-\boldsymbol{m}^{(k+1)}]+\frac{1}{2}[\boldsymbol{m}-\boldsymbol{m}^{(k+1)}]^{\mathrm{T}}\nabla^2\Phi(\boldsymbol{m}^{(k+1)})[\boldsymbol{m}-\boldsymbol{m}^{(k+1)}]$$

（9-49）

对上式求导：

$$\boldsymbol{g}(\boldsymbol{m})=\boldsymbol{g}^{(k+1)}+\boldsymbol{G}^{(k+1)}[\boldsymbol{m}-\boldsymbol{m}^{(k+1)}]\tag{9-50}$$

令 $\boldsymbol{m}=\boldsymbol{m}^{(k)}$，位移 $\boldsymbol{s}^{(k)}=\boldsymbol{m}^{(k+1)}-\boldsymbol{m}^{(k)}$，梯度差 $\boldsymbol{r}^{(k)}=\boldsymbol{g}^{(k+1)}-\boldsymbol{g}^{(k)}$，则有

$$\boldsymbol{B}^{(k+1)}\boldsymbol{s}^{(k)}=\boldsymbol{r}^{(k)}\tag{9-51}$$

上式常被称为拟牛顿方程或拟牛顿条件，令 $\boldsymbol{H}^{(k+1)}=\boldsymbol{B}^{(k+1)-1}$ ，则能得到拟牛顿方程的另一个形式：

$$\boldsymbol{H}^{(k+1)}\boldsymbol{r}^{(k)}=\boldsymbol{s}^{(k)} \tag{9-52}$$

其中，$\boldsymbol{H}^{(k+1)}$ 为黑塞矩阵逆的近似，该方法的搜索方向由 $\boldsymbol{p}^{(k)}=-\boldsymbol{H}^{(k)}\boldsymbol{g}^{(k)}$ 确定。而 $\boldsymbol{H}^{(k)}$ 的构造，通常的做法是选择一个单位矩阵作为 $\boldsymbol{H}^{(0)}$ ，通过修改 $\boldsymbol{H}^{(k)}$ 得到 $\boldsymbol{H}^{(k+1)}$ ，即

$$\boldsymbol{H}^{(k+1)}=\boldsymbol{H}^{(k)}+\Delta\boldsymbol{H}^{(k)} \tag{9-53}$$

下面展开介绍一种拟牛顿算法。

$\Delta\boldsymbol{H}$ 的确定有多种不同的方法，下面介绍一种称为“变尺度法”的算法。该方法最早由 Daridon（达里东）提出，后来由 Fletcher（弗莱彻）和 Powell（鲍威尔）简化，故又称作 DFP 算法。将式（9-53）代入式（9-52），写成

$$\left(\boldsymbol{H}^{(k)}+\Delta\boldsymbol{H}^{(k)}\right)\boldsymbol{r}^{(k)}=\boldsymbol{s}^{(k)} \tag{9-54}$$

即

$$\Delta\boldsymbol{H}^{(k)}\boldsymbol{r}^{(k)}=\boldsymbol{s}^{(k)}-\boldsymbol{H}^{(k)}\boldsymbol{r}^{(k)} \tag{9-55}$$

设置 $\boldsymbol{u}$ 和 $\boldsymbol{v}$ 满足 $\boldsymbol{u}^{\mathrm{T}}\boldsymbol{r}^{(k)}=1$ ，$\boldsymbol{v}^{\mathrm{T}}\boldsymbol{r}^{(k)}=1$ ，令

$$\Delta\boldsymbol{H}^{(k)}=\boldsymbol{s}^{(k)}\boldsymbol{u}^{\mathrm{T}}-\boldsymbol{H}^{(k)}\boldsymbol{r}^{(k)}\boldsymbol{v}^{\mathrm{T}} \tag{9-56}$$

可以证明：

$$\boldsymbol{u}=\frac{\boldsymbol{s}^{(k)}}{\boldsymbol{s}^{(k)T}\boldsymbol{r}^{(k)}},\quad \boldsymbol{v}=\frac{\boldsymbol{H}^{(k)}\boldsymbol{r}^{(k)}}{\boldsymbol{r}^{(k)T}\boldsymbol{H}^{(k)}\boldsymbol{r}^{(k)}} \tag{9-57}$$

将式（9-57）代入式（9-56）写成

$$\Delta\boldsymbol{H}^{(k)}=\frac{\boldsymbol{s}^{(k)}\left(\boldsymbol{s}^{(k)}\right)^{\mathrm{T}}}{\left(\boldsymbol{s}^{(k)}\right)^{\mathrm{T}}\boldsymbol{r}^{(k)}}-\frac{\boldsymbol{H}^{(k)}\boldsymbol{r}^{(k)}\left(\boldsymbol{r}^{(k)}\right)^{\mathrm{T}}\left(\boldsymbol{H}^{(k)}\right)^{\mathrm{T}}}{\left(\boldsymbol{r}^{(k)}\right)^{\mathrm{T}}\boldsymbol{H}^{(k)}\boldsymbol{r}^{(k)}} \tag{9-58}$$

下面给出 DFP 算法流程：

步 0　选取初始点 $\boldsymbol{m}^{(k)}$ ，允许误差 $\varepsilon>0$ ，令 k=0，设置初始正定矩阵 $\boldsymbol{H}^{(k)}=\boldsymbol{I}$ ；

步 1　计算 $\boldsymbol{g}^{(k)}=\nabla\Phi^{(k)}$，$\left\|\boldsymbol{g}^{(k)}\right\|_2<\varepsilon$ ，则停止计算，输出 $\boldsymbol{m}^{(k)}$作为近似最优解，否则进行下一步；

步 2　构造搜索方向 $\boldsymbol{p}^{(k)}=-\boldsymbol{H}^{(k)}\boldsymbol{g}^{(k)}$ ，求出最优步长 $t^{(k)}$ ；

步 3　更新迭代点 $\boldsymbol{m}^{(k+1)}=\boldsymbol{m}^{(k)}+t^{(k)}\boldsymbol{p}^{(k)}$ ，由式（9-56）确定 $\boldsymbol{H}^{(k+1)}$ ，k=k+1，返回步 1。

例 9-4　用 DFP 算法求解 $\min f(\boldsymbol{x})=x_1^2+4x_2^2$，初始点为 $\boldsymbol{X}_0=\begin{bmatrix}1\\1\end{bmatrix}$。

解　取 $\boldsymbol{H}_0=\boldsymbol{I}$，$\boldsymbol{A}=\begin{bmatrix}2&0\\0&8\end{bmatrix}$，$\nabla f(\boldsymbol{x})=\nabla f(x_1,x_2)=\begin{pmatrix}2x_1\\8x_2\end{pmatrix}$，这里 $\boldsymbol{A}$ 相当于正定二次函数 $f(\boldsymbol{x})=\dfrac{1}{2}\boldsymbol{X}^{\mathrm{T}}\boldsymbol{A}\boldsymbol{X}+\boldsymbol{b}^{\mathrm{T}}\boldsymbol{X}+\boldsymbol{c}$。

由 $\boldsymbol{X}_0=[1,1]^{\mathrm{T}}$，计算出

$$f(\boldsymbol{X}_0)=1^2+4\times1^2=5\,,\quad \boldsymbol{g}_0=\nabla f(\boldsymbol{X}_0)=\begin{bmatrix}2\\8\end{bmatrix},\quad \|\boldsymbol{g}_0\|=\sqrt{2^2+8^2}=8.24621$$

第一步 DFP 算法与例 9.2 所示的梯度法相同。

$$\boldsymbol{A}=\begin{bmatrix}2&0\\0&8\end{bmatrix},\quad \nabla f(\boldsymbol{X})=g(\boldsymbol{X})=\begin{pmatrix}2x_1\\8x_2\end{pmatrix},\quad \boldsymbol{X}_0=\begin{bmatrix}1\\1\end{bmatrix}$$

$$\boldsymbol{g}_0=\begin{pmatrix}2\\8\end{pmatrix},\quad \boldsymbol{X}_1=\begin{bmatrix}0.73846\\-0.04616\end{bmatrix},\quad \boldsymbol{g}_1=\nabla f(\boldsymbol{X}_1)=\begin{bmatrix}2x_1\\8x_2\end{bmatrix}$$

以下用 DFP 算法作第二次迭代

$$\boldsymbol{s}_0=\Delta\boldsymbol{x}_0=\boldsymbol{X}_1-\boldsymbol{X}_0=\begin{pmatrix}-0.26154\\-1.04616\end{pmatrix}$$

$$\boldsymbol{r}_0=\Delta\boldsymbol{g}_0=\nabla f(\boldsymbol{X}_1)-\nabla f(\boldsymbol{X}_2)=\boldsymbol{g}_1-\boldsymbol{g}_2=\begin{pmatrix}-0.52308\\-8.36923\end{pmatrix}$$

按照 DFP 算法的校正公式：

$$\boldsymbol{H}_1=\boldsymbol{H}_0+\frac{\boldsymbol{s}_0\boldsymbol{s}_0^{\mathrm{T}}}{\boldsymbol{s}_0^{\mathrm{T}}\boldsymbol{r}_0}-\frac{\boldsymbol{H}_0\boldsymbol{r}_0\boldsymbol{r}_0^{\mathrm{T}}\boldsymbol{H}_0}{\boldsymbol{r}_0^{\mathrm{T}}\boldsymbol{H}_0\boldsymbol{r}_0}=\begin{pmatrix}1.00380&-0.03149\\-0.03149&0.12697\end{pmatrix}$$

因为

$$\boldsymbol{s}_0^{\mathrm{T}}\boldsymbol{r}_0=(-0.26154,-1.4616)\times\begin{pmatrix}-0.52308\\-8.36923\end{pmatrix}=8.89236$$

$$\boldsymbol{r}_0^{\mathrm{T}}\boldsymbol{H}_0\boldsymbol{r}_0=\boldsymbol{r}_0^{\mathrm{T}}\boldsymbol{r}_0=70.31762$$

$$\boldsymbol{s}_0\boldsymbol{s}_0^{\mathrm{T}}=\begin{bmatrix}0.06840&0.27361\\0.27361&1.09445\end{bmatrix}$$

$$\boldsymbol{H}_0\boldsymbol{r}_0\boldsymbol{r}_0^{\mathrm{T}}\boldsymbol{H}_0=\boldsymbol{r}_0\boldsymbol{r}_0^{\mathrm{T}}=\begin{bmatrix}0.27361 & 4.37778\\4.37778 & 70.04401\end{bmatrix}$$

$$\boldsymbol{H}_1=\boldsymbol{H}_0+\frac{\boldsymbol{s}_0\boldsymbol{s}_0^{\mathrm{T}}}{\boldsymbol{s}_0^{\mathrm{T}}\boldsymbol{r}_0}-\frac{\boldsymbol{H}_0\boldsymbol{r}_0\boldsymbol{r}_0^{\mathrm{T}}\boldsymbol{H}_0}{\boldsymbol{r}_0^{\mathrm{T}}\boldsymbol{H}_0\boldsymbol{r}_0}=\begin{pmatrix}1 & 0\\0 & 1\end{pmatrix}+\begin{bmatrix}0.00769 & 0.03077\\0.03077 & 0.12308\end{bmatrix}$$

$$-\begin{bmatrix}0.00389 & 0.06226\\0.06226 & 0.99611\end{bmatrix}=\begin{pmatrix}1.00380 & -0.03149\\-0.03149 & 0.12697\end{pmatrix}$$

故搜索方向 $\boldsymbol{d}^1=-\boldsymbol{H}_1\nabla f(\boldsymbol{X}_1)=-\boldsymbol{H}_1\boldsymbol{g}_1=\begin{pmatrix}-1.49416\\0.09340\end{pmatrix}$。

从 $\boldsymbol{X}_1$ 出发沿 $\boldsymbol{P}_1$ 进行直线搜索，即

$$\boldsymbol{X}_2=\boldsymbol{X}_1+\lambda_1\boldsymbol{P}_1=\begin{bmatrix}0.73846\\-0.04616\end{bmatrix}+\lambda_1\begin{bmatrix}-1.49416\\0.09340\end{bmatrix}$$

由

$$\frac{\mathrm{d}}{\mathrm{d}t}f\left(\boldsymbol{X}_1+\lambda_1\boldsymbol{P}_1\right)=0$$

将 $\left(\boldsymbol{X}_1+\lambda_1\boldsymbol{P}_1\right)$ 代入并求 $\min(x_1^2+4x_2^2)$，知 $\lambda_1=0.49423$，所以

$$\boldsymbol{X}_2=\begin{bmatrix}0.0000\\0.0000\end{bmatrix}$$

因为 $g\left(\boldsymbol{X}_2\right)=\nabla f\left(\boldsymbol{X}_2\right)=0$， $g\left(\boldsymbol{X}_2\right)=\nabla f\left(\boldsymbol{X}_2\right)=0$，所以 $\boldsymbol{X}_2$ 是极小点。

9.3.4　共轭梯度法

1. 共轭方向与共轭梯度法

前面介绍的最速下降法和牛顿法都具有各自的局限性，最速下降法收敛速度慢，牛顿法具有二阶收敛性，但需要计算黑塞矩阵，且收敛不稳定。Fletcher 和 Reeves（1964）首先提出了解非线性最优化问题的共轭梯度法。由于共轭梯度法不需要矩阵存储，且有较快的收敛速度和二次终止性等优点，现在共轭梯度法已经广泛地应用于实际问题，已经成为求解大型稀疏线性方程组最受欢迎的一类方法（邓乃扬，1982）。

定义 9-1　设 n 阶矩阵 $\boldsymbol{G}$ 对称正定，若两个非零向量 $\boldsymbol{x},\boldsymbol{y}$ 满足

$$\boldsymbol{x}^{\mathrm{T}}\boldsymbol{G}\boldsymbol{y}=0 \tag{9-59}$$

则称向量 $\boldsymbol{x},\boldsymbol{y}$ 对 $\boldsymbol{G}$ 共轭。

例如，$\boldsymbol{G}=\begin{bmatrix}2 & 1\\1 & 1\end{bmatrix}$，$\boldsymbol{x}=[1,1]^{\mathrm{T}}$，$\boldsymbol{y}=\left[-\frac{2}{3},1\right]^{\mathrm{T}}$，有 $\boldsymbol{x}^{\mathrm{T}}\boldsymbol{G}\boldsymbol{y}=[1,1]\begin{bmatrix}2 & 1\\1 & 1\end{bmatrix}\begin{bmatrix}-\frac{2}{3}\\1\end{bmatrix}=0$，所以 $\boldsymbol{x},\boldsymbol{y}$ 对 $\boldsymbol{G}$ 共轭。

当 $\boldsymbol{G}=\boldsymbol{I}_n$ 时，$\boldsymbol{x}^{\mathrm{T}}\boldsymbol{y}=\boldsymbol{0}$，因此共轭是正交的推广。

定义 9-2　若向量组 $[\boldsymbol{y}_1,\boldsymbol{y}_2,\cdots,\boldsymbol{y}_m]$ 中任意两个向量对 $\boldsymbol{G}$ 共轭，即

$$\boldsymbol{y}_i^{\mathrm{T}}\boldsymbol{G}\boldsymbol{y}_i=0,\ \ 1\leqslant i,\ j\leqslant m,\ i\neq j$$

成立，则称该向量组为 $\boldsymbol{G}$ 的共轭向量组。

定义 9-3　假设 $f(\boldsymbol{x})$ 为连续可微的严格凸函数，且存在极小点，$\boldsymbol{d}^1,\boldsymbol{d}^2,\cdots,\boldsymbol{d}^k$ 为一组线性无关的向量，则

$$\boldsymbol{x}^{(k+1)}=\boldsymbol{x}^{(1)}+\sum_{j=1}^{k}a_j\boldsymbol{d}^j \tag{9-60}$$

是 $f(\boldsymbol{x})$ 在通过点 $\boldsymbol{x}^{(1)}$ 由向量 $\boldsymbol{d}^1,\boldsymbol{d}^2,\cdots,\boldsymbol{d}^k$ 生成的 k 维超平面 Π_k 上的唯一极小点的充要条件是

$$\nabla f(\boldsymbol{x}^{(k+1)})^{\mathrm{T}}\boldsymbol{d}^j=0,\quad j=1,2,\cdots,k \tag{9-61}$$

定义 9-4　设 $f(\boldsymbol{x})=\frac{1}{2}\boldsymbol{x}^{\mathrm{T}}\boldsymbol{G}\boldsymbol{x}+\boldsymbol{b}^{\mathrm{T}}+c$，$\boldsymbol{G}$ 正定，$\boldsymbol{d}^1,\boldsymbol{d}^2,\cdots,\boldsymbol{d}^k$ 是关于 $\boldsymbol{G}$ 的共轭方向组。若以 $\boldsymbol{x}^{(1)}$ 为初始点顺次沿方向 $\boldsymbol{d}^1,\boldsymbol{d}^2,\cdots,\boldsymbol{d}^k$ 采用精确搜索进行迭代，则 $\boldsymbol{x}^{(k+1)}$ 是 $f(\boldsymbol{x})$ 在 Π_k 上的最小点。当 $k=n$ 时，$\boldsymbol{x}^{(n+1)}$ 就是 $f(\boldsymbol{x})$ 在 R^n 上的最小点。

证明　由矩阵 $\boldsymbol{G}$ 正定知，$f(\boldsymbol{x})$ 是严格二次凸函数。它的最小点 $\boldsymbol{x}^*$ 就是满足条件

$$\nabla f\left(\boldsymbol{x}^*\right)=0$$

的稳定点，即

$$\nabla f\left(\boldsymbol{x}^*\right)=\boldsymbol{G}\boldsymbol{x}^*+\boldsymbol{b}=0$$

由于共轭组是线性无关组，由定理 3-2，只需证明

$$\nabla f(\boldsymbol{x}^{(k+1)})^{\mathrm{T}}\boldsymbol{d}^j=0,\quad j=1,2,\cdots,k \tag{9-62}$$

由于

$$\boldsymbol{x}^{(i)}=\boldsymbol{x}^{(i-1)}+\alpha_{i-1}\boldsymbol{d}^{i-1},\quad \nabla f(\boldsymbol{x}^{(i)})=\boldsymbol{G}\boldsymbol{x}^{(i)}+\boldsymbol{b} \tag{9-63}$$

其中，α_{i-1} 是 $f(\boldsymbol{x})$ 从 $\boldsymbol{x}^{(i-1)}$ 出发沿方向 $\boldsymbol{d}^{i-1}$ 作线性搜索的步长。

利用关系式（9-63），可得递推关系式

$$\begin{aligned}\nabla f(\boldsymbol{x}^{(k+1)}) &= \boldsymbol{G}\boldsymbol{x}^{(k+1)} + \boldsymbol{b} = \boldsymbol{G}(\boldsymbol{x}^{(k)} + \alpha_k \boldsymbol{d}^k) + \boldsymbol{b} = (\boldsymbol{G}\boldsymbol{x}^{(k)} + \boldsymbol{b}) + \alpha_k \boldsymbol{G}\boldsymbol{d}^k \\ &= \nabla f(\boldsymbol{x}^{(k)}) + \alpha_k \boldsymbol{G}\boldsymbol{d}^k = \nabla f(\boldsymbol{x}^{(k-1)}) + \alpha_{k-1}\boldsymbol{G}\boldsymbol{d}^{k-1} + \alpha_k \boldsymbol{G}\boldsymbol{d}^k \\ &= \cdots = \nabla f(\boldsymbol{x}^{(j+1)}) + \sum_{i=j+1}^{k} \alpha_i \boldsymbol{G}\boldsymbol{d}^i\end{aligned} \tag{9-64}$$

在式（9-64）两边与 $\boldsymbol{d}^j$ 作内积，得

$$\nabla f(\boldsymbol{x}^{(k+1)})^{\mathrm{T}} \boldsymbol{d}^j = \nabla f(\boldsymbol{x}^{(j+1)})^{\mathrm{T}} \boldsymbol{d}^j + \sum_{i=j+1}^{k} \alpha_i (\boldsymbol{d}^j)^{\mathrm{T}} \boldsymbol{G}\boldsymbol{d}^j \tag{9-65}$$

上式第一项由于 α_j 是线性最优步长，因而为零。第二项由于 $\boldsymbol{d}^i$ 和 $\boldsymbol{d}^j(i>j)$关于 $\boldsymbol{G}$ 共轭，也为零。因而式（9-61）成立，$\boldsymbol{x}^{(k+1)}$即为 $f(\boldsymbol{x})$在 Π_k 上的最小点。当 $k=m$ 时，最后一点 $\boldsymbol{x}^*$就是 $f(\boldsymbol{x})$在 R^m 上的最小点。上述定理说明，若能得到 $\boldsymbol{G}$ 的 n 个共轭方向 $\boldsymbol{d}^i$, $i=1, 2, \cdots, n$，则从任一初始点出发，顺次沿方向 $\boldsymbol{d}^1, \boldsymbol{d}^2, \cdots, \boldsymbol{d}^n$ 采用精确搜索进行迭代，则 k 步迭代后得到的点 $\boldsymbol{x}^{(k+1)}$是 Π_k 上的最小点。n 步迭代后，其最后一点 $\boldsymbol{x}^{(n+1)}$即为 $f(\boldsymbol{x})$在 Π_k 上的最小点。这一定理成为扩张子空间定理。因此，对于二次凸函数 $f(\boldsymbol{x})$，共轭方向法可在有限步内求得最小点，这种性质称为算法具有二次有限终止性。由于二次凸函数是最简单的非线性函数，因此任何一个算法可先用二次凸函数来衡量是否具有二次有限终止性，以判断算法的好坏，然后再研究算法产生的点列$\{\boldsymbol{x}^k\}$的收敛性质。

例 9-5　$f(\boldsymbol{x}) = \dfrac{1}{2}x_1^2 + \dfrac{1}{4}x_2^2$，$\boldsymbol{d}^1 = \begin{pmatrix} 1 \\ -\dfrac{1}{2} \end{pmatrix}$，$\boldsymbol{d}^2 = \begin{pmatrix} -\dfrac{1}{4} \\ -1 \end{pmatrix}$为 $\boldsymbol{G} = \begin{pmatrix} 1 & 0 \\ 0 & \dfrac{1}{2} \end{pmatrix}$的共轭方向，取初始点 $\boldsymbol{x}^{(0)} = \begin{pmatrix} -1 \\ 1 \end{pmatrix}$，采用精确搜索，顺次 $\boldsymbol{d}^1, \boldsymbol{d}^2$ 迭代求 f 的极小值。

解　令

$$\boldsymbol{x} = \boldsymbol{x}^{(0)} + \alpha \boldsymbol{d}^1 = \begin{pmatrix} -1+\alpha \\ 1-\dfrac{1}{2}\alpha \end{pmatrix}$$

则

$$\nabla f(\boldsymbol{x}) = \begin{pmatrix} x_1 \\ \dfrac{1}{2}x_2 \end{pmatrix}$$

由精确线搜索求 α_1 及 $\nabla f(\boldsymbol{x})^{\mathrm{T}} \boldsymbol{d}^1 = 0$，得

$$(-1+\alpha) - \frac{1}{2}\left(\frac{1}{2} - \frac{1}{4}\alpha\right) = 0$$

解得 $\alpha_1 = \dfrac{10}{9}$，所以 $\boldsymbol{x}^{(1)} = \boldsymbol{x}^{(0)} + \dfrac{10}{9}\boldsymbol{d}^1 = \left(\dfrac{1}{9}, \dfrac{4}{9}\right)^{\mathrm{T}}$。

再令 $\boldsymbol{x}=\boldsymbol{x}^{(1)}+\alpha\boldsymbol{d}^2=\left(\frac{1}{9}-\frac{1}{4}\alpha,\frac{4}{9}-\alpha\right)^{\mathrm{T}}$ 及 $\nabla f(\boldsymbol{x})^{\mathrm{T}}\boldsymbol{d}^2=0$，求 α_2，得

$$\left(\frac{1}{9}-\frac{1}{4}\alpha\right)\times\left(-\frac{1}{4}\right)+\left(\frac{2}{9}-\frac{1}{2}\alpha\right)\times(-1)=0$$

由此解得 $\alpha_2=\frac{4}{9}$，因而

$$\boldsymbol{x}^{(2)}=\boldsymbol{x}^{(1)}+\alpha\boldsymbol{d}^2=\begin{pmatrix}0\\0\end{pmatrix},\qquad \nabla f(\boldsymbol{x}^{(2)})=\begin{pmatrix}0\\0\end{pmatrix}$$

即 $\boldsymbol{x}^{(2)}=\begin{pmatrix}0\\0\end{pmatrix}$ 为 $f(\boldsymbol{x})$ 的最小解。

2. 共轭梯度法

共轭梯度法是在每一迭代步利用当前点处的最速下降方向来生成关于二次凸函数 f 的黑塞矩阵 $\boldsymbol{G}$ 的共轭方向，并建立求 f 在 R^n 上的极小点的方法。这一方法早年称为共轭斜量法，于 1952 年由 Hesteness 和 Stiefel 为求解线性方程组而提出来的（马昌凤，2010）。后经 Fletcher 等研究并应用于优化问题，取得了丰富成果，共轭梯度法也成为当前最优化方法的重要算法类。

设

$$f(\boldsymbol{x})=\frac{1}{2}\boldsymbol{x}^{\mathrm{T}}\boldsymbol{G}\boldsymbol{x}+\boldsymbol{b}^{\mathrm{T}}\boldsymbol{x}+\boldsymbol{c}$$

其中，$\boldsymbol{G}$ 为 n 阶对称正定矩阵，$\boldsymbol{b}$ 为 n 维常向量，$\boldsymbol{c}$ 为实数，$f(\boldsymbol{x})$ 的梯度向量为

$$\nabla f(\boldsymbol{x})=g(\boldsymbol{x})=\boldsymbol{G}\boldsymbol{x}+\boldsymbol{b} \tag{9-66}$$

现在，取第一个方向 $\boldsymbol{d}^1$ 为初始点 $\boldsymbol{x}^{(1)}$ 处的负梯度方向，即

$$\boldsymbol{d}^1=-\nabla f(\boldsymbol{x}^{(1)})=-g(\boldsymbol{x}^{(1)})=-\boldsymbol{g}^{(1)}$$

从 $\boldsymbol{x}^{(1)}$ 出发沿 $\boldsymbol{d}^1$ 作精确一维搜索，求得步长 α_1，得点

$$\boldsymbol{x}^{(2)}=\boldsymbol{x}^{(1)}+\alpha_1\boldsymbol{d}^1$$

α_1 满足条件

$$\nabla f(\boldsymbol{x}^{(2)})^{\mathrm{T}}\boldsymbol{d}^1=(\boldsymbol{g}^{(2)})^{\mathrm{T}}\boldsymbol{d}^1=0 \tag{9-67}$$

在 $\boldsymbol{x}^{(2)}$ 处，用 $\boldsymbol{x}^{(2)}$ 的负梯度方向 $-\boldsymbol{g}^{(2)}$ 与 $\boldsymbol{d}^1$ 的组合来生成 $\boldsymbol{d}^2$，即令

$$\boldsymbol{d}^2=-\boldsymbol{g}^{(2)}+\beta_1^{(2)}\boldsymbol{d}^1 \tag{9-68}$$

选取系数 $\beta_1^{(2)}$ 使 $\boldsymbol{d}^2$ 与 $\boldsymbol{d}^1$ 关于 $\boldsymbol{G}$ 共轭，即令

$$(\boldsymbol{d}^2)^{\mathrm{T}}\boldsymbol{G}\boldsymbol{d}^1=0 \tag{9-69}$$

来确定 $\beta_1^{(2)}$。

将公式（9-68）代入式（9-69），得

$$\beta_1^{(2)}=\frac{(\boldsymbol{g}^{(2)})^{\mathrm{T}}\boldsymbol{G}\boldsymbol{d}^1}{(\boldsymbol{d}^1)^{\mathrm{T}}\boldsymbol{G}\boldsymbol{d}^1} \tag{9-70}$$

由式（9-66）得

$$\boldsymbol{g}^{(1)}-\boldsymbol{g}^{(2)}=\boldsymbol{G}(\boldsymbol{x}^{(2)}-\boldsymbol{x}^{(1)})=\alpha_1\boldsymbol{G}\boldsymbol{d}^1 \tag{9-71}$$

因而

$$\beta_1^{(2)}=\frac{(\boldsymbol{g}^{(2)})^{\mathrm{T}}(\boldsymbol{g}^{(2)}-\boldsymbol{g}^{(1)})}{(\boldsymbol{d}^1)^{\mathrm{T}}(\boldsymbol{g}^{(2)}-\boldsymbol{g}^{(1)})}$$

由式（9-66）知上式可简化为

$$\beta_1^{(2)}=\frac{(\boldsymbol{g}^{(2)})^{\mathrm{T}}\boldsymbol{g}^{(2)}}{-(\boldsymbol{d}^1)^{\mathrm{T}}\boldsymbol{g}^{(1)}}=\|\boldsymbol{g}^{(2)}\|^2/\|\boldsymbol{g}^{(1)}\|^2 \tag{9-72}$$

从而 $\boldsymbol{d}^2$ 已经求出，若从 $\boldsymbol{x}^{(2)}$ 出发沿 $\boldsymbol{d}^2$ 得步长为 α_2，且

$$\boldsymbol{x}^{(3)}=\boldsymbol{x}^{(2)}+\alpha_2\boldsymbol{d}^2$$

则令方向

$$\boldsymbol{d}^3=-\boldsymbol{g}^{(3)}+\beta_1^{(3)}\boldsymbol{d}^1+\beta_2^{(3)}\boldsymbol{d}^2 \tag{9-73}$$

选定待定系数 β_1 与 β_2，使共轭条件

$$(\boldsymbol{d}^3)^{\mathrm{T}}\boldsymbol{G}\boldsymbol{d}^i=0,\quad i=1,2 \tag{9-74}$$

成立，即要求方向 $\boldsymbol{d}^3$ 与 $\boldsymbol{d}^1$、$\boldsymbol{d}^2$ 共轭。

将式（9-73）代入式（9-74）并解出

$$\beta_1^{(3)}=\frac{(\boldsymbol{g}^{(3)})^{\mathrm{T}}\boldsymbol{G}\boldsymbol{d}^1}{(\boldsymbol{d}^1)^{\mathrm{T}}\boldsymbol{G}\boldsymbol{d}^1},\quad \beta_2^{(3)}=\frac{(\boldsymbol{g}^{(3)})^{\mathrm{T}}\boldsymbol{G}\boldsymbol{d}^2}{(\boldsymbol{d}^2)^{\mathrm{T}}\boldsymbol{G}\boldsymbol{d}^2} \tag{9-75}$$

代回式（9-73）得到 $\boldsymbol{d}^3$。由式（9-71）和式（9-68）知，$\boldsymbol{G}\boldsymbol{d}^1$ 是 $\boldsymbol{g}^{(2)}$ 与 $\boldsymbol{g}^{(1)}$，即 $\boldsymbol{g}^{(2)}$ 与 $\boldsymbol{d}^1$ 的线性组合，而 $\boldsymbol{g}^{(2)}$ 是 $\boldsymbol{d}^1$ 与 $\boldsymbol{d}^1$ 的线性组合，由扩展子空间定理可知，$\boldsymbol{g}^{(3)}$ 与 $\boldsymbol{d}^1$、$\boldsymbol{d}^2$ 正交。因而 $(\boldsymbol{g}^{(3)})^{\mathrm{T}}\boldsymbol{G}\boldsymbol{d}^1=0$，从而

$$\beta_1^{(3)}=0 \tag{9-76}$$

类似地，可得

$$\beta_2^{(3)}=\frac{(\boldsymbol{g}^{(3)})^{\mathrm{T}}\boldsymbol{G}\boldsymbol{d}^2}{(\boldsymbol{d}^2)^{\mathrm{T}}\boldsymbol{G}\boldsymbol{d}^2}=\frac{(\boldsymbol{g}^{(3)})^{\mathrm{T}}(\boldsymbol{g}^{(3)}-\boldsymbol{g}^{(2)})}{(\boldsymbol{d}^2)^{\mathrm{T}}(\boldsymbol{g}^{(3)}-\boldsymbol{g}^{(2)})} \tag{9-77}$$

从而在式（9-73）中的方向 $\boldsymbol{d}^3$ 只由两项组合而成。

此外，对于一般的非线性函数 $f(\boldsymbol{x})$组合系数的计算公式还有多种形式，下面将几个著名公式列出：

$$\beta_k^{\mathrm{D}}=\frac{(\boldsymbol{d}^k)^{\mathrm{T}}\nabla^2 f(\boldsymbol{x}^{(k+1)})\boldsymbol{g}^{(k+1)}}{(\boldsymbol{d}^k)^{\mathrm{T}}\nabla^2 f(\boldsymbol{x}^{(k+1)})\boldsymbol{d}^k}\quad \text{(Daiel, D)} \tag{9-78}$$

$$\beta_k^{\mathrm{HS}}=\frac{(\boldsymbol{g}^{(k+1)})^{\mathrm{T}}(\boldsymbol{g}^{(k+1)}-\boldsymbol{g}^{(k)})}{(\boldsymbol{d}^k)^{\mathrm{T}}(\boldsymbol{g}^{(k+1)}-\boldsymbol{g}^{(k)})}\quad \text{(Hesteness-Stiefel, HS)} \tag{9-79}$$

$$\beta_k^{\mathrm{FR}}=\frac{\|\boldsymbol{g}^{(k+1)}\|^2}{\|\boldsymbol{g}^{(k)}\|^2}\quad \text{(Fletcher-Reeves, FR)} \tag{9-80}$$

$$\beta_k^{\mathrm{PRP}}=\frac{(\boldsymbol{g}^{(k+1)})^{\mathrm{T}}(\boldsymbol{g}^{(k+1)}-\boldsymbol{g}^{(k)})}{\|\boldsymbol{g}^{(k)}\|^2}\quad \text{(Polak-Ribiere-Polyak, PRP)} \tag{9-81}$$

表达式（9-80）就是 FR 公式。β^k 采用 FR 公式的共轭梯度法，称为 Fletcher-Reeves 共轭梯度法。

例 9-6　用共轭梯度法求 $f(\boldsymbol{x})=2x_1^2+x_2^2-2x_1x_2-2x_2$ 的最小解。

解　取初始点 $\boldsymbol{x}^{(1)}=(1,1)^{\mathrm{T}}$，由 $\nabla f(\boldsymbol{x})=(4x_1-2x_2,2x_2-2x_1-2)^{\mathrm{T}}$，得

$$\nabla f(\boldsymbol{x}^{(1)})=(-2,2)^{\mathrm{T}}=\boldsymbol{g}^{(1)},\ \boldsymbol{d}^1=-\boldsymbol{g}^{(1)}=(-2,2)^{\mathrm{T}}$$

求从 $\boldsymbol{x}^{(1)}$出发沿方向 $\boldsymbol{d}^1$ 的线性最优步长 α_1：

$$f(\boldsymbol{x}^{(1)}+\alpha_1\boldsymbol{d}^1)=\min_{\alpha>0} f(\boldsymbol{x}^{(1)}+\alpha\boldsymbol{d}^1)$$

令 $\boldsymbol{x}=\boldsymbol{x}^{(1)}+\alpha\boldsymbol{d}^1=(1,1)^{\mathrm{T}}+\alpha(-2,2)^{\mathrm{T}}=(1-2\alpha,1+2\alpha)^{\mathrm{T}}$，因此

$$\nabla f(\boldsymbol{x})=(4(1-2\alpha)-2(1+2\alpha),2(1+2\alpha)-2(1-2\alpha)-2)^{\mathrm{T}}=(-12\alpha+2,8\alpha-2)^{\mathrm{T}}$$

解方程 $\nabla f(\boldsymbol{x})^{\mathrm{T}}\boldsymbol{d}^1=20\alpha-4=0$，求得 $\alpha_1=\dfrac{1}{5}$。因而

$$\boldsymbol{x}^{(2)}=\boldsymbol{x}^{(1)}+\alpha\boldsymbol{d}^1=(1,1)^{\mathrm{T}}+\frac{1}{5}(-2,2)^{\mathrm{T}}=\left(\frac{3}{5},\frac{7}{5}\right)^{\mathrm{T}}$$

计算 $\boldsymbol{x}^{(2)}$处的 $\nabla f(\boldsymbol{x}^{(2)})$ 与 $\beta_1^{(2)}$，得

$$\nabla f(\boldsymbol{x}^{(2)})=\left(-\frac{2}{5},\frac{2}{5}\right)^{\mathrm{T}}=\boldsymbol{g}^{(2)}，\ \beta_1^{(2)}=\frac{\|\boldsymbol{g}^{(2)}\|^2}{\|\boldsymbol{g}^{(1)}\|^2}=\left(\frac{4}{25}+\frac{4}{25}\right)\Big/(4+4)=\frac{1}{25}$$

因而 $\boldsymbol{d}^2=-\boldsymbol{g}^{(2)}+\beta_1^{(2)}\boldsymbol{d}^1=\left(\frac{2}{5},\frac{2}{5}\right)^{\mathrm{T}}+\frac{1}{25}(-2,2)^{\mathrm{T}}=\left(\frac{8}{25},\frac{12}{25}\right)^{\mathrm{T}}$。

求从 $\boldsymbol{x}^{(2)}$出发沿 $\boldsymbol{d}^2$ 的线性最优步长 α_2。令

$$\boldsymbol{x}=\boldsymbol{x}^{(2)}+\alpha\boldsymbol{d}^2=\left(\frac{3}{5},\frac{7}{5}\right)^{\mathrm{T}}+\alpha\left(\frac{8}{25},\frac{12}{25}\right)^{\mathrm{T}}=\left(\frac{8}{25}\alpha+\frac{3}{5},\frac{12}{25}\alpha+\frac{7}{5}\right)^{\mathrm{T}}$$

将 $\boldsymbol{x}$ 的表示式代入 ∇f 中，得

$$\begin{aligned}\nabla f(\boldsymbol{x})&=\left(4\left(\frac{8}{25}\alpha+\frac{3}{25}\right)-2\left(\frac{12}{25}\alpha+\frac{7}{5}\right),2\left(\frac{12}{25}\alpha+\frac{7}{5}\right)-2\left(\frac{8}{25}\alpha+\frac{3}{5}\right)-2\right)^{\mathrm{T}}\\&=\left(\frac{8}{25}\alpha-\frac{2}{5},\frac{8}{25}\alpha-\frac{2}{5}\right)^{\mathrm{T}}\end{aligned}$$

解方程

$$\nabla f(\boldsymbol{x})^{\mathrm{T}}\boldsymbol{d}^2=\frac{8}{25}\left(\frac{8}{25}\alpha-\frac{2}{5}\right)+\frac{12}{25}\left(\frac{8}{25}\alpha-\frac{2}{5}\right)=\frac{40}{25}\alpha-2=0$$

求得 $\alpha_2=\frac{2\times 25}{40}=\frac{5}{4}$。

以 α_2 的值代入得

$$\boldsymbol{x}=\left(\frac{8}{25}\times\frac{5}{4}+\frac{3}{5},\frac{12}{25}\times\frac{5}{4}+\frac{7}{5}\right)^{\mathrm{T}}=(1,2)^{\mathrm{T}}$$

以 $\boldsymbol{x}=(1,2)^{\mathrm{T}}$ 代入 $\nabla f(\boldsymbol{x})$ 中，得 $\nabla f(\boldsymbol{x})=0$。因此 $\boldsymbol{x}^*=(1,2)^{\mathrm{T}}$，$f^*=-2$。

9.4　全波形反演

全波形反演（FWI）是一种反问题成像方法，可以定量地获得地下介质的物性信息，但 GPR 的 FWI 问题本身具有强烈的非线性，是不适定的，其不适定性主要体现在以下方面：①物理理论经常提供对自然现象的有限描述，即在正演建模过程中对 2D 几何的限制，电磁特性的参数化，GPR 天线的偶极子近似，导致无法通过模拟精确再现观测数据；②数据通常含有噪声，理论上无法对噪声完全解释；③不同观测方式的数据对模型参数的敏感性不同，地面 GPR 接收到地下回波，仅利用到参数的反射信息，增加了解的非唯一性，特别是在大深度区域，预期数据对所研究模型的介电常数和电

导率变化不敏感；④由于参数之间的耦合，数据中的变化有时可以通过一个参数或多个参数的变化等效地解释。反演方面需要对激励源子波、多参数反演及含先验信息的正则化方法展开研究。由此本节对基于 TV 正则化的多尺度双参数全波形反演展开介绍（冯德山等，2021）。

9.4.1 数据目标函数与梯度计算

二维 GPR 波满足的 Maxwell 方程可表示为

$$\boldsymbol{Lu} = \boldsymbol{j} \tag{9-82}$$

式中，$\boldsymbol{L}$ 为正演算子，$\boldsymbol{u}$ 为波场向量，$\boldsymbol{j}$ 为场源。

$$\boldsymbol{L} \equiv \boldsymbol{A}\partial_x + \boldsymbol{B}\partial_z - \boldsymbol{C}\partial_t - \boldsymbol{D}\text{，}\ \boldsymbol{u} = \left(H_x\ H_z\ E_y\right)^{\mathrm{T}}\text{，}\ \boldsymbol{j} = \left(0\quad 0\quad J_y\right)^{\mathrm{T}} \tag{9-83}$$

上角标“T”表示转置，H_x，H_z 为磁场强度分量（A/m），E_y 为电场强度分量（V/m），J_y 为电流密度分量（$\mathrm{A/m^2}$）。系数矩阵 $\boldsymbol{A}, \boldsymbol{B}, \boldsymbol{C}, \boldsymbol{D}$ 分别为

$$\boldsymbol{A} = \begin{bmatrix} 0 & 0 & 0 \\ 0 & 0 & 1 \\ 0 & 1 & 0 \end{bmatrix}\text{，}\ \boldsymbol{B} = \begin{bmatrix} 0 & 0 & -1 \\ 0 & 0 & 0 \\ -1 & 0 & 0 \end{bmatrix}\text{，}\ \boldsymbol{C} = \begin{bmatrix} \mu & 0 & 0 \\ 0 & \mu & 0 \\ 0 & 0 & \varepsilon \end{bmatrix}\text{，}\ \boldsymbol{D} = \begin{bmatrix} 0 & 0 & 0 \\ 0 & 0 & 0 \\ 0 & 0 & \sigma \end{bmatrix} \tag{9-84}$$

其中，ε 为介电常数（F/m），μ 为磁导率（H/m），σ 为电导率（S/m）。由于 GPR 反演中需要多次调用 GPR 正演，因此正演的效率及精度至关重要，本节选用基于单轴完美匹配层（uniaxial perfectly matched layer，UPML）吸收边界条件的间断 Galerkin 算法进行 GPR 正演，它在多尺度反演中具有天然的优势。

探地雷达全波形反演实质是利用已知的实测数据来重构地下介质中的模型参数：介电常数 ε 与电导率 σ 的空间分布。根据正演模拟数据与实测数据之间的拟合最优，定义数据目标函数为

$$S(\boldsymbol{m}) = \frac{1}{2}\sum_{i=1}^{M}\sum_{j=1}^{N}\int_0^T \left[E_i\left(\boldsymbol{m}, \boldsymbol{r}_j, t\right) - E_i^{\mathrm{obs}}\left(\boldsymbol{r}_j, t\right)\right]^2 \mathrm{d}t \tag{9-85}$$

式中，M 为源的个数，N 为每个源的接收器个数，$\boldsymbol{r}_j$ 是第 j 个接收器空间坐标向量，$E_i^{\mathrm{obs}}\left(\boldsymbol{r}_j, t\right)$ 是第 i 个源激发在 $\boldsymbol{r}_j$ 处接收到的观测数据，$E_i\left(\boldsymbol{m}, \boldsymbol{r}_j, t\right)$ 是第 i 个源对猜测模型正演计算的模拟数据，模型介质参数向量 $\boldsymbol{m}$：

$$\boldsymbol{m} = \left(\varepsilon(\boldsymbol{r}), \sigma(\boldsymbol{r})\right)^{\mathrm{T}} \tag{9-86}$$

下面推导梯度计算过程。全波形反演就是寻求目标函数 $S(\boldsymbol{m})$ 极小值的模型介质参数向量 $\boldsymbol{m}$。由于全波形反演计算量太大，为了减少计算量，本节采用局部优化算法对式（9-85）进行求解，反演迭代过程中需要多次求解目标函数的导数。目标函数的

Fréchet（弗雷歇）导数为

$$S_m{}'\delta\boldsymbol{m}=\sum_{i=1}^{M}\sum_{j=1}^{N}\int_0^T v_i^{\mathrm{T}}\left(\boldsymbol{m},\boldsymbol{r}_j,t\right)\delta E_i\left(\boldsymbol{m},\boldsymbol{r}_j,t\right)\mathrm{d}t \tag{9-87}$$

其中，$\boldsymbol{m}$ 的变分 $\delta\boldsymbol{m}$ 与残差 $v_i\left(\boldsymbol{m},\boldsymbol{r}_j,t\right)$ 分别为

$$\delta\boldsymbol{m}=\left(\delta\varepsilon(\boldsymbol{r}),\delta\sigma(\boldsymbol{r})\right)^{\mathrm{T}},\quad v_i\left(\boldsymbol{m},\boldsymbol{r}_j,t\right)=E_i\left(\boldsymbol{m},\boldsymbol{r}_j,t\right)-E_i^{\mathrm{obs}}\left(\boldsymbol{r}_j,t\right) \tag{9-88}$$

$\delta E_i\left(\boldsymbol{m},\boldsymbol{r}_j,t\right)$ 是式（9-83）中 $\delta\boldsymbol{u}_i$ 位于 $\boldsymbol{r}=\boldsymbol{r}_j$ 的第三项，$\delta\boldsymbol{u}_i$ 是第 i 个源的场向量 $\boldsymbol{u}_i$ 的变分：

$$\delta\boldsymbol{u}_i\left(\boldsymbol{m},\boldsymbol{r},t\right)=\boldsymbol{u}'_{mi}\delta\boldsymbol{m} \tag{9-89}$$

因为在 t=0 时刻电磁波尚未传播，初始条件 $\delta\boldsymbol{u}_i\left(\boldsymbol{m},\boldsymbol{r},0\right)=0$。

下面推导 $\delta\boldsymbol{u}(\boldsymbol{m},\boldsymbol{r},t)$ 与 $\boldsymbol{u}(\boldsymbol{m},\boldsymbol{r},t)$ 的关系，$\delta\boldsymbol{u}$ 是 $\delta\boldsymbol{m}$ 引起 $\boldsymbol{u}$ 的变化量，根据式（9-83）有

$$\boldsymbol{A}\partial_x\boldsymbol{u}+\boldsymbol{B}\partial_z\boldsymbol{u}-\boldsymbol{C}\partial_t\boldsymbol{u}-\boldsymbol{D}\boldsymbol{u}=\boldsymbol{j} \tag{9-90}$$

$$\boldsymbol{A}\partial_x\left(\boldsymbol{u}+\delta\boldsymbol{u}\right)+\boldsymbol{B}\partial_z\left(\boldsymbol{u}+\delta\boldsymbol{u}\right)-\left(\boldsymbol{C}+\delta\boldsymbol{C}\right)\partial_t\left(\boldsymbol{u}+\delta\boldsymbol{u}\right)-\left(\boldsymbol{D}+\delta\boldsymbol{D}\right)\left(\boldsymbol{u}+\delta\boldsymbol{u}\right)=\boldsymbol{j} \tag{9-91}$$

联立式（9-90）与式（9-91）整理可得

$$\boldsymbol{A}\partial_x\delta\boldsymbol{u}+\boldsymbol{B}\partial_z\delta\boldsymbol{u}-\boldsymbol{C}\partial_t\delta\boldsymbol{u}-\boldsymbol{D}\delta\boldsymbol{u}=\delta\boldsymbol{C}\partial_t\boldsymbol{u}+\delta\boldsymbol{D}\boldsymbol{u}+\delta\boldsymbol{C}\partial_t\delta\boldsymbol{u}+\delta\boldsymbol{D}\delta\boldsymbol{u} \tag{9-92}$$

其中，$\delta\boldsymbol{C}$ 和 $\delta\boldsymbol{D}$ 分别为 $\boldsymbol{C}$ 和 $\boldsymbol{D}$ 的变分

$$\delta\boldsymbol{C}=\begin{bmatrix}\mu & 0 & 0\\ 0 & \mu & 0\\ 0 & 0 & \delta\varepsilon\end{bmatrix},\quad \delta\boldsymbol{D}=\begin{bmatrix}0 & 0 & 0\\ 0 & 0 & 0\\ 0 & 0 & \delta\sigma\end{bmatrix} \tag{9-93}$$

忽略高阶项 $\delta\boldsymbol{C}\partial_t\delta\boldsymbol{u}$ 和 $\delta\boldsymbol{D}\delta\boldsymbol{u}$，上式可化为

$$\boldsymbol{L}\delta\boldsymbol{u}=\delta\boldsymbol{C}\partial_t\boldsymbol{u}+\delta\boldsymbol{D}\boldsymbol{u} \tag{9-94}$$

相应地，$\delta\boldsymbol{u}_i$ 与 $\boldsymbol{u}_i$ 满足如下关系

$$\boldsymbol{L}\delta\boldsymbol{u}_i=\delta\boldsymbol{C}\partial_t\boldsymbol{u}_i+\delta\boldsymbol{D}\boldsymbol{u}_i \tag{9-95}$$

为了使目标函数的梯度可以显示表达，引入伴随场 $\boldsymbol{w}=\left(H_x^*\ H_z^*\ E_y^*\right)^{\mathrm{T}}$，定义算子 $\boldsymbol{L}^*$ 为算子 $\boldsymbol{L}$ 的伴随算子，根据伴随作用

$$\left\langle\boldsymbol{L}^*\boldsymbol{w},\delta\boldsymbol{u}\right\rangle=\left\langle\boldsymbol{w},\boldsymbol{L}\delta\boldsymbol{u}\right\rangle \tag{9-96}$$

其中，$\langle,\rangle$ 表示时间和空间内积，根据定义上式可以化为

$$\int_0^T \int_V \left(\boldsymbol{L}^* \boldsymbol{w}\right)^{\mathrm{T}} \delta \boldsymbol{u} \mathrm{d}t \mathrm{d}V = \int_0^T \int_V \boldsymbol{w}^{\mathrm{T}} \boldsymbol{L} \delta \boldsymbol{u} \mathrm{d}t \mathrm{d}V \tag{9-97}$$

定义伴随场 $\boldsymbol{w}_i\left(\boldsymbol{m},\boldsymbol{r},t\right)$ 方程满足如下微分方程和终止条件

$$\boldsymbol{L}^* \boldsymbol{w}_i = \boldsymbol{i}_y \sum_{j=1}^{N} v_i\left(\boldsymbol{m},\boldsymbol{r}_j,t\right) \delta\left(\boldsymbol{r}-\boldsymbol{r}_j\right) \tag{9-98}$$

$$\boldsymbol{w}_i\left(\boldsymbol{m},\boldsymbol{r},T\right) = 0 \tag{9-99}$$

其中，$\boldsymbol{i}_y$ 是一个 y 方向的单位向量，$\delta\left(\boldsymbol{r}-\boldsymbol{r}_j\right)$ 为 Dirac（狄拉克）函数。将式（9-95）与式（9-98）代入式（9-97）可得

$$\int_0^T \int_V \left[\boldsymbol{i}_y \sum_{j=1}^{N} v_i\left(\boldsymbol{m},\boldsymbol{r}_j,t\right) \delta\left(\boldsymbol{r}-\boldsymbol{r}_j\right)\right]^{\mathrm{T}} \delta \boldsymbol{u}_i \mathrm{d}t \mathrm{d}V = \int_0^T \int_V \boldsymbol{w}_i^{\mathrm{T}} \left(\delta \boldsymbol{C} \partial_t \boldsymbol{u}_i + \delta \boldsymbol{D} \boldsymbol{u}_i\right) \mathrm{d}t \mathrm{d}V \tag{9-100}$$

对式（9-100）左端的广义函数求体积积分得

$$\sum_{j=1}^{N} \int_0^T v_i^{\mathrm{T}}\left(\boldsymbol{m},\boldsymbol{r}_j,t\right) \delta E_i\left(\boldsymbol{m},\boldsymbol{r}_j,t\right) \mathrm{d}t = \int_0^T \int_V \boldsymbol{w}_i^{\mathrm{T}} \left(\delta \boldsymbol{C} \partial_t \boldsymbol{u}_i + \delta \boldsymbol{D} \boldsymbol{u}_i\right) \mathrm{d}t \mathrm{d}V \tag{9-101}$$

将式（9-101）代入式（9-86）得

$$S_m{}' \delta \boldsymbol{m} = \sum_{i=1}^{M} \int_0^T \int_V \boldsymbol{w}_i^{\mathrm{T}} \left(\delta \boldsymbol{C} \partial_t \boldsymbol{u}_i + \delta \boldsymbol{D} \boldsymbol{u}_i\right) \mathrm{d}t \mathrm{d}V \tag{9-102}$$

将式（9-102）右端项展开，并改写为空间内积形式有

$$S_m{}' \delta \boldsymbol{m} = \left\langle g_\varepsilon, \delta \varepsilon \right\rangle_V + \left\langle g_\sigma, \delta \sigma \right\rangle_V \tag{9-103}$$

其中

$$g_\varepsilon = \sum_{i=1}^{M} \int_0^T E_y^* \frac{\partial E_y}{\partial t} \mathrm{d}t \tag{9-104}$$

$$g_\sigma = \sum_{i=1}^{M} \int_0^T E_y^* E_y \mathrm{d}t \tag{9-105}$$

将式（9-82）代入式（9-97）右端项有

$$\int_0^T \int_V \boldsymbol{w}^{\mathrm{T}} \boldsymbol{L} \delta \boldsymbol{u} \mathrm{d}t \mathrm{d}V = \int_0^T \int_V \left(\boldsymbol{w}^{\mathrm{T}} \boldsymbol{A} \partial_x \delta \boldsymbol{u} + \boldsymbol{w}^{\mathrm{T}} \boldsymbol{B} \partial_z \delta \boldsymbol{u} - \boldsymbol{w}^{\mathrm{T}} \boldsymbol{C} \partial_t \delta \boldsymbol{u} - \boldsymbol{w}^{\mathrm{T}} \boldsymbol{D} \delta \boldsymbol{u}\right) \mathrm{d}t \mathrm{d}V \tag{9-106}$$

对式（9-106）右边第一项有

$$\begin{aligned} \int_0^T \int_V \boldsymbol{w}^{\mathrm{T}} \boldsymbol{A} \partial_x \delta \boldsymbol{u} \mathrm{d}t \mathrm{d}V &= \int_0^T \int_V \frac{\partial\left(\boldsymbol{w}^{\mathrm{T}} \boldsymbol{A} \delta \boldsymbol{u}\right)}{\partial x} \mathrm{d}t \mathrm{d}V - \int_0^T \int_V \frac{\partial\left(\boldsymbol{w}^{\mathrm{T}} \boldsymbol{A}\right)}{\partial x} \delta \boldsymbol{u} \mathrm{d}t \mathrm{d}V \\ &= \int_0^T \left(\int_S \boldsymbol{w}^{\mathrm{T}} \boldsymbol{A} \delta \boldsymbol{u} \mathrm{d}y \mathrm{d}z \Big|_{x=-\infty}^{x=+\infty}\right) \mathrm{d}t - \int_0^T \int_V \frac{\partial\left(\boldsymbol{w}^{\mathrm{T}} \boldsymbol{A}\right)}{\partial x} \delta \boldsymbol{u} \mathrm{d}t \mathrm{d}V \end{aligned} \tag{9-107}$$

根据电磁波的衰减特性，有 $\lim\limits_{|x|\to\infty}\delta\boldsymbol{u}=0$ ，因此

$$\int_0^T\int_V \boldsymbol{w}^{\mathrm{T}}\boldsymbol{A}\partial_x\delta\boldsymbol{u}\mathrm{d}t\mathrm{d}V=-\int_0^T\int_V\frac{\partial\left(\boldsymbol{w}^{\mathrm{T}}\boldsymbol{A}\right)}{\partial x}\delta\boldsymbol{u}\mathrm{d}t\mathrm{d}V \tag{9-108}$$

同理可以求得式（9-106）右边第二项

$$\int_0^T\int_V \boldsymbol{w}^{\mathrm{T}}\boldsymbol{B}\partial_z\delta\boldsymbol{u}\mathrm{d}t\mathrm{d}V=-\int_0^T\int_V\frac{\partial\left(\boldsymbol{w}^{\mathrm{T}}\boldsymbol{B}\right)}{\partial z}\delta\boldsymbol{u}\mathrm{d}t\mathrm{d}V \tag{9-109}$$

对式（9-106）右边第三项做类似的处理

$$\int_0^T\int_V \boldsymbol{w}^{\mathrm{T}}\boldsymbol{C}\partial_t\delta\boldsymbol{u}\mathrm{d}t\mathrm{d}V=\int_V\left(\boldsymbol{w}^{\mathrm{T}}\boldsymbol{C}\delta\boldsymbol{u}\Big|_{t=0}^{t=T}\right)\mathrm{d}V-\int_0^T\int_V\frac{\partial\left(\boldsymbol{w}^{\mathrm{T}}\boldsymbol{C}\right)}{\partial t}\delta\boldsymbol{u}\mathrm{d}t\mathrm{d}V \tag{9-110}$$

根据初始条件式 $\delta\boldsymbol{u}\big|_{t=0}=0$ ，设伴随场 $\boldsymbol{w}$ 满足终止条件 $\boldsymbol{w}\big|_{t=T}=0$ ，因此上式可以化为

$$\int_0^T\int_V \boldsymbol{w}^{\mathrm{T}}\boldsymbol{C}\partial_t\delta\boldsymbol{u}\mathrm{d}t\mathrm{d}V=-\int_0^T\int_V\frac{\partial\left(\boldsymbol{w}^{\mathrm{T}}\boldsymbol{C}\right)}{\partial t}\delta\boldsymbol{u}\mathrm{d}t\mathrm{d}V$$

将式（9-108）与式（9-109）代入式（9-97）可得

$$\int_0^T\int_V\left(\boldsymbol{L}^*\boldsymbol{w}\right)^{\mathrm{T}}\delta\boldsymbol{u}\mathrm{d}t\mathrm{d}V=\int_0^T\int_V\left[-\frac{\partial\left(\boldsymbol{w}^{\mathrm{T}}\boldsymbol{A}\right)}{\partial x}-\frac{\partial\left(\boldsymbol{w}^{\mathrm{T}}\boldsymbol{B}\right)}{\partial z}+\frac{\partial\left(\boldsymbol{w}^{\mathrm{T}}\boldsymbol{C}\right)}{\partial t}-\boldsymbol{w}^{\mathrm{T}}\boldsymbol{D}\right]\delta\boldsymbol{u}\mathrm{d}t\mathrm{d}V \tag{9-111}$$

因此

$$\boldsymbol{L}^*=-\boldsymbol{A}^{\mathrm{T}}\partial_x-\boldsymbol{B}^{\mathrm{T}}\partial_z+\boldsymbol{C}^{\mathrm{T}}\partial_t-\boldsymbol{D}^{\mathrm{T}} \tag{9-112}$$

9.4.2 双参数策略

实际的 GPR 全波形双参数反演过程中，为了更准确地对模型参数定性，需要对介电常数、电导率同时反演。介电常数、电导率在数量级上相差很大，给反演计算带来了诸多不便（冯德山等，2021）。因此，如何设计一个能处理不同参数单位和敏感度的多参数反演策略，是 GPR 全波形双参数反演的关键。

考虑到相对介电常数 $\varepsilon_{\mathrm{r}}=\varepsilon/\varepsilon_0$ 可以根据真空介电常数来定义，因此，类似地可以引入相对电导率 $\sigma_{\mathrm{r}}=\sigma/\sigma_0$ ，取参考介质的电导率 $\sigma_0=1/\eta_0$ ，其中 $\eta_0=120\pi\Omega$ 为自由空间波阻抗，可以保证相对介电常数 ε_{r} 和相对电导率 σ_{r} 处于同一个量级，在反演过程中引入无量纲比例因子 β，将模型参数 $\boldsymbol{m}$ 设定为相对介电常数和相对电导率的线性组合形式（ ε_{r}， $\sigma_{\mathrm{r}}/\beta$ ），重写尺度变化之后的模型向量和梯度向量的明确表达式为

$$\boldsymbol{m}=\begin{pmatrix}\boldsymbol{m}_{\varepsilon}\\ \boldsymbol{m}_{\sigma}\end{pmatrix}=\begin{pmatrix}\varepsilon_{\mathrm{r}}\\ \sigma_{\mathrm{r}}/\beta\end{pmatrix},\quad \boldsymbol{g}(\boldsymbol{m})=\begin{pmatrix}\varepsilon_0 g_{\varepsilon}\\ \beta g_{\sigma}/\eta_0\end{pmatrix} \tag{9-113}$$

式（9-113）中 ε_0 与 η_0 为常量，β 为可调整的比例因子。这样，在优化过程中通过控制 σ_{r} 对 ε_{r} 的权重，避免由相对电导率与相对介电常数定义不准确引起反演过程的不稳定性。

9.4.3　多尺度策略

1. 滤波多尺度策略

雷达数据中的低频分量主要包含地下较大的构造体信息，无法重构与波长相比较小的细节信息。而高频分量将包含较小构造体的细节信息，易发生多次散射，非线性更强。因此，将高/低频分量结合起来进行多尺度反演，是一种较好的策略。本节采用 Boonyasiriwat 等提出的多尺度反演策略，它将反演问题分解为不同尺度，并采用 Wiener（维纳）低通滤波器，对观测数据与激励源子波滤波得到低频带信息，采用 2～3 个低频带到高频带的逐频反演，根据不同尺度上的反演目标函数的特征去求解反演问题，从而逐步搜索到全局极值点，避免陷入局部极值。其中低通滤波器采用 Wiener 滤波器：

$$f_{\mathrm{Wiener}}(\omega)=\frac{W_{\mathrm{target}}(\omega)W_{\mathrm{original}}^{*}(\omega)}{\left|W_{\mathrm{original}}(\omega)\right|^2+\delta^2} \tag{9-114}$$

其中，f_{Wiener} 为频率域 Wiener 低通滤波器，W_{target} 为目标激励源子波频谱，$W_{\mathrm{original}}(\omega)$ 为原始激励源子波频谱，上标*表示共轭，δ 为一个防止分母为零的常量小数，如果该值选取过大，会导致滤波子波形态与目标子波不同，这里设 $\delta=10^{-4}$ 。可以将数据变换到频率域，低通滤波到目标频段，再反变换回时间域。需要注意的是，激励源函数和观测数据都要进行低通滤波。

2. 空间多尺度策略

探地雷达的模型参数反演过程中，需要多次调用正演程序，反演网格的大小和参数的个数直接影响着反演的速度，为了兼顾计算效率和计算精度，合理设计正反演网格至关重要。为获取精确的正演响应，正演网格会剖分较细。若反演与正演采用相同网格，将会导致模型参数和灵敏度矩阵非常庞大，易增加反问题的不适定性和非线性程度，降低反演的速度。因此本节采用双网格策略进行反演，其中反演网格为非规则四边形单元，正演网格为三角形单元，每个反演网格分为四个正演网格。

为了适应频率域多尺度策略，正演模拟采用 DGTD 算法，该方法可以通过阶次提升的方法，在不改变网格的情况下，满足不同频率数据的正演模拟需求。这样正反演网格在不同频段数据下网格拓扑结构保持不变，在正演的计算精度和反演的速度达到一个较好的平衡。

9.4.4 全变差策略

反演不适定性最常用的解法为 Tikhonov（吉洪诺夫）正则化方法，该方法通过加入先验模型约束的正则化项，使反问题更加稳定。但由于光滑性的缘故，Tikhonov 正则化易导致目标区域与背景区域边界模糊，而全变差模型约束能有效改善 Tikhonov 正则化的反演边界过度光滑，使异常相对背景区域区分更加明显，重构的目标体边缘轮廓更加清晰。引入了一个全变差正则化后，形成新的目标函数为

$$\Phi(\boldsymbol{m})=\Phi_d(\boldsymbol{m})+\lambda\Phi_m(\boldsymbol{m}) \tag{9-115}$$

其中，$\Phi_d(\boldsymbol{m})=S(\boldsymbol{m})$，$\boldsymbol{m}=(\boldsymbol{m}_\varepsilon,\boldsymbol{m}_\sigma)^{\mathrm{T}}$ 为尺度变换之后模型参数，λ 为正则化因子

$$\Phi_m(\boldsymbol{m})=\mathrm{TV}(\boldsymbol{m}_\varepsilon)+\mathrm{TV}(\boldsymbol{m}_\sigma) \tag{9-116}$$

其中，TV 为全变差正则化算子

$$\mathrm{TV}(f)=\int_\Omega|\nabla p|\mathrm{d}\Omega \tag{9-117}$$

式中，Ω 为成像区域，p 为反演区域的介电常数和电导率双物性参数，由于 TV 算子的导数是非连续的，通过如下近似保证它是可微的

$$\mathrm{TV}_\delta(p)=\int_\Omega\sqrt{|\nabla p|^2+\delta^2}\mathrm{d}\Omega \tag{9-118}$$

全变差正则化函数的梯度如下所示：

$$\nabla\mathrm{TV}_\delta(p)=-\nabla\cdot\left(\frac{\nabla p}{|\nabla p|+\delta^2}\right) \tag{9-119}$$

新目标函数的 $\Phi(\boldsymbol{m})$ 的梯度为

$$\nabla\Phi(\boldsymbol{m})=\boldsymbol{g}_d(\boldsymbol{m})+\boldsymbol{g}_m(\boldsymbol{m}) \tag{9-120}$$

其中，$\boldsymbol{g}_d(\boldsymbol{m})$ 为数据目标函数的梯度，$\boldsymbol{g}_m(\boldsymbol{m})$ 为模型参数目标函数，可表示为

$$\boldsymbol{g}_m(\boldsymbol{m})=\begin{bmatrix}\nabla\mathrm{TV}_\delta(\boldsymbol{m}_\varepsilon)\\ \nabla\mathrm{TV}_\delta(\boldsymbol{m}_\sigma)\end{bmatrix} \tag{9-121}$$

9.4.5 FWI 算法流程

GPR-FWI 的具体实现步骤为

（1）输入观测数据 $\boldsymbol{d}_{\mathrm{obs}}$ 和初始模型 $\boldsymbol{m}_0$；

（2）根据模型 $\boldsymbol{m}_k$ 计算正演波场，计算目标函数 Φ_k，残差反传得到反传波场，根据

正传波场和反传波场计算梯度 $\boldsymbol{g}_k$；

（3）根据梯度 $\boldsymbol{g}_k$，采用 L-BFGS 法计算更新方向 $\boldsymbol{p}_k$；

（4）输入初始试探步长 α_{k0}，根据 Wolfe（沃尔夫）准则选取合适的步长 α_{k0}；

（5）根据模型更新公式 $\boldsymbol{m}_{k+1}=\boldsymbol{m}_k+\alpha_k\boldsymbol{p}_k$，更新模型；

（6）重复步骤（2）～（5），直到满足收敛条件。

综上所述，GPR 全波形反演计算的流程如图 9-3 所示。

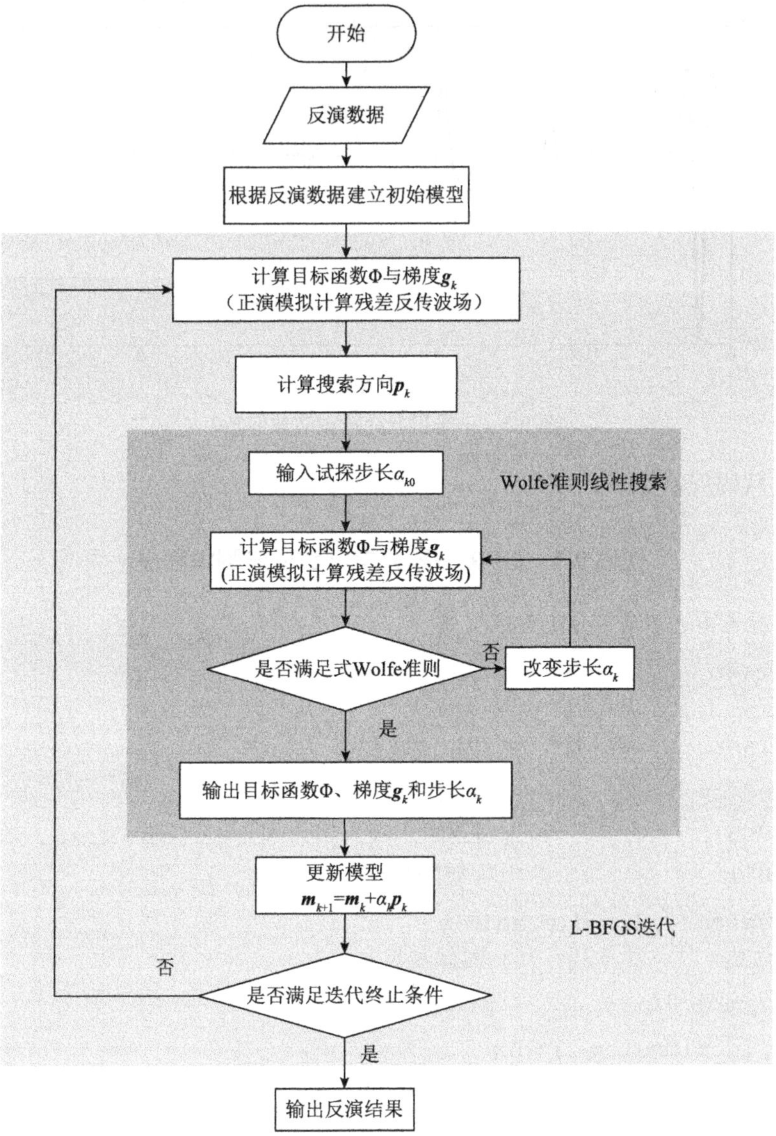

图 9-3　GPR 全波形反演计算的流程

例 9-7　一维层状介质 FDTD GPR 正演实现。

采取一维层状介质来进行正演，如图 9-4 所示。第一层的相对介电常数 $\varepsilon_r=3$，厚度为 0.4m；第二层的相对介电常数 $\varepsilon_r=1$，厚度为 0.6m；第三层的相对介电常数

$\varepsilon_r = 6$，厚度为 0.5 m。根据所探测的深度，激励源采用主频为 900MHz 的布莱克曼-哈里斯脉冲，且采取自激自收的方式。时窗长度为 24ns。图 9-5 为所得的记录。

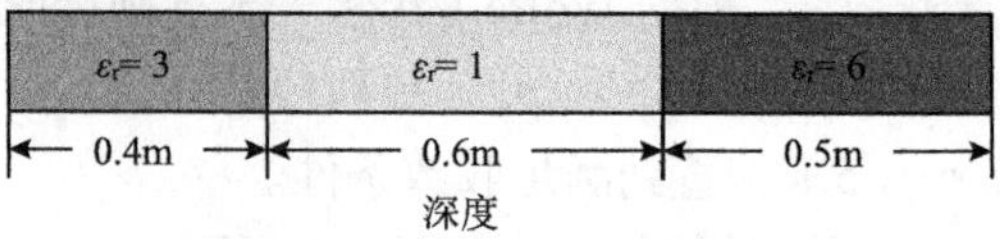

图 9-4　一维层状介质示意图

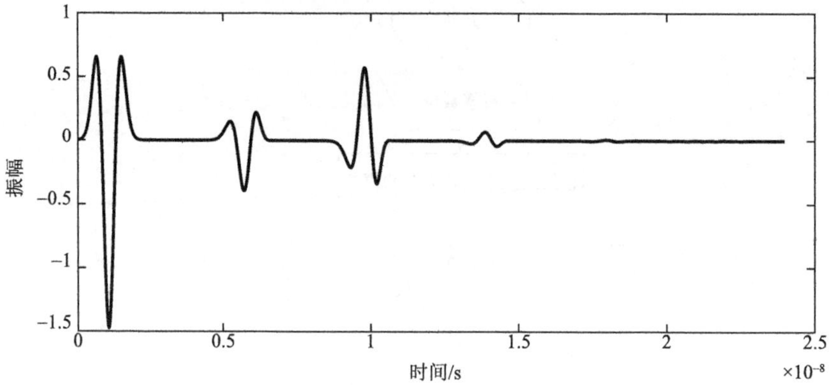

图 9-5　一维层状介质正演波形图

Matlab 代码展示如下。

代码 9-1　GPR 一维介电常数反演脚本程序

```
% 一维探地雷达单参数介电常数反演
clc;clear
tic
xdim=150;                % 模拟区域大小
n_timestep=1200;           % 时间步
freq=9e8;                % 主频
dx=0.01;                  % 空间步长
x=linspace(0,dx*xdim,xdim);
dt=2e-11;                 % 时间步长
c0=299792458;              % 光速
t=(0:1:n_timestep-1)*dt;
srcpulse=(2*pi.^2.*(freq.*t-1).^2-1).*exp(-pi.^2.*(freq.*t-
1).^2);  % 雷克子波

%---------------------------------------------%
%-----------------理论模型、初始模型---------------------%
ep(1:40)=3;             % 介质的相对介电常数
```

```
ep(41:100)=1;              % 介质的相对介电常数
ep(101:150)=6;              % 介质的相对介电常数
model=eps;

imodel0(1:xdim)=smooth(model,31);          % 反演初始模型


%----------------------------------------%
%----------------合成理论记录，成图---------------------%
data=fdtd_1d(model,srcpulse,dx,t);  % 合成理论记录


iterm=100;                  %反演迭代次数
imodel(:,1)=imodel0;
for i=1:iterm
   idata(:,i)=fdtd_1d(imodel(:,i),srcpulse,dx,t);  %反演迭代
模型生成合成记录
   da(:,i)=data(:)-idata(:,i);                %数据拟合差
   if i>1
      if sum(abs(da(:,i)))>sum(abs(da(:,i-1)))
         break
      end
   end
   G=Jacobi(imodel(:,i),idata(:,i),srcpulse,dx,t);
   H=G'*G;      %阻尼最小二乘法化
   p=diag(H);
   a=max(p)*0.0005;
   [f1,f2]=size(H);
   I1=eye(f2);
   I2=I1*a;
   A=H+I2;
   b=G'*da(:,i);
   dm=A\b;
   imodel(:,i+1)=imodel(:,i)+dm(:);
   imodel((find(imodel(:,i+1)<1)),i+1)=1;
end
toc
fig1 = figure(1);
subplot(3,1,1)
set(fig1,'Position',[739 248 1144 877])
```

```
plot(x,model,'k');
hold on
plot(x,imodel0,'b--')
plot(x,imodel(:,end),'r.-')
set(gca,'FontSize',14)
xlabel('深度/m','FontWeight','bold','FontSize',14);ylabel('
相对介电常数','FontWeight','bold','FontSize',14)
leg1 = legend('理论模型','反演初始模型','反演结果');
set(leg1,'box','off')

subplot(3,1,2)
plot(t,data,'k','LineWidth',1.5);
hold on
plot(t,idata(:,end),'r--','LineWidth',1.5)
set(gca,'FontSize',14)
leg2 = legend('理论模型合成数据','反演结果正演数据');
set(leg2,'box','off')
xlabel('时间/s','FontWeight','bold','FontSize',14);ylabel('
振幅','FontWeight','bold','FontSize',14)

subplot(3,1,3)
datamis=sum(abs(ds));
semilogy(1:iterm,datamis,'k','LineWidth',1.5)
set(gca,'FontSize',14)
leg3 = legend('数据拟合差');
set(leg3,'box','off')
xlabel('迭代次数','FontWeight','bold','FontSize',14);ylabel
('数据拟合差','FontWeight','bold','FontSize',14)
```

代码结束

代码 9-2　fdtd 一维 GPR 正演主程序

```
function [record,u]=fdtd_1d(ep,f,ds,t)
% GPR一维正演程序，采用一阶Mur吸收边界的FDTD算法
% 输入：
% ep     介电常数向量
% sig    电导率向量
% f      源向量
```

```
% dx      空间间隔
% t       时间向量
% src     激励源位置
% rec     接收位置
% 输出
% record   接收信号
% u       所有时刻波场值
%-------------设置初始条件-----------------%
zdim=length(ep);                 % 模拟区域大小
numit=length(t);                 % 时间步
src=2;                 % 设置激励源的位置
rec=src;                % 设置接收的位置
sig(1:zdim)=0;
%----------------------------------------%
mu0=pi*4.0e-7;            % 真空磁导率
eps0=8.854e-12;           % 真空介电常数
c0=1.0/sqrt(mu0*eps0);  % 真空中的光速
%----------------------------------------%
eps1(1:zdim)=ep;            % 介质的相对介电常数
sigma(1:zdim)=sig;      % 介质的电导率
mu1(1:zdim)=1;           % 介质的磁导率
%----------------------------------------%
v=c0./sqrt(eps1(1:zdim).*mu1(1:zdim));
%----------------------------------------%
dt=t(2)-t(1);    % 时间步长
%----------------------------------------%
% 布莱克曼-哈里斯脉冲
srcpulse = f;
%---------------系数矩阵------------------%
CA(1:zdim)= (2*eps1(1:zdim)*eps0-
sigma(1:zdim)*dt)./(2*eps1(1:zdim)* ...
    eps0+sigma(1:zdim)*dt);  %CA
CB(1:zdim)=
2*dt./(2*eps1(1:zdim)*eps0+sigma(1:zdim)*dt);    %CB
CQ(1:zdim)= dt./(mu0*mu1(1:zdim));     %CQ
%----------------------------------------%
Ex(1:zdim)=0.0;            % 初始电场数组
Hy(1:zdim-1)=0.0;            % 初始磁场数组
```

```
%-----------------------------------------%
record=zeros(1,numit);
u=zeros(zdim,numit);
%---循环开始
for n=1:numit
    %---计算磁场
    Hy(1:zdim-1)= Hy(1:zdim-1)-(1/ds)*CQ(1:zdim-1).* ...
        (Ex(2:zdim)-Ex(1:zdim-1));
    %---保留上一时刻的电场值
    Ex_1(1:2)=Ex(1:2);
    Ex_1(zdim-1:zdim)=Ex(zdim-1:zdim);
    %---计算电场
    Ex(2:zdim-1)=CA(2:zdim-1).*Ex(2:zdim-1)-(1/ds)*CB(2:zdim-
1).* ...
        (Hy(2:zdim-1)-Hy(1:zdim-2));
    %---激励源设置
    Ex(src)=Ex(src)- CB(src)*srcpulse(n)/ ds;
    %---设置边界条件
    % 左边界
    Ex(1)=Ex_1(2)+((v(2)*dt-ds)/(v(2)*dt+ds))* ...
        (Ex(2)-Ex_1(1));
    % 右边界
    Ex(zdim)=Ex_1(zdim-1)+((v(zdim-1)*dt-ds)/ ...
        (v(zdim-1)*dt+ds))*(Ex(zdim-1)-Ex_1(zdim));
    % 采集数据
    record(n)=Ex(rec);
    u(:,n)=Ex;
end
%---循环结束
```

代码结束

代码 9-3　一维 Jacobi 反演主程序

```
function G=Jacobi(imodel,idata,f,dx,t)
% 逐个模型点计算
M=length(imodel);              %模型长度
N=length(idata);               %数据长度
G=zeros(N,M);
```

```
parfor i=1:M
    gmodel=imodel;
    gmodel(i)=1.05*imodel(i);
    gdata=fdtd_1d(gmodel,f,dx,t);
    G(:,i)=(gdata(:)-idata)/(0.05*imodel(i));
end
```

代码结束

图 9-6 给出了模型结果对比，观测数据拟合以及数据拟合差下降情况，可以从中看出，全波形反演结果可以较好地反映出层位和相对介电常数值，观测数据拟合效果好，数据拟合差下降到很小的水平。同时，注意到反演结果和真实模型在一些位置拟合得并不是很好，这些可以利用正则化等技术加以改善。

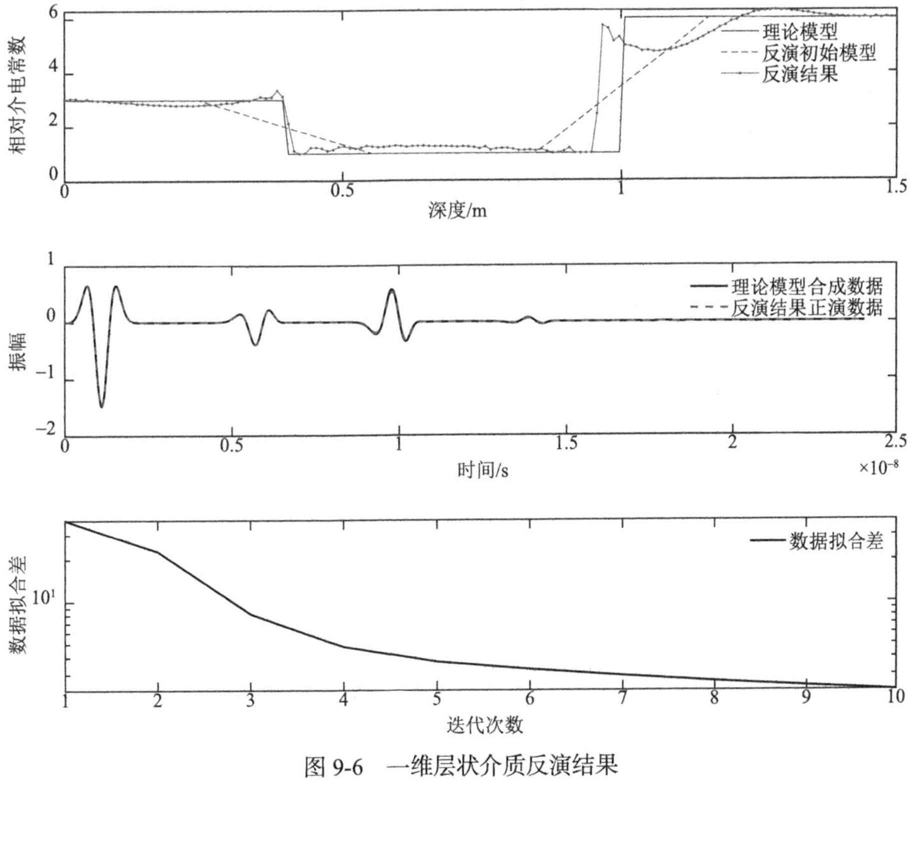

图 9-6　一维层状介质反演结果

参 考 文 献

车刚明. 1998. 计算方法典型题分析解集. 西安: 西北工业大学出版社.
车刚明. 2002. 数值分析典型题解析及自测试题. 3 版. 西安: 西北工业大学出版社.
爨莹. 2014. 数值计算方法——算法及其程序设计. 西安: 西安电子科技大学出版社.
邓乃扬. 1982. 无约束最优化计算方法. 北京: 科学出版社.
封建湖, 车刚明. 1998. 计算方法典型题分析解集. 2 版. 西安: 西北工业大学出版社.
冯德山, 王珣, 戴前伟. 2017. 探地雷达数值模拟及程序实现. 长沙: 中南大学出版社.
冯德山, 王珣, 杨军, 等. 2021. 探地雷达数值模拟及全波形反演. 北京: 科学出版社.
葛德彪, 魏兵. 2014a. 电磁波时域计算方法(上册)——时域积分方程法和时域有限差分法. 西安: 西安电子科技大学出版社.
葛德彪, 魏兵. 2014b. 电磁波时域计算方法(下册)——时域有限元法. 西安: 西安电子科技大学出版社.
郭科, 陈聆, 魏友华. 2007. 最优化方法及其应用. 北京: 高等教育出版社.
韩国强. 2005. 数值分析. 广州: 华南理工大学出版社.
韩旭里. 2011. 数值分析. 北京: 高等教育出版社.
何永富, 周家纪. 1994. 数值优化计算方法与应用. 成都: 成都科技大学出版社.
胡祥云, 袁三一, 刘双. 2020. 群智能算法在地球物理中的应用. 北京: 科学出版社.
黄明游, 刘播, 徐涛. 2005. 数值计算方法. 北京: 科学出版社.
黄云清. 2009. 数值计算方法. 北京: 科学出版社.
蒋勇. 2011. 数值分析与计算方法. 北京: 科学出版社.
赖炎连, 贺国平. 2008. 最优化方法. 北京: 清华大学出版社.
李祺. 1991. 物探数值方法导论. 北京: 地质出版社.
李庆扬, 王能超, 易大义. 2020. 数值分析. 5 版. 武汉: 华中科技大学出版社.
李世华, 杨有发. 1995. 物探数据处理. 北京: 地质出版社.
林成森. 1998. 数值计算方法. 北京: 科学出版社.
刘海飞, 柳建新, 柳卓. 2021. 数值计算与程序设计. 长沙: 中南大学出版社.
刘玲, 葛福生. 2005. 数值计算方法. 北京: 科学出版社.
刘小华. 2014. 工程数学模型及数值计算方法. 北京: 石油工业出版社.
陆建芳. 2013. 数值计算基础. 北京: 科学出版社.
陆金甫. 2004. 偏微分方程数值解法. 北京: 清华大学出版社.
陆亮. 2019. 数值分析典型应用案例及理论分析. 上海: 上海科学技术出版社.
吕同富, 康兆敏, 方秀男. 2008. 数值计算方法. 北京: 清华大学出版社.
吕玉增, 熊彬, 薛霆虓. 2011. 地球物理数据处理基础. 北京: 地质出版社.
马昌凤. 2010. 最优化方法及其 Matlab 程序设计. 北京: 科学出版社.
马昌凤, 林伟川. 2006. 现代数值计算方法(MATLAB 版). 北京: 科学出版社.
马东升, 熊春光. 2006. 数值计算方法习题及习题解答. 北京: 机械工业出版社.
恰汗·合孜尔. 2008. 实用计算机数值计算方法及程序设计(C 语言版). 北京: 清华大学出版社.
石辛民. 2006. 基于 MATLAB 的实用数值计算. 北京: 北京交通大学出版社.

童孝忠, 柳建新, 曹创华. 2017. 地球物理计算中的迭代解法及应用——无约束最优化. 长沙: 中南大学出版社.
王家映. 2002. 地球物理反演理论. 2 版. 北京: 高等教育出版社.
王新民, 术洪亮. 2005. 工程数学计算方法. 北京: 高等教育出版社.
王彦飞, 斯捷潘诺娃 I E, 提塔连科 V N, 等. 2011. 地球物理数值反演问题. 北京: 高等教育出版社.
吴颉尔, 王平心. 2016. 数值分析. 镇江: 江苏大学出版社.
肖筱南. 2016. 现代数值计算方法. 2 版. 北京: 北京大学出版社.
熊彬, 徐志锋, 蔡红柱. 2020. MATLAB 地球物理科学计算实战. 武汉: 中国地质大学出版社.
徐士良. 2003. 数值分析与算法. 北京: 机械工业出版社.
徐长发, 王邦. 2005. 实用计算方法. 武汉: 华中科技大学出版社.
杨大地, 王开荣. 2006. 数值分析. 北京: 科学出版社.
姚姚. 2002. 地球物理反演基本理论与应用方法. 武汉: 中国地质大学出版社.
叶兴德, 程晓良, 陈明飞. 2008. 数值分析基础. 浙江: 浙江大学出版社.
张文生. 2022. 波动方程参数反演理论方法与数值计算. 北京: 科学出版社.
张韵华, 奚梅成, 陈效群. 2006. 数值计算方法与算法. 北京: 科学出版社.
赵鹏飞, 刘财. 2021. 地球物理反问题的常用数学算法——理论与编程实现. 北京: 高等教育出版社.
郑慧娆, 陈绍林, 莫忠息, 等. 2012. 数值计算方法. 武汉: 武汉大学出版社.
郑继明, 朱伟, 刘勇. 2016. 数值分析. 北京: 清华大学出版社.
朱晓临. 2014. 数值分析. 2 版. 合肥: 中国科学技术大学出版社.
朱长青. 2006. 数值计算方法及其应用. 北京: 科学出版社.
Atkinson K, Han W. 2005. Theoretical Numerical Analysis. Berlin: Springer.
Braess D, 2012. Nonlinear Approximation Theory. Berlin: Springer Science & Business Media.
Čekanavičius V. 2016. Approximation Methods in Probability Theory. New York: Springer.
Fletcher R, Reeves C. 1964. Function minimization by conjugate gradients. Compute Journal, 7: 149-154.
Gautschi W. 2011. Numerical Analysis. Berlin: Springer Science & Business Media.
Gupta V, Agarwal R P. 2014. Convergence Estimates in Approximation Theory. Cham: Springer.
Hackbusch W. 1994. Iterative Solution of Large Sparse Systems of Equation. New York: Springer-Verlag.
Hestenes M R, Stiefle E. 1952. Methods of conjugage gradients for solving linear systems. Journal of Research of the National Bureau of Standards, 49: 409-436.
Jaulin L, Keiffer M, Didrit O, et al. 2001. Applied Interval Analysis. New York: Springer-Verlag.
Kochenderfer M J, Wheeler T A. 2019. Algorithms For Optimization. Cambridge: MIT Press.
Meinardus G. 2012. Approximation of Functions: Theory and Numerical Methods. Berlin: Springer Science & Business Media.
Neumaier A. 2001. Introduction to Numerical Analysis. Cambridge: Cambridge University Press.
Scott L R. 2011. Numerical Analysis. Princeton: Princeton University Press.
Stepanets A I. 2011. Methods of Approximation Theory. Berlin: Walter de Gruyter.
Trefethen L N. 2019. Approximation Theory and Approximation Practice, Extended Edition. Philadelphia: Society for Industrial and Applied Mathematics.

